《房屋市政工程生产安全重大事故隐患判定标准（2024版）》解读与实施指南

陈大伟　等　编著

中国建筑工业出版社

图书在版编目（CIP）数据

《房屋市政工程生产安全重大事故隐患判定标准（
2024 版）》解读与实施指南／陈大伟等编著 . -- 北京：
中国建筑工业出版社，2025.6.（2025.11重印）-- ISBN 978-7-112
-31274-0

Ⅰ. TU990.05-62

中国国家版本馆 CIP 数据核字第 2025MF8519 号

责任编辑：高　悦
责任校对：芦欣甜

《房屋市政工程生产安全重大事故隐患判定标准（2024 版）》解读与实施指南

陈大伟　等　编著

*

中国建筑工业出版社出版、发行（北京海淀三里河路 9 号）
各地新华书店、建筑书店经销
北京建筑工业印刷有限公司制版
建工社（河北）印刷有限公司印刷

*

开本：787 毫米×1092 毫米　1/16　印张：18½　字数：456 千字
2025 年 6 月第一版　　2025 年 11 月第三次印刷
定价：**88. 00** 元
ISBN 978-7-112-31274-0
（45283）

编写委员会

主　　任：陈大伟

副 主 任：陈燕鹏　杨洪伟　杨明非　万建璞

编写成员：（按姓氏笔画为序）

丁希谦	于　强	马帛洋	王天赐	王宏奇	王欣怡
王海翔	尹仕辽	宁学刚	吕北方	刘　洋	刘卫权
纪绍祥	李　谦	李亚楠	杨　帆	杨　哲	余　瑞
宋朝闻	张　亮	张成阳	陈卫卫	罗　旭	苑尚龙
金柴君	周凯辉	郑修军	赵欢腾	赵晨阳	段文磊
侯智博	徐　建	徐　敏	殷　迪	殷胜利	高　磊
海腾飞	曹伟强	盛　稀	梁　辰	韩　量	韩弋戈
蔡海峰	管小军	雒智明	熊　霖	魏　征	

评审委员会

主　　任：陆志远

副 主 任：厉天数　谢永达　步向义

评审成员：（按姓氏笔画为序）

王欣荣	任　冬	刘学森	孙宝平	李永琰	陈　征
周　伟	柳　辉	姜　勇	章　鹏	彭　杰	温旭宇
蔡志军	滕莉莉				

前　言

消除重大事故隐患是我国目前安全管理工作的重点和难点，无论是《全国重大事故隐患专项排查整治 2023 行动总体方案》，还是《安全生产治本攻坚三年行动方案（2024—2026 年）》，以及中央安全生产巡查考核、住房和城乡建设部房屋市政工程安全生产治理行动督查和地方各类安全生产巡检查，关注的都是重大事故隐患。目前国家陆续出台了 51 个行业领域的重大事故隐患判定标准，这是我国安全生产领域的重要里程碑，其意义不仅在于技术管理层面的规范，更在于通过系统性、科学化的管理手段，推动我国安全治理模式正式步入"向事前预防转型"的轨道。

为应对房屋市政工程生产安全面临的新问题，强化重大事故隐患判定标准的操作性和实用性，准确认定、及时消除房屋市政工程生产安全重大事故隐患，有效防范和遏制群死群伤事故发生，住房和城乡建设部对《房屋市政工程生产安全重大事故隐患判定标准（2022 版）》进行了修订，完善了相关条款，正式颁布了《房屋市政工程生产安全重大事故隐患判定标准（2024 版）》。

《房屋市政工程生产安全重大事故隐患判定标准（2024 版）》（以下简称《判定标准》）总体上仍然按照 2022 版的原则，聚焦建筑起重机械、基坑工程、模板工程及支撑体系、脚手架工程、拆除工程、暗挖工程、钢结构工程等危险性较大的分部分项工程（简称"危大工程"），将可能引发安全生产事故的项目如安全管理缺失、人的不安全行为或物的不安全状态作为判定原则。本次 2024 版删减了 2022 版中不符合施工安全生产实际的条款，增加了反映房屋市政工程施工安全新变化和新特点的相应条款，并将 2022 年以后房屋市政工程领域发生的典型的较大及以上事故（如黑龙江省齐齐哈尔市体育馆"7·23"重大坍塌事故、山东省菏泽市"8·15"吊篮高处坠落较大事故等）的经验教训增加到 2024 版重大事故隐患判定标准中，体现了对重大事故隐患管理的动态更新机制。

准确识别和评估潜在的重大事故隐患是预防和控制事故发生的关键环节。为使工程建设参建各方主体和住房和城乡建设主管部门在实践中更好地理解、掌握和执行《判定标准》，充分发挥《判定标准》在提升安全生产工作中的积极作用，精准消除重大事故隐患，首都经济贸易大学建设安全研究中心、中国建设教育协会建筑安全专委会组织编写了《判定标准》解读与实施指南一书。

《判定标准》解读与实施指南一书有以下几个突出特点：

第一，针对每条重大事故隐患判定标准，从法律法规、标准规范、理论验算、工程实践、事故教训等方面解读了作为重大事故隐患判定标准的必要性，阐述了该重大事故隐患可能给施工安全带来的重大风险和严重后果。

第二，针对每条重大事故隐患判定标准，按照预防为主、分级分类和系统原则，通过法规标准对比、技术方案审查、现场检查、检验监测、人员访谈、管理痕迹回溯等多维视角，阐述了重大事故隐患的判定方法，旨在为工程技术和管理人员、监管执法部门科学判断提供借鉴参考。

第三，针对每条重大事故隐患判定标准，遵循预防为主、综合治理、全员参与、持续改进等原则，通过隐患识别、风险评估、制定措施、实施整改、验收确认、应急处置等方法，系统提出了重大事故隐患整改措施，为实践中实现重大事故隐患动态清零提供了指南。

最后，本书对近年来国务院安全生产委员会安全生产督导检查、住房和城乡建设部房屋市政工程安全生产治理行动督查中发现的部分典型重大事故隐患作为案例，与判定标准条款进行了对比分析，从而更加深刻理解认知重大事故隐患判定标准的"现实危险"在实践中的准确内涵、判定角度和判定原则。在此基础上，本书对2017—2024年房屋市政工程领域发生的较大及以上生产安全事故进行了统计分析（新补充了2023年和2024年事故案例），旨在及时掌握建筑施工安全生产事故呈现的新变化和新特点，全面深刻汲取这些惨痛事故的经验教训，以此引起业内各界对重大事故隐患的高度重视和严格管理。

本书再次强调，对于重大事故隐患的判定，不仅需要具备专业的知识和技能，同时也需要有严谨的态度和责任心，不能机械教条地去执行判定标准。不同专业人员对于重大事故隐患的判定标准不可能完全一致，是否构成现实重大事故隐患一定不能脱离施工现场实际，实践中需要科学判定重大事故隐患发生的可能性、后果严重程度以及可控性，对政府监管执法人员，还是企业各级管理人员，这无疑是全新严峻的挑战。

限于笔者水平，错误在所难免。恳请广大同行和读者随时提出宝贵意见，有任何意见和建议请反馈至：chendawei@cueb.edu.cn。

最后，感谢参与本书编写的各位业内人士给予本书的智慧和经验，感谢中国建筑工业出版社一直以来的信任和大力支持，感谢首都经济贸易大学建设安全研究中心、中国建设教育协会建筑安全专委会为本书出版做出的贡献和付出的辛苦！

目　　录

一、总　　则

第一条　为准确认定、及时消除房屋建筑和市政基础设施工程（以下简称房屋市政工程）生产安全重大事故隐患，有效防范和遏制群死群伤事故发生，根据《中华人民共和国建筑法》《中华人民共和国安全生产法》《建设工程安全生产管理条例》等法律和行政法规，制定本标准。

【解　读】

本条是对《判定标准》制定的目的及依据的说明。

《中华人民共和国建筑法》（以下简称《建筑法》）于 1997 年 11 月 1 日颁布实施，至今已有二十余年，对促进我国建筑业发展起到了重要作用。但目前《建筑法》的一些内容已经不再适用建筑业出现的新特点和新变化，本次《判定标准》条款涉及《建筑法》的内容仅 1 条，由此看出《建筑法》的修订工作迫在眉睫。其余条款依据的是新修订的《中华人民共和国安全生产法》（以下简称《安全生产法》），《安全生产法》已经是第三次修订；2003 年颁布的《建设工程安全生产管理条例》也存在一定的局限性，与当前建筑业高质量发展的新要求存在一定差距，修订工作也应尽快正式纳入议程；部门规章主要为历年来住房和城乡建设部颁布的部长令，以及相关部门出台的国家与行业的强制性技术、标准和规范。

本条款主要依据《安全生产法》第一百一十八条规定："国务院应急管理部门和其他负有安全生产监督管理职责的部门应当根据各自的职责分工，制定相关行业、领域重大危险源的辨识标准和重大事故隐患的判定标准"。

第二条　本标准所称重大事故隐患，是指在房屋市政工程施工过程中，存在的危害程度较大、可能导致群死群伤或造成重大经济损失的生产安全事故隐患。

【解　读】

本条是对房屋市政工程生产安全重大事故隐患的定义。

鉴于实践中对隐患、隐患与风险，安全风险分级管控与隐患排查治理（双控体系）的定义、内涵及其相互关系的理解模糊不清的现状，有必要予以明确。

1. 事故隐患的定义

2007 年，原国家安全生产监督管理总局颁布的《安全生产事故隐患排查治理暂行规定》（国家安全生产监督管理总局令第 16 号）定义为：生产经营单位违反安全生产法律、法规、规章、标准、规程和安全生产管理制度的规定，或者因其他因素在生产经营活动中存在可能导致事故发生的物的危险状态、人的不安全行为和管理上的缺陷。目前国内工矿商贸行业对于事故隐患的定义都是按照这样描述的。

2. 双重预防机制的内涵

2016 年，国务院安委会办公室《关于实施遏制重特大事故工作指南构建双重预防机制的意见》（安委办〔2016〕11 号），明确提出：坚持风险预控、关口前移，全面推行安全风险分级管控，进一步强化隐患排查治理，推进事故预防工作科学化、信息化、标准化，实现把风险控制在隐患形成之前、把隐患消灭在事故前面。

2021 年，新修订的《安全生产法》中第四条要求："生产经营单位必须遵守本法和其他有关安全生产的法律、法规……构建安全风险分级管控和隐患排查治理双重预防机制……"

安全风险分级管控，就是日常工作中的风险管理，包括危险源辨识、风险评价分级、风险管控，即辨识风险点有哪些危险物质及能量，在什么情况下可能发生什么事故，全面排查风险点的现有管控措施是否完好，运用风险评价准则对风险点的风险进行评价分级，然后由不同层级的人员对风险进行管控，保证风险点的安全管控措施完好。

隐患排查治理就是对风险点的管控措施通过隐患排查等方式进行全面管控，及时发现风险点管控措施潜在的隐患，及时对隐患进行治理。

所谓"双重预防"就是把风险管控好，不让风险管控措施出现隐患，这是第一重"预防"；对风险管控措施出现的隐患及时发现及时治理，预防事故发生，这是第二重"预防"。

3. 安全风险分级管控与隐患排查治理的关系

那么，安全风险分级管控和隐患排查治理两者之间到底什么关系呢？是并列的两项工作？还是有先后顺序的两项工作？

从上述论述可以看出，安全风险分级管控和隐患排查治理是相互包含的关系：隐患排查治理包含于风险分级管控中。

结合隐患的定义，可以清楚地了解风险分级管控与隐患排查治理的关系，即：对安全风险所采取的管控措施存在缺陷或缺失时就可能形成事故隐患，这些缺陷或缺失包括人的不安全行为、物的不安全状态和管理上的缺陷。

因此，风险分级管控与隐患排查治理不是递进和取代关系，风险管控不好，可能会出现隐患，但此时风险非但没有消失，反而变得更大，隐患不能及时得以治理，则很可能会发生事故。

4. 重大事故隐患的定义

根据原国家安全生产监督管理总局《安全生产事故隐患排查治理暂行规定》（国家安全生产监督管理总局令第 16 号）

第三条 事故隐患分为一般事故隐患和重大事故隐患。一般事故隐患，是指危害和整改难度较小，发现后能够立即整改排除的隐患。重大事故隐患，是指危害和整改难度较大，应当全部或者局部停产停业，并经过一定时间整改治理方能排除的隐患，或者因外部因素影响致使生产经营单位自身难以排除的隐患。

针对房屋市政工程行业特点，结合事故隐患和重大事故隐患的定义，本条将房屋市政工程生产安全重大事故隐患界定为：施工过程中存在的危害程度较大、可能导致群死群伤或造成重大经济损失的生产安全事故隐患。

基于该定义，《判定标准》对近年来房屋市政工程领域发生的较大及以上生产安全事故进行了全面梳理，深刻剖析了群死群伤事故原因，系统归纳了工地现场高度危险的施工环节，聚焦项目的安全管理缺失、人的不安全行为和物的不安全状态，明确了重大事故隐患判定标准。

第三条　本标准适用于判定新建、扩建、改建、拆除房屋市政工程的生产安全重大事故隐患。

县级及以上人民政府住房和城乡建设主管部门和施工安全监督机构在监督检查过程中可依照本标准判定房屋市政工程生产安全重大事故隐患。

【解　　读】

本条对《判定标准》的适用范围以及住房和城乡建设主管部门执行该《判定标准》的主体进行了规定。

《判定标准》涵盖了房屋市政工程建筑施工生产活动的全过程。规定了县级及以上人民政府住房和城乡建设主管部门和施工安全监督机构为执行该《判定标准》的主体。

各地区是否可以对《判定标准》自行扩大或缩小范围未予说明，但在第十七条规定了"其他严重违反房屋市政工程安全生产法律法规、部门规章及强制性标准，且存在危害程度较大、可能导致群死群伤或造成重大经济损失的现实危险，应判定为重大事故隐患"，因此，本条可以理解为：各地在参照《判定标准》的基础上，也可以根据本地区和工程实际情况，另行增加重大事故隐患判定标准，但不能擅自缩小范围。

二、施工安全管理重大事故隐患

第四条 施工安全管理有下列情形之一的，应判定为重大事故隐患：

（一）建筑施工企业未取得安全生产许可证擅自从事建筑施工活动或超（无）资质承揽工程。

【解　读】

本条款在 2022 版基础上增加了超（无）资质承揽工程作为施工安全管理类重大事故隐患的判定标准。

2004 年 1 月，国务院颁布《安全生产许可证条例》（国务院令第 397 号），规定"国家对矿山企业、建筑施工企业和危险化学品、烟花爆竹、民用爆炸物品生产企业实行安全生产许可制度。企业未取得安全生产许可证的，不得从事生产活动。"

依照《安全生产许可证条例》（国务院令第 397 号），为推进安全生产许可制度在建筑施工领域的实施，原建设部于 2004 年颁布了《建筑施工企业安全生产许可证管理规定》（建设部令第 128 号），此后相继制定出台了《建筑施工企业安全生产许可证管理规定实施意见》（建质〔2004〕148 号）、《关于严格实施建筑施工企业安全生产许可证制度的若干补充规定》（建质〔2006〕18 号）、《建筑施工企业安全生产许可证动态监管暂行办法》（建质〔2008〕121 号）等一系列部门规章及规范性文件，对建筑施工企业安全生产条件、安全生产许可证的申请与颁发、监督管理以及处罚等方面做了详细规定，建立了比较完善的建筑施工企业安全生产许可制度体系。

事故发生在现场，但根源在于市场。对建筑施工企业实施安全生产许可证管理，目的是从源头上控制市场准入，保证只有符合资格的施工企业才能从事建筑产品生产活动，从而最大限度保障工人安全。该制度实施以来，对于建筑施工企业加大安全生产投入，提升建筑施工企业及项目安全生产条件和安全生产管理水平，防止和减少建筑施工生产安全事故发挥了重要作用。

新修订的《判定标准》增加了超（无）资质承揽工程的判定标准。在建筑行业中，资质是衡量企业能否承担相应工程项目的重要标准。企业如果没有相应的资质，就无法保证其具备足够的技术力量和管理能力来完成工程项目，超资质承揽工程可能涉及超出企业技术能力的复杂项目（如高层建筑、桥梁等），导致施工风险失控。然而，有些企业为了追求利润，不顾自身实力和资质限制，无资质或超资质承揽工程，最终导致了一系列严重的安全事故。超（无）资质承揽工程更大多数出现在违法分包和转包环节。这样的企业往往只能依靠低价竞争来获取项目，而在实际操作中却无法保证工程安全。

2024年住房和城乡建设部发布了新的《建筑业企业资质标准》（建市〔2023〕3号），对原有资质标准进行了修订。本次改革重点是取消了三级资质，将资质等级压缩为甲级、乙级两级，降低中小企业升级门槛。部分低风险工程（如小型房屋建筑）允许乙级资质企业承揽。同时，弱化了资质对工程业绩的硬性要求，强化注册建造师、技术负责人的个人责任，推动"告知承诺制"审批，加强事中事后监管。

新的《建筑业企业资质标准》颁布后，对施工企业而言，资质是"入场券"，安全是"生命线"，二者缺一不可，即使拥有高资质，也可能因事故失去市场资格；反之，仅注重安全而忽视资质合规，则无法合法参与竞争。那么，新的企业资质与安全许可证之间的关系如何认识呢？

首先，资质是安全管理的"准入门槛"，资质条件强制施工企业具备基本安全能力：

（1）人员配置：资质要求企业配备注册建造师、安全员、技术工人等专业人员，确保施工过程有技术支撑和安全监督。例如：建筑工程乙级资质要求至少2名一级建造师，这些人员需通过安全考核并承担现场安全管理职责。

（2）技术装备：资质标准中明确要求企业配备必要的安全设备（如起重机械、检测仪器），从硬件上保障作业安全。

（3）管理体系：申请资质需提交安全生产管理制度、应急预案等文件，倒逼企业建立安全管理框架。

其次，资质与安全生产许可高度联动：

（1）企业需先取得安全生产许可证才能申请资质，而安全生产许可证的核发条件包括：安全管理机构和人员保障、安全生产措施费、安全标准化建设、双重预防体系、特种作业人员持证率以及应急预案等。

（2）资质等级反映企业安全管理水平：高资质企业需承担更高安全责任，如甲级资质企业可承接大型复杂工程（如超高层建筑、跨海桥梁），这类项目技术难度高、安全风险大，要求企业具备更强的风险预控能力和应急预案；如甲级资质要求企业拥有国家级工法或专利，推动其通过技术创新降低安全风险（如BIM技术模拟施工隐患）。

（3）动态核查倒逼企业持续加强安全管理：资质审批后，监管部门通过"双随机、一公开"抽查企业人员社保、工程业绩、安全事故记录等，不符合条件的企业将被降级或撤销资质，例如：若企业因安全事故被列入失信名单，将直接影响资质延续或升级。

最后，安全管理是资质维持与升级的核心条件。

（1）安全事故"一票否决"资质申请，企业申请资质升级时，需提供近3年无重大安全事故的证明。发生较大事故及以上的企业，1～3年内不得申请资质升级或增项（依据《建设工程安全生产管理条例》）。

（2）工程业绩与安全记录挂钩，资质升级所需的工程业绩需附竣工验收合格证明，其可体现对施工过程中安全管理的认可，尤其重大工程（如地铁隧道）的业绩要求，间接反映企业应对复杂安全风险的能力。

总的来说，《建筑业企业资质标准》推动了企业安全管理模式转型。改革后的《建筑业企业资质标准》，资质审批更注重技术负责人和项目经理的安全履职能力，推动"谁施工、谁负责"的责任体系。例如：注册建造师需对项目终身负责，倒逼其加强现场安全管控。对于施工企业而言，其安全行为纳入全国建筑市场监管公共服务平台，安全事故、违规操作等记录直接影响资质评价，信用评分低的企业可能被限制投标或降低资质等级。

【本条款主要依据】

1.《中华人民共和国建筑法》

第二十六条　承包建筑工程的单位应当持有依法取得的资质证书，并在其资质等级许可的业务范围内承揽工程。禁止建筑施工企业超越本企业资质等级许可的业务范围或者以任何形式用其他建筑施工企业的名义承揽工程。禁止建筑施工企业以任何形式允许其他单位或者个人使用本企业的资质证书、营业执照，以本企业的名义承揽工程。

2.《安全生产许可证条例》

第二条　国家对矿山企业、建筑施工企业和危险化学品、烟花爆竹、民用爆炸物品生产企业实行安全生产许可制度。企业未取得安全生产许可证的，不得从事生产活动。

3.《建筑业企业资质标准》

（1）施工总承包资质

类别：13类，包括建筑工程、公路工程、铁路工程、港口与航道工程、水利水电工程、电力工程、矿山工程、冶金工程、石油化工工程、市政公用工程、通信工程、机电工程、民航工程等。

等级：分为甲级、乙级两级（取消原"特级""一级""二级""三级"资质）。

（2）专业承包资质

类别：18类，包括地基基础工程、起重设备安装工程、消防设施工程、防水防腐保温工程、桥梁工程、隧道工程、钢结构工程、建筑装修装饰工程、建筑机电安装工程等。

等级：部分专业承包资质保留两级（甲级、乙级），部分仅设乙级或不分级（如模板脚手架、特种工程等）。

（3）施工劳务资质

全国范围取消审批，改为备案制（企业备案后即可承接劳务作业）。

4.《建筑施工企业安全生产许可证管理规定》

第二条　国家对建筑施工企业实行安全生产许可制度。建筑施工企业未取得安全生产许可证的，不得从事建筑施工活动。本规定所称建筑施工企业，是指从事土木工程、建筑工程、线路管道和设备安装工程及装修工程的新建、扩建、改建和拆除等有关活动的企业。

【违反本条款处罚依据】

1.《中华人民共和国建筑法》

第六十五条　超越本单位资质等承揽工程的，责令停止违法行为，处以罚款，可以责令停业整顿，降低资质等级；情节严重的，吊销资质证书；有违法所得的，予以没收。未取得资质证书承揽工程的，予以取缔，并处罚款；有违法所得的，予以没收。

2.《安全生产许可证条例》

第十九条 违反本条例规定，未取得安全生产许可证擅自进行生产的，责令停止生产，没收违法所得，并处 10 万元以上 50 万元以下的罚款；造成重大事故或者其他严重后果，构成犯罪的，依法追究刑事责任。

3.《建设工程质量管理条例》

第六十条 违反本条例规定，勘察、设计、施工、工程监理单位超越本单位资质等级承揽工程的，责令停止违法行为……对施工单位处工程合同价款百分之二以上百分之四以下的罚款；可以责令停业整顿，降低资质等级；情节严重的，吊销资质证书；有违法所得的，予以没收。

【判定方法】

1. 如何判定施工企业是否具有有效的安全生产许可证？

（1）查看证书原件

许可证编号：格式为"（省份简称）安许证字〔年份〕××××××"，如"京安许证字〔2023〕000123"。

企业名称：与企业营业执照名称完全一致，注意是否存在"分公司"与"总公司"混用的情况。

有效期：安全生产许可证有效期为 3 年，需确认是否在有效期内（如 2023 年 1 月 1 日至 2026 年 12 月 31 日）。

发证机关：一般为省级住房和城乡建设部门或应急管理部门，需与管辖区域一致。

（2）全国建筑市场监管公共服务平台（四库一平台）在线核验

访问网址：http://jzsc.mohurd.gov.cn，操作步骤如下：

1）输入企业名称或统一社会信用代码。

2）在"资质信息"栏目中查看"安全生产许可证"状态及有效期；点击"详情"可查看许可证编号、发证日期、许可范围等。

（3）动态监管信息

通过官方平台查询许可证是否被暂扣、吊销或限制使用（如因安全事故被处罚）。

在"信用中国"（https://www.creditchina.gov.cn）中搜索企业名称，查看是否存在因无证施工、安全违规被处罚的记录。

安全生产许可证的取得要求企业配备安全管理人员（如 A/B/C 类安全员证）、特种作业人员（电工、焊工等），可要求企业提供相关人员证书及社保缴纳记录。

2. 如何判断施工企业是否超（无）资质承揽工程？

（1）查看资质证书原件

1）资质类别：确认企业持有的资质类别是否与承揽工程类型一致（如建筑工程施工总承包企业不得承揽公路工程）。

2）资质等级：核查证书上的资质等级（甲级、乙级），对照《建筑业企业资质标准》中该等级允许的工程范围，例如：建筑工程施工总承包乙级资质企业只能承接建筑面积 15 万 m² 以下的建筑工程或高度 100m 以下的工业与民用建筑工程。

（2）通过官方平台验证真伪

全国建筑市场监管公共服务平台（四库一平台）：输入企业名称或统一社会信用代码，查询资质信息是否与证书一致，并核实是否存在资质被暂扣、吊销等异常状态。

（3）明确工程分类与规模标准

根据《建筑业企业资质标准》，不同资质等级对应不同工程规模。例如：建筑工程甲级可承接各类建筑工程的施工，建筑工程乙级只能承接高度 100m 以下、建筑面积 15 万 m² 以下的房屋建筑工程。

（4）核查工程项目的合同金额、建筑面积、结构类型、技术难度等是否超出企业资质允许范围

（5）核查分包行为合法性

若总包企业将专业工程分包，需检查分包企业是否具备相应专业承包资质（如消防工程需消防设施工程专业承包资质）。

禁止无资质企业以"劳务分包"名义变相承揽专业工程（如模板脚手架作业需专业承包资质）。

（6）核查实际施工能力与人员配置

注册建造师：检查项目负责人是否为企业注册建造师，且专业与工程类型一致（如市政工程需市政公用工程专业建造师）。

技术负责人：核查技术负责人是否具备要求的职称或执业资格，并核实其过往工程业绩是否真实。

现场管理人员：检查安全员、施工员等是否持证上岗，数量是否符合资质标准。

（7）工程合同与业绩真实性核查

检查施工合同中的工程内容是否与企业资质范围一致，是否存在"挂靠""出借资质"的条款（如合同约定由第三方实际施工）。关注合同中的工程款支付路径，若款项支付至个人账户或非签约企业账户，可能涉及资质挂靠。

（8）业绩真实性验证

要求企业提供中标通知书、施工许可证、竣工验收报告等原始文件，并通过四库一平台核对业绩是否备案。

对重点项目（如大型公共建筑），可实地走访或向建设单位、监理单位核实。

（9）动态监管与大数据手段

社保与个税数据比对：通过企业缴纳社保记录，核查项目管理人员（建造师、技术负责人）是否为本企业员工。若人员社保与中标企业不一致，可能存在资质挂靠。

施工现场突击检查：检查项目部人员是否与投标文件一致，是否实际到岗履职。核查施工日志、监理日志中的签字人员是否为企业申报人员。

（10）信用与处罚记录查询

通过信用中国、国家企业信用信息公示系统等平台，查询企业是否存在因超资质承揽工程被行政处罚的记录。

3. 如何判断施工企业是否超资质承揽工程？

可以通过以下迹象判定：

（1）企业资质等级低，但频繁承揽大型、复杂工程。

（2）同一建造师在不同项目同时"挂名"，实际未到岗。

（3）工程现场技术力量薄弱，与申报材料不符。

4. 施工企业无资质承揽工程的隐蔽手段有哪些？

（1）以"劳务分包"名义承揽主体工程。

（2）通过关联公司"围标"或借用其他企业资质投标。

（3）伪造或变造资质证书、安全生产许可证。

5. 常见问题与应对措施

（1）安全生产许可证书信息不一致

问题：企业提供的许可证名称与营业执照不一致（如使用已注销的分公司名义投标）。

应对措施：要求企业出具总公司与分公司的授权关系证明，或直接通过官方平台验证总公司资质。

（2）安全许可证过期

问题：许可证在有效期内未及时延期（企业需在到期前3个月申请延续）。

应对措施：若发现过期，应立即暂停合作，并要求企业提供延期受理证明（部分地区允许在延期审批期间继续使用原证）。

（3）涉嫌伪造安全生产许可证书

识别方法：官方平台无记录；证书编号格式错误（如省份简称与发证机关不符）；发证机关公章模糊或缺失。

应对措施：向发证机关致电核实（官网提供联系电话），必要时向住房和城乡建设部门举报。

【整改措施】

针对建筑施工企业未取得安全生产许可证擅自施工或超（无）资质承揽工程的问题，需依据《安全生产法》《建筑法》《建设工程安全生产管理条例》等法律法规采取以下整改措施：

1. 立即停止违法行为

（1）全面停工整改

对于无证施工：立即停止所有未取得《安全生产许可证》的施工活动，在施工现场张贴停工公告，切断高风险作业区域水电供应。

对于超资质承揽：停止超出资质等级或范围的工程（如二级资质企业承接一级资质项目），终止与业主的违法合同，并书面告知业主原因。

（2）分类处置违法违规项目

对于在建工程：对已施工部分委托第三方检测机构进行结构安全评估（如混凝土强度、钢结构焊缝检测），留存检测报告。

对于已完工工程：向住房和城乡建设部门申报项目违法事实，配合开展质量安全追溯，必要时启动加固或拆除程序。

2. 补办许可证与资质升级

（1）补办安全生产许可证

对照《建筑施工企业安全生产许可证管理规定》（建设部令第128号），完善企业安全责任制、应急预案、人员保险等12项申领条件，3个月内完成申报。

对因重大安全事故记录无法申领的企业，需完成事故责任清算并公示整改结果。

（2）资质问题处理

超资质企业：向住房和城乡建设部门申请资质升级，补充技术人员（如注册建造师、工程师）、工程业绩等材料。

无资质企业：注销违法承接的工程项目，通过并购或重组方式获取合法资质，或转型为劳务分包企业。

3. 整改验收

提供新的安全生产许可证或升级后的资质证书复印件。

通过上述措施，企业需在3~6个月内完成整改，彻底消除违法施工隐患。重点提示：对于无资质企业，若无法通过正规途径获取资质，应主动退出建筑市场，避免刑事风险。

【事 故 案 例】

案例1：2024年江苏省无锡宜兴"3·8"较大坍塌事故

事故简介： 2024年3月8日14时50分许，位于江苏省无锡宜兴市新街街道归径社区的宜兴市创信橡塑新型材料有限公司钢结构车间工地发生一起坍塌事故，造成3人死亡，直接经济损失约446.8万元。

事故原因： 经调查认定，该起事故的直接原因就是由于施工单位无资质承接钢结构厂房安装工程施工任务，作业前未进行钢结构厂房屋顶承载力计算，未编制施工方案，施工现场质量、安全管理缺失（图1）。

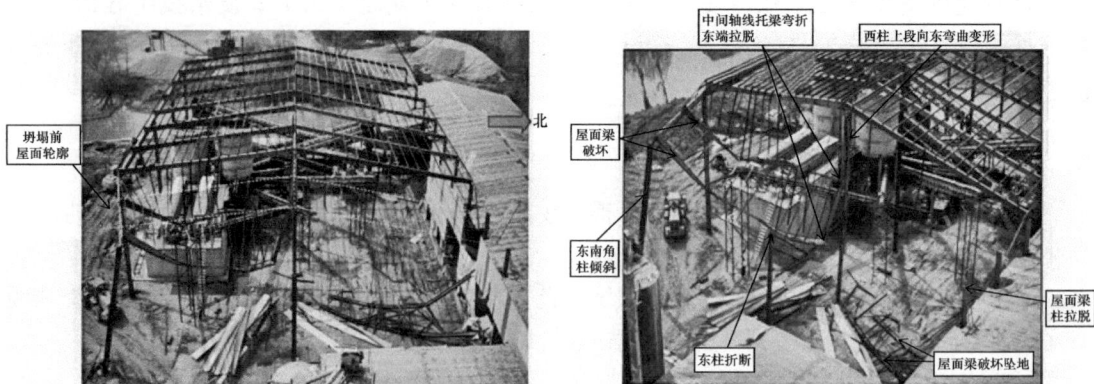

图1　屋面坍塌现场图

案例2：2024年安徽省淮南市"6·21"较大坍塌事故

事故简介： 2024年6月21日10时2分许，淮南市潘集区发生一起钢结构厂房二层局部坍塌事故，造成5人死亡、7人受伤，直接经济损失385.78万元。

事故原因： 该起事故调查发现，承建钢结构厂房的施工队无施工承揽工程资质，在未取得设计资质的情况下进行厂房钢结构设计（图1、图2）。

图1 厂房二层坍塌区域货物堆放情况（事故后）

图2 厂房二层坍塌区域（事故后）

案例3：2019年上海市长宁区"5·16"坍塌重大事故

事故简介： 2019年5月16日11时10分左右，上海市长宁区昭化路148号厂房发生局部坍塌，造成12人死亡，10人重伤，3人轻伤，坍塌面积约1000m²，直接经济损失约3430万元。

事故原因： 经过事故调查发现，承包方不具备结构改造资质，超资质承揽工程，在没有施工许可证、结构设计图纸未经审查、无施工组织设计、无安全技术交底的情况下进行施工（图1、图2）。

图1 A轴的承重墙（柱）基础暴露照片

图2 厂房坍塌现场图

（二）建筑施工企业未按照规定要求足额配备安全生产管理人员，或其主要负责人、项目负责人、专职安全生产管理人员未取得有效安全生产考核合格证书从事相关工作。

【解　　读】

事故致因理论及大量事故案例经验教训表明，管理缺陷是造成事故发生的重要间接原因。近年来，在建筑施工生产安全事故调查过程中发现，几乎所有的事故间接原因都存在企业主要负责人、项目负责人（项目经理）和安全管理人员法律意识与安全风险意识淡薄、安全管理机构不健全、安全管理人员配备不足、安全生产管理知识欠缺、安全生产管理能力不能满足安全生产需要等共性问题。如 2016 年江西丰城电厂"11·24"特别重大生产安全事故（73 人死亡）、2014 年北京市海淀区清华附中"11·29"筏板钢筋坍塌事故（10 人死亡），都存在安全管理人员无资格证书、安全管理人员配备不足的问题。尤其是决定企业安全生产工作的主要负责人（关键少数），企业主要负责人责任不落实，安全观念意识淡薄，在企业安全生产投入和保障方面不积极、不支持，是造成企业违法违规行为屡禁不止、事故易发多发的重要原因之一，是企业安全生产的最大隐患。因此，2022 年全国安全生产月主题确定为"遵守安全生产法，当好第一责任人"。要抓住"关键少数"，推动企业法定代表人、实际控制人、实际负责人自觉把安全放在第一位，切实担负起"第一责任人"法定职责。只有企业负责人的支持和推动，健全的安全管理体系和良好的安全文化氛围才得以形成，优良的安全绩效才能得以根本实现。

根据《建筑施工企业主要负责人、项目负责人和专职安全生产管理人员安全生产管理规定》（住房城乡建设部令第 17 号）：

企业主要负责人，是指对本企业生产经营活动和安全生产工作具有决策权的领导人员。（一般由企业法人或负责安全事务的副总担任。）

项目负责人，是指取得相应注册执业资格，由企业法定代表人授权，负责具体工程项目管理的人员。（项目负责人须有一建或二建证书，报名必须具备执业注册资格。）

专职安全生产管理人员，是指在企业专职从事安全生产管理工作的人员，包括企业安全生产管理机构的人员和工程项目专职从事安全生产管理工作的人员。[专职安全生产管理人员，也叫专职安全员。分为 C1（机械）、C2（土建）、C3（综合）。]

新修订的《判定标准》在原有条款三类人员应取得的安全生产考核证书的基础上，增加了企业对安管人员的配置要求。建筑施工企业需按资质、工程规模足额配备安全人员，特殊项目需增配。配备标准可能因地域和行业差异而有所不同，具体如表 1～表 3 所示。

表 1　建筑施工企业安全生产管理机构专职安全生产管理人员的配备要求

企业人员配置要求		
建筑施工总承包	特级资质	不少于 6 人
	一级资质	不少于 4 人
	二级和二级以下资质企业	不少于 3 人
专业承包资质	一级资质	不少于 3 人
	二级和二级以下资质企业	不少于 2 人

续表

企业人员配置要求		
劳务分包资质	不少于2人	
建筑施工企业的分公司、区域公司等较大的分支机构	不少于2人	

表2　建筑施工与公路水运工程专职安全生产管理人员配备标准

依据	工程类型	依据标准	工程规模	配备人数	备注
建筑施工企业安全生产管理机构设置及专职安全生产管理人员配备办法（建质〔2008〕91号）	建筑工程、装修工程	按照建筑面积配备	1万 m² 以下	不少于1人	—
建筑施工企业安全生产管理机构设置及专职安全生产管理人员配备办法（建质〔2008〕91号）	建筑工程、装修工程	按照建筑面积配备	1万～5万 m²	不少于2人	—
建筑施工企业安全生产管理机构设置及专职安全生产管理人员配备办法（建质〔2008〕91号）	建筑工程、装修工程	按照建筑面积配备	5万 m² 及以上	不少于3人	按专业配备
建筑施工企业安全生产管理机构设置及专职安全生产管理人员配备办法（建质〔2008〕91号）	土木工程、线路管道、设备安装工程	按照工程合同价配备	5000万元以下	不少于1人	—
建筑施工企业安全生产管理机构设置及专职安全生产管理人员配备办法（建质〔2008〕91号）	土木工程、线路管道、设备安装工程	按照工程合同价配备	5000万～1亿元	不少于2人	—
建筑施工企业安全生产管理机构设置及专职安全生产管理人员配备办法（建质〔2008〕91号）	土木工程、线路管道、设备安装工程	按照工程合同价配备	1亿元及以上	不少于3人	按专业配备
《公路水运工程安全生产监督管理办法》（交通运输部令2017年第25号）	公路水运工程	按照年度施工产值配备专职安全生产管理人员	不足5000万元	至少配备1名	—
《公路水运工程安全生产监督管理办法》（交通运输部令2017年第25号）	公路水运工程	按照年度施工产值配备专职安全生产管理人员	5000万元以上不足2亿元	每5000万元不少于1名	—
《公路水运工程安全生产监督管理办法》（交通运输部令2017年第25号）	公路水运工程	按照年度施工产值配备专职安全生产管理人员	2亿元以上	不少于5名	按专业配备

表3　建筑施工企业分包单位安全生产管理人员配备标准

依据	分包类型	人员数量	配备人数
建筑施工企业安全生产管理机构设置及专职安全生产管理人员配备办法（建质〔2008〕91号）	专业承包单位	至少1人，根据所承担的分部分项工程的工程量和施工危险程度增加。	
	劳务分包单位	50人以下	1人
		50人～200人	2人
		200人及以上	3人，并根据所承担的分部分项工程施工危险实际情况增加，不得少于工程施工人员总人数的5%

【本条款主要依据】

1.《中华人民共和国安全生产法》

第二十七条　生产经营单位的主要负责人和安全生产管理人员必须具备与本单位所从事的生产经营活动相应的安全生产知识和管理能力。

危险物品的生产、经营、储存、装卸单位以及矿山、金属冶炼、建筑施工、运输单位的主要负责人和安全生产管理人员，应当由主管的负有安全生产监督管理职责的部门对其安全生产知识和管理能力考核合格。考核不得收费。

2.《建筑施工企业主要负责人、项目负责人和专职安全生产管理人员安全生产管理规定》（住房城乡建设部令第17号）

第二条　在中华人民共和国境内从事房屋建筑和市政基础设施工程施工活动的建筑施工企业的"安管人员"，参加安全生产考核，履行安全生产责任，以及对其实施安全生产监督管理，应当符合本规定。

第五条　"安管人员"应当通过其受聘企业，向企业工商注册地的省、自治区、直辖市人民政府住房城乡建设主管部门申请安全生产考核，并取得安全生产考核合格证书。

3.《建筑施工企业安全生产许可证管理规定》（建设部令第128号）

建筑施工企业取得安全生产许可证，应当具备下列安全生产条件：主要负责人、项目负责人、专职安全生产管理人员经住房城乡建设主管部门或者其他有关部门考核合格。

4.《建筑施工企业安全生产管理机构设置及专职安全生产管理人员配备办法》的通知（建质〔2008〕91号）

5.《建设工程安全生产管理条例》

第三十六条　施工单位的主要负责人、项目负责人、专职安全生产管理人员应当经建设行政主管部门或者其他有关部门考核合格后方可任职。施工单位应当对管理人员和作业人员每年至少进行一次安全生产教育培训，其教育培训情况记入个人工作档案。安全生产教育培训考核不合格的人员，不得上岗。

【违反本条款处罚依据】

1.《中华人民共和国安全生产法》

第九十七条 生产经营单位有下列行为之一的，责令限期改正，处十万元以下的罚款；逾期未改正的，责令停产停业整顿，并处十万元以上二十万元以下的罚款，对其直接负责的主管人员和其他直接责任人员处二万元以上五万元以下的罚款：（一）未按照规定设置安全生产管理机构或者配备安全生产管理人员、注册安全工程师的。

2.《建筑施工企业主要负责人、项目负责人和专职安全生产管理人员安全生产管理规定》（住房城乡建设部令第17号）

第三十条 建筑施工企业有下列行为之一的，由县级以上人民政府住房城乡建设主管部门责令限期改正；逾期未改正的，责令停业整顿，并处2万元以下的罚款；导致不具备《安全生产许可证条例》规定的安全生产条件的，应当依法暂扣或者吊销安全生产许可证：（二）未按规定配备专职安全生产管理人员的；（四）"安管人员"未取得安全生产考核合格证书的。

【判 定 方 法】

1. 如何判断建筑施工企业是否按规定足额配备安全生产管理人员，以及相关人员是否取得安全生产考核合格证书？

（1）核查安全生产管理人员数量是否符合要求：根据《建筑施工企业安全生产管理机构设置及专职安全生产管理人员配备办法》（建质〔2008〕91号）规定，并与项目规模（如建筑面积、合同金额）匹配。

（2）查看证书原件：检查证书编号〔如"京建安A（2024）0001"〕、发证机关（省级住房和城乡建设部门）、有效期及照片是否与持证人一致。

（3）全国建筑市场监管公共服务平台（http://jzsc.mohurd.gov.cn）→输入企业名称→在"人员信息"栏目查询三类人员证书状态，或在省级住房和城乡建设部门官网上查询。

2. 如何检查人员实际履职情况？

（1）社保与劳动合同核查

要求企业提供安全生产管理人员的社保缴纳记录（至少近3个月），确认人员为本企业员工。检查劳动合同中的岗位是否明确为"安全员""项目经理"等职责。

（2）现场检查与履职记录

突击检查施工现场，核对安全员是否在岗，并与证书照片、名单信息一致；检查安全日志、隐患排查记录、安全交底签字等文件，确认安全员实际参与管理；核查项目负责人的施工日志、监理例会签到表，验证其实际履职。

3. 常见问题

（1）证书挂靠：安全员证书为外单位人员持有，社保与劳动合同不一致。

（2）人证分离：持证人员不在岗，实际由无证人员代管安全事务。

应对措施：对比安全日志签字与其他文件（如工资表）笔迹是否一致。

【整 改 措 施】

1. 暂停无证人员作业

立即停止未取得安全生产考核合格证书的主要负责人、项目负责人或专职安全管理人员的工作，调岗至无需证书的岗位，或安排持证人员接替。

对未足额配备安全管理人员的工作区域，暂停高风险作业（如高空、深基坑施工）直至人员到位。

2. 紧急组织培训

联系省级住房和城乡建设部门指定的培训机构，安排未持证人员参加"三类人员"安全考核培训，同步准备安全生产知识考试（A/B/C证）。

【事 故 案 例】

案例1：2024年辽宁省大连市国际会展中心"2·20"拆除较大坍塌事故

事故简介： 2024年2月20日17时17分，大连国际会展中心拆除工程西区施工现场发生坍塌，造成4人死亡、2人轻伤，直接经济损失约520万元。

事故原因： 该起事故中，项目部施工过程失管失控，未按照规定配足配齐管理人员；专职安全管理人员数量、专业均不满足施工要求（图1）。

图1 会展中心坍塌事故后现场图

案例2：2020年湖南省岳阳市"1·23"较大塔式起重机坍塌事故

事故简介： 2019年1月23日9时15分，湖南省岳阳市华容县华容明珠三期在建工程项目10号楼塔式起重机在进行拆卸作业时发生一起坍塌事故，事故造成2人当场死亡，3人受伤送医院经抢救无效后死亡，事故直接经济损失580余万元。

事故原因：该起事故中，施工单位未配置专职安全员，未对特种设备安装进行监督，安全管理流于形式（图1）。

图1　塔式起重机坍塌事故现场图

案例3：北京市清华大学附属中学"11·29"筏板基础钢筋坍塌事故

事故简介：2014年12月29日，清华大学附属中学A栋体育馆等三项工程，在进行地下室底板钢筋施工作业时，上层钢筋突然坍塌，造成10人死亡4人受伤。

事故原因：该起事故中，总包单位项目部未按规定配备2名以上安全专职管理人员（图1）。

图1　坍塌事故现场图

（三）建筑施工特种作业人员未取得有效特种作业人员操作资格证书上岗作业。

【解　　读】

建筑施工特种作业人员，是指在房屋建筑和市政工程施工活动中，从事可能对本人、他人及周围设备设施的安全造成重大危害作业的人员。特种作业岗位危险性较大，对人员专业能力要求较高。近年来，由于特种作业岗位人员未经培训、未取得特种作业资格岗位证书，不具备基本的安全技能而造成的事故时有发生，而且往往是群死群伤事故，如 2018 广东汕头"4·9"施工升降机坠落较大事故（4 人死亡），2019 年河北衡水恒大翡翠"4·25"施工升降机坠落事故（11 人死亡）、2020 广西玉林"5·16"塔式起重机倒塌较大事故（6 人死亡），都是作业人员在不具有特种作业操作资格证书的情况下，擅自操作施工升降机和塔式起重机造成的。

特种作业本身风险高，比如电工作业或者高空作业，没有经过专业培训容易出事故。特种作业人员既是造成伤亡事故的肇事者，也是伤亡事故的受害者，几乎每起特种作业事故都有人员资格证书的问题，要么无证书，要么假证书，要么有证书无能力。

【本条款主要依据】

1.《中华人民共和国特种设备安全法》

第十三条 特种设备生产、经营、使用单位应当按照国家有关规定配备特种设备安全管理人员、检测人员和作业人员，并对其进行必要的安全教育和技能培训。

2.《中华人民共和国安全生产法》

第三十条 生产经营单位的特种作业人员必须按照国家有关规定经专门的安全作业培训，取得相应资格，方可上岗作业。特种作业人员的范围由国务院应急管理部门会同国务院有关部门确定。

3.《建设工程安全生产管理条例》

第二十五条 垂直运输机械作业人员、安装拆卸工、爆破作业人员、起重信号工、登高架设作业人员等特种作业人员，必须按照国家有关规定经过专门的安全作业培训，并取得特种作业操作资格证书后，方可上岗作业。

4.《建筑施工特种作业人员管理规定》（建质〔2008〕75 号）

第一条 为加强对建筑施工特种作业人员的管理，防止和减少生产安全事故，根据《安全生产许可证条例》《建筑起重机械安全监督管理规定》等法规规章，制定本规定。

第二条 建筑施工特种作业人员的考核、发证、从业和监督管理，适用本规定。

本规定所称建筑施工特种作业人员是指在房屋建筑和市政工程施工活动中，从事可能对本人、他人及周围设备设施的安全造成重大危害作业的人员。

第三条 建筑施工特种作业包括：（一）建筑电工；（二）建筑架子工；（三）建筑起重信号司索工；（四）建筑起重机械司机；（五）建筑起重机械安装拆卸工；（六）高处作业吊篮安装拆卸工；（七）经省级以上人民政府建设主管部门认定的其他特种作业。

第四条 建筑施工特种作业人员必须经建设主管部门考核合格，取得建筑施工特种作业人员操作资格证书，方可上岗从事相应作业。

【违反本条款处罚依据】

《中华人民共和国安全生产法》

第九十七条 生产经营单位有下列行为之一的，责令限期改正，处十万元以下的罚款；逾期未改正的，责令停产停业整顿，并处十万元以上二十万元以下的罚款，对其直接负责的主管人员和其他直接责任人员处二万元以上五万元以下的罚款。

（七）特种作业人员未按照规定经专门的安全作业培训并取得相应资格，上岗作业的。

【判 定 方 法】

1. 如何鉴别特种作业资格证书的真实性和有效性？

（1）检查证书原件，核对以下信息：

证书编号：如"T＋身份证号"（特种作业操作证）、"S123456"（建筑施工特种作业资格证）。

持证人身份：姓名、身份证号、照片是否与本人一致。

作业类别：是否与实际岗位匹配（如"焊接与热切割作业"人员不得操作起重机械）。

有效期：证书是否在有效期内，是否按时复审（复审记录在证书背面）。

（2）现场检查与动态核验

人证一致性检查：核对持证人身份证、证书照片与现场作业人员是否一致。

随机抽考：询问特种作业基础知识（如电工作业人员应熟知触电急救措施），验证其专业能力。

社保与劳动合同核查：要求企业提供特种作业人员的社保缴纳记录或劳动合同，确认其为本企业员工，避免"证书挂靠"。

2. 常见问题

（1）应急管理部门颁发的电工证是否可以用在建设工程领域？

根据《特种作业人员安全技术培训考核管理规定》（国家安全生产监督管理总局令第30号）中第二条 生产经营单位特种作业人员的安全技术培训、考核、发证、复审及其监督管理工作，适用本规定。有关法律、行政法规和国务院对有关特种作业人员管理另有规定的，从其规定。

这里可以看出，这个规定适用所有的生产经营单位特种作业人员，但是后面这句话的意思是，如果其他行业里已经对特种作业人员有明确的管理规定了，应该遵守相关行业的关于特种作业人员管理的规定。

目前住房和城乡建设部关于建筑施工特种作业人员是有专门明确管理规定的。从《建筑施工特种作业人员管理规定》（建质〔2008〕75号）第二、三、四、五条来看，房屋建筑和市政工程施工领域的7大类特种作业人员，必须遵守《建筑施工特种作业人员管理规定》（建质〔2008〕75号），在施工现场的特种作业人员必须经住房和城乡建设主管部门考核合格，取得建筑施工特种作业人员资格证书，方可上岗从事相应行业。

也就是说，房屋建筑与市政工程施工项目的特种作业人员必须取得住房和城乡建设部门颁发的特种作业人员资格证。持有其他部门（应急管理部、质检局）颁发的特种作业证书原则上不能在房屋建筑和市政工程施工现场使用。

总结归纳起来，不同部门发放的特种作业人员证书在全国范围内都是合法有效的，但是不一定能互相代替。

（2）其他问题

针对证书伪造问题，可以通过证书编号格式（如位数不符、字母错误）和查询平台记录核实真伪。

针对人证分离问题，可以通过持证人年龄与外貌是否明显不符（如证书照片为青年，实际作业者为老年人），或者作业人员无法回答基础安全操作问题来判断真伪。

【整改措施】

针对检查中发现特种作业人员未取得操作资格证书即上岗作业的问题，需采取以下整改措施，确保人员资质合规、作业安全可控：

（1）停止无证人员作业。立即停止无证特种作业人员的工作，撤离作业岗位，禁止其参与后续相关操作。

（2）人员对所有特种作业岗位人员资质进行逐一核查（如电工、焊工、高处作业人员、起重机械操作人员等），建立人员台账，确保"人证相符"。

（3）组织培训考证。对无证但具备基本技能的人员，联系具备资质的培训机构进行安全技术培训，通过考核后取得操作证；对技能不足的人员，重新安排岗前技能培训，达标后再取证上岗。

【事故案例】

案例1：2023年山东省菏泽市"8·15"较大高处坠落事故

事故简介：2023年8月15日7时许，山东省菏泽市郓城县恒源锦绣城E区项目12号楼发生一起高处作业吊篮倾覆较大生产安全事故，造成5人高处坠落死亡，直接经济损失约726万元。

事故原因：该起事故中，作业人员在未取得高处作业吊篮安装拆卸特种作业资格证的情况下违规安装、拆卸高处作业吊篮；作业人员随意拼装使用吊篮，安装完成后未进行检查验收违规投入使用（图1、图2）。

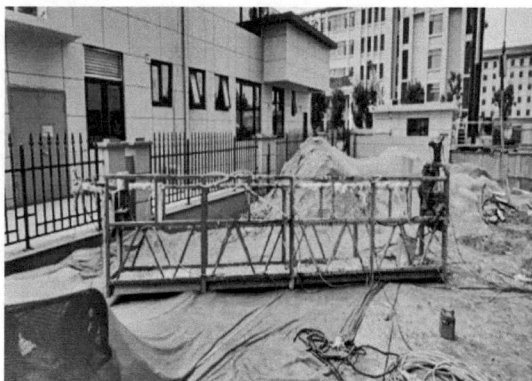

图1 事故吊篮外观图　　　图2 涉事吊篮图

案例 2：2023 年吉林省长春市"12·27"较大火灾事故

事故简介：2023 年 12 月 27 日，吉林省长春市宽城区金都小镇居民二次供水改造工程管道施工作业过程中，发生一起火灾事故，造成 3 人死亡，直接经济损失约 569 万元。

事故原因：该起事故中，电焊作业人员无特种作业人员操作资格证书，违规动焊作业，引燃水管保温层，后燃烧至电缆绝缘层、支模胶合板等可燃物处，产生的高温有毒烟气致 3 名工人死亡（图 1、图 2）。

图 1　火灾前管道施工现场图　　　　图 2　火灾后管道施工现场图

案例 3：2019 年河北衡水恒大翡翠"4·25"施工升降机坠落事故

事故简介：2019 年 4 月 25 日，河北省衡水市桃城区翡翠华庭项目工地发生一起施工升降机坠落事故，造成 11 人死亡，2 人受伤。

事故原因：该起事故中，作为特种作业的事故施工升降机操作人员无资格证书，擅自上岗，违章作业导致事故发生（图 1、图 2）。

图 1　施工现场升降机图　　　　图 2　施工现场升降机坠落后现场图

（四）危险性较大的分部分项工程未编制、未审核专项施工方案，或专项施工方案存在严重缺陷的，或未按规定组织专家对"超过一定规模的危险性较大的分部分项工程范围"的专项施工方案进行论证。

【解　　读】

专项施工方案是危大工程管理的核心，也是有效管控和化解重大事故风险的重要抓手。自危大工程管理制度实施以来，危大工程专项施工方案编制工作得到了施工单位及相关单位和监管部门的广泛重视，方案编制的覆盖面及编制水平均有了很大提升，对有效遏制较大及以上事故发生发挥了重要作用。根据住房和城乡建设部的最新统计，2023年和2024年较大及以上事故起数分别为7起和8起，死亡人数分别为25人和30人，处于历史最低水平。

然而，必须看到房屋建筑和市政基础设施工程较大及以上安全事故并未从根本上得到遏制，群死群伤事故仍时有发生，如广东珠海石景山隧道"7·15"透水重大事故、上海长宁"5·16"厂房坍塌重大事故等。这些事故造成了严重的生命财产损失和不良社会影响，究其原因，都与危大工程专项施工方案有关。事故原因暴露出在方案的编制、审核、专家论证、交底各个环节均出不同程度的问题，如施工风险管控措施不当、应急措施针对性不强，甚至出现了违反法律法规及标准规范等问题，尤其在现场施工环节不按照方案施工而造成的重大伤亡事故的案例更是屡见不鲜。

新修订的《判定标准》该条款增加了专项施工方案存在严重缺陷的要求。随之住房和城乡建设部制定了《危险性较大的分部分项工程专项施工方案严重缺陷清单（试行）》（建办质〔2024〕63号）。其中，包含通用条款17条，还有九类危大工程，如：基坑工程、模板及支撑体系工程、起重吊装及安装拆卸工程、脚手架工程等，即：方案编制过程中如果存在严重缺陷问题也有可能被判定重大事故隐患。那么，什么情况下方案存在严重缺陷不应判定为重大事故隐患呢？

第一，方案编制虽然存在严重缺陷，但缺陷在施工前被发现并修正，且未实际实施缺陷部分。如：深基坑方案缺少降水措施，但在开挖前补充完善并重新审批。

第二，方案虽存在缺陷，但工程尚未进入危大工程实施阶段，且有充分时间修正。如：高大模板方案未明确混凝土浇筑顺序，但在搭设阶段已暂停并重新修订。

第三，专家论证要求对方案局部修改（如增加监测频率），但未否定方案整体可行性，且施工单位已承诺落实。

【本条款主要依据】

1.《危险性较大的分部分项工程安全管理规定》（住房和城乡建设部令第37号）

第三章　专项施工方案（第十条—十三条）：

第十条　施工单位应当在危大工程施工前组织工程技术人员编制专项施工方案。

实行施工总承包的，专项施工方案应当由施工总承包单位组织编制。危大工程实行分包的，专项施工方案可以由相关专业分包单位组织编制。

第十一条 专项施工方案应当由施工单位技术负责人审核签字、加盖单位公章，并由总监理工程师审查签字、加盖执业印章后方可实施。

危大工程实行分包并由分包单位编制专项施工方案的，专项施工方案应当由总承包单位技术负责人及分包单位技术负责人共同审核签字并加盖单位公章。

第十二条 对于超过一定规模的危大工程，施工单位应当组织召开专家论证会对专项施工方案进行论证。实行施工总承包的，由施工总承包单位组织召开专家论证会。专家论证前专项施工方案应当通过施工单位审核和总监理工程师审查。

专家应当从地方人民政府住房城乡建设主管部门建立的专家库中选取，符合专业要求且人数不得少于5名。与本工程有利害关系的人员不得以专家身份参加专家论证会。

第十三条 专家论证会后，应当形成论证报告，对专项施工方案提出通过、修改后通过或者不通过的一致意见。专家对论证报告负责并签字确认。

专项施工方案经论证需修改后通过的，施工单位应当根据论证报告修改完善后，重新履行本规定第十一条的程序。

专项施工方案经论证不通过的，施工单位修改后应当按照本规定的要求重新组织专家论证。

2.《建设工程安全生产管理条例》

第三十五条 施工单位在使用施工起重机械和整体提升脚手架、模板等自升式架设设施前，应当组织有关单位进行验收，也可以委托具有相应资质的检验检测机构进行验收；使用承租的机械设备和施工机具及配件的，由施工总承包单位、分包单位、出租单位和安装单位共同进行验收。验收合格的方可使用。

【违反本条款处罚依据】

1.《危险性较大的分部分项工程安全管理规定》（住房和城乡建设部令第37号）

第三十二条 施工单位未按照本规定编制并审核危大工程专项施工方案的，依照《建设工程安全生产管理条例》对单位进行处罚，并暂扣安全生产许可证30日；对直接负责的主管人员和其他直接责任人员处1000元以上5000元以下的罚款。

2.《危险性较大的分部分项工程安全管理规定》（住房和城乡建设部令第37号）

第三十四条 施工单位有下列行为之一的，责令限期改正，处1万元以上3万元以下的罚款，并暂扣安全生产许可证30日；对直接负责的主管人员和其他直接责任人员处1000元以上5000元以下的罚款：（一）未对超过一定规模的危大工程专项施工方案进行专家论证的；（二）未根据专家论证报告对超过一定规模的危大工程专项施工方案进行修改，或者未按照本规定重新组织专家论证的。

3.《危险性较大的分部分项工程安全管理规定》（住房和城乡建设部令第37号）

第三十六条 监理单位有下列行为之一的，依照《中华人民共和国安全生产法》《建设工程安全生产管理条例》对单位进行处罚；对直接负责的主管人员和其他直接责任人员处1000元以上5000元以下的罚款：（一）总监理工程师未按照本规定审查危大工程专项施工方案的。

【判 定 方 法】

1. 如何判定发现危险性较大的分部分项工程未编制、未审核专项施工方案？

（1）资料审查

施工组织设计：检查施工组织设计中是否明确危大工程清单，并对应列出专项方案编制计划。

专项方案文件：核查是否针对危大工程单独编制专项施工方案，方案内容是否完整（包括工程概况、施工计划、工艺技术、安全保证措施等）。

审批流程：施工单位技术负责人是否签字确认（编制单位内部审核）；总监理工程师是否签字批准（监理单位审核）。

（2）现场核验与人员访谈

实际施工内容是否与专项方案一致（如基坑开挖深度、模板支撑高度等参数是否超限）；施工日志、监理日志是否记录方案执行情况。

询问项目技术负责人、安全员、施工班组是否知晓专项方案内容及技术要求；核查作业人员是否接受过方案交底并签字确认。

2. 如何判定发现超过一定规模的危险性较大分部分项（简称"超危"）工程未组织专家论证？

（1）需要论证"超危"工程范围的确认

根据《住房和城乡建设部关于开展建筑施工安全专项治理行动的通知》（建办质〔2018〕31号），核对超过一定规模的危大工程（如深基坑≥5m、高大模板支撑≥8m等）判定是否属于必须论证的范围。

（2）专家论证方案资料检查

是否留存《专家论证报告》，报告内容是否完整（包括专家签字、修改意见、结论等）。

专家组成员是否符合要求（5人及以上，且与本项目参建方无直接利益关系）。

（3）论证方案修订与执行情况

检查专项方案是否根据专家意见修改完善，并经施工单位技术负责人、总监理工程师重新签字确认。

现场施工是否按修订后的方案执行（如支护结构参数、监测频率等）。

3. 专职安全管理人员在危大工程中的职责是什么？

根据《危险性较大的分部分项工程安全管理规定》（住房城乡建设部令第37号），专职安全管理人员主要负责：

（1）确保施工前由方案编制人员或技术负责人向现场管理人员进行书面安全技术交底，交底内容清晰、可操作，并检查交底记录是否经所有参与人员签字确认，并存档备查。

（2）参与对现场作业人员进行安全技术交底。

（3）联合监理、技术部门对危大工程开工前的安全条件进行验收，包括人员资质（如特种作业人员证书）、材料设备（如脚手架、起重机械合格证）及环境安全（如基坑支护、周边管线保护）等。对不符合条件的，提出整改要求并跟踪落实。

（4）每日巡查危大工程作业区域，检查实际施工是否严格按专项方案执行（如模板支撑间距、基坑开挖坡度等）。发现违规行为（如擅自修改方案、无证操作）立即制止，并上报项目负责人。

（5）监督安全防护设施（如临边防护、安全网、警戒标识）的设置与维护。检查危大工程监测数据（如基坑沉降、模板支撑位移）是否及时记录并预警异常情况。

（6）参与制定危大工程专项应急预案，定期组织应急演练。确保现场配备应急物资（如救援设备、通信工具），并熟悉应急处置流程。

（7）参与危大工程关键节点验收（如高大模板支撑体系搭设完成后，确认符合方案要求后方可进入下一工序）。建立危大工程安全管理专项档案，留存方案、论证报告、交底记录、验收资料、监测数据等文件，确保可追溯。

（8）全程列席专家论证会，如实陈述现场安全条件及方案实施难点；监督论证程序合规性（如专家独立发表意见、签字确认结论等）。督促技术部门按专家意见修改专项方案，确保修改后的方案经施工单位技术负责人和总监理工程师重新审批；核查修订内容是否逐条落实专家建议（如支护参数调整、监测频率增加等）。

（9）其他职责

发现重大安全隐患或事故征兆时，立即向项目负责人报告，必要时直接向企业安全管理部门或监管部门报告。对拒不整改的违规行为，有权要求停工并向上级单位反映。

【整改措施】

针对危险性较大的分部分项工程在专项施工方案管理中出现的问题（如未编制/审核、方案存在严重缺陷、未组织专家论证等），需采取以下措施消除隐患并确保后续施工安全：

1. 立即停工并进行风险评估

（1）全面停工

立即停止涉及分部分项工程的施工，封闭现场，防止事故风险扩大。

（2）初步风险评估

组织技术、安全、监理等单位对已施工部分进行安全状态评估，判断是否存在结构或环境风险（如基坑变形、支护失稳等），必要时采取临时加固或监测措施。

2. 修订完善专项施工方案

（1）方案编制与审核

重新编制方案：由施工单位技术负责人组织专业技术人员重新编制专项施工方案，明确工艺流程、安全措施、计算书、图纸等内容。

严格审核：方案需经施工单位技术部门审核、技术负责人签字，并报总监理工程师审查签字。

专家论证：若属于"超过一定规模"的工程（如深基坑、高大模板等），必须召开专家论证会，修改完善方案后重新履行审批程序。

（2）方案缺陷修正

针对已有方案中的缺陷（如计算错误、安全措施缺失等），组织专家或第三方技术机构复核，修正后重新报审。

3. 复工前检查与动态管控

（1）复工条件核查

整改完成后，由建设单位、监理单位、施工单位联合对现场条件、方案落实情况进行全面核查，形成书面复工报告，经各方签字确认后方可复工。

（2）过程监督强化

监理单位全程监督方案执行，重点检查关键节点（如支护施工、混凝土浇筑等）是否符合方案要求。

引入第三方监测机构对高风险工程（如深基坑工程、高支模工程）进行实时监测，数据异常时立即预警。

（3）完善应急方案

针对分部分项工程特点制定专项应急预案，明确应急物资、人员、处置流程，并组织演练。

（4）资料归档

将整改后的方案、专家论证意见、复工检查记录等资料归档备查，确保全过程可追溯。

【事 故 案 例】

案例 1：2023 年山西省临汾市"11·24"较大坍塌事故

事故简介： 2023 年 11 月 24 日 21 时 59 分，山西永鑫通海铁路物流有限责任公司永鑫铁路专用线集运站建设项目配煤系统原料煤棚 2 号机头房在浇筑混凝土过程中，发生一起模架支撑体系坍塌事故，造成 7 人死亡，直接经济损失约 1946.71 万元。

事故原因： 该起事故中，施工单位对危大工程安全管理失控，未编制模架支撑体系专项施工方案（图 1、图 2）。

图 1　坍塌前现场原貌图　　　　　图 2　坍塌事故后现场图

案例 2：2022 年贵州省毕节市"1·3"工地山体滑坡重大事故

事故简介： 2022 年 1 月 3 日 18 时 55 分许，贵州省毕节市金海湖新区归化街道办事处香田村在建的毕节市第一人民医院分院培训综合楼边坡支护工程在施工过程中，突然发生山体滑坡，造成 14 名施工作业人员死亡、3 人受伤。直接经济损失 2856.06 万元。

事故原因： 该起事故中，"超危"工程专项施工方案未经总监理工程师审查，未组织专家论证，就用于指导施工（图 1、图 2）。

图 1　滑坡前施工现场图

图 2　滑坡后事故现场图

（五）对于按照规定需要验收的危险性较大的分部分项工程，未经验收合格即进入下一道工序或投入使用。

【解　读】

本条款为新修订的《判定标准》增加条款，实际上还是来源于《危险性较大的分部分项工程安全管理规定》（住房和城乡建设部令第 37 号）的规定。

危大工程验收合格后方可进入下一步施工或投入使用，是保证施工安全、控制重大风险的核心管理措施。

首先，危大工程（如深基坑工程、高支模工程、起重吊装工程等）本身具有高风险性，若验收不合格就进入下一步施工，会直接影响后续工序安全。例如：若深基坑支护未经验收合格即回填或进行上部施工，可能导致支护结构失稳、周边建筑沉降；若高大模板支撑体系未经验收即浇筑混凝土，可能引发坍塌事故。

其次，危大工程验收是对专项施工方案落实情况的全面检查，可以确保结构稳定性（如模板支撑间距、基坑支护强度）、安全防护措施（如临边防护、监测设备安装）符合要求。

最后，危大工程通常是整体工程的关键节点（如桥梁主塔施工、地铁盾构始发位置施工），其质量缺陷会直接影响后续施工质量。例如：若悬挑脚手架未经验收即投入使用，可能导致架体变形，影响外墙施工精度；若隧道初期支护未经验收即进行二衬施工，可能掩盖支护缺陷，引发后期塌方。

此外，危大工程通过验收及时发现问题并整改，可减少因隐蔽工程缺陷导致的返工成本。例如：深基坑支护未按方案施工，若在后续施工中暴露问题，修复成本可能增加数十倍。

【本条款主要依据】

1.《建设工程安全生产管理条例》

第三十五条 施工单位在使用施工起重机械和整体提升脚手架、模板等自升式架设设施前，应当组织有关单位进行验收，也可以委托具有相应资质的检验检测机构进行验收；使用承租的机械设备和施工机具及配件的，由施工总承包单位、分包单位、出租单位和安装单位共同进行验收。验收合格的方可使用。

2.《危险性较大的分部分项工程安全管理规定》（住房和城乡建设部令第37号）

第四章 现场安全管理（第二十一和第二十四条）：

第二十一条 对于按照规定需要验收的危大工程，施工单位、监理单位应当组织相关人员进行验收。验收合格的，经施工单位项目技术负责人及总监理工程师签字确认后，方可进入下一道工序。

危大工程验收合格后，施工单位应当在施工现场明显位置设置验收标识牌，公示验收时间及责任人员。

第二十四条 施工、监理单位应当建立危大工程安全管理档案。

施工单位应当将专项施工方案及审核、专家论证、交底、现场检查、验收及整改等相关资料纳入档案管理。

监理单位应当将监理实施细则、专项施工方案审查、专项巡视检查、验收及整改等相关资料纳入档案管理。

【违反本条款处罚依据】

《建设工程安全生产管理条例》

第六十五条 违反本条例的规定，施工单位有下列行为之一的，责令限期改正；逾期未改正的，责令停业整顿，并处10万元以上30万元以下的罚款；情节严重的，降低资质等级，直至吊销资质证书；造成重大安全事故，构成犯罪的，对直接责任人员，依照刑法有关规定追究刑事责任；造成损失的，依法承担赔偿责任：

（二）使用未经验收或者验收不合格的施工起重机械和整体提升脚手架、模板等自升式架设设施的。

《危险性较大的分部分项工程安全管理规定》

第三十五条 施工单位有下列行为之一的，责令限期改正，并处1万元以上3万元以下的罚款；对直接负责的主管人员和其他直接责任人员处1000元以上5000元以下的罚款。

【判 定 方 法】

在判定危大工程是否未经验收合格即进入下一步施工或投入使用时，需通过以下系统性步骤综合核查，确保合规性和安全性：

1. 文件资料审查

（1）检查记录是否缺失：核查项目档案中是否留存危大工程验收文件（如验收申请表、验收报告、签字记录等），若未提供或记录不全，可初步判定未验收。

（2）检查施工日志与验收时间是否矛盾：对比施工日志中记录的工序时间与验收文件日期。例如：施工日志显示"5月10日浇筑地下室顶板混凝土"，但验收记录显示"5月12日模板支撑体系验收"，则存在未验收即施工的嫌疑。

（3）检查监理日志与验收记录是否相符：检查监理日志是否记录验收过程及结论。若监理日志中无验收记录，但施工单位已进行后续施工，则可能违规。

2. 现场实体核查

（1）施工进度与验收标识是否冲突：危大工程验收合格后，应在现场设置验收标识牌（标明验收时间、责任人员）。若发现已进入下一工序但无标识牌，可能未经验收。

（2）实体质量与方案是否符合：抽查已施工部位是否符合专项方案要求。例如深基坑工程，可以检查支护结构参数（如锚杆间距、混凝土强度）是否与方案一致，若存在偏差且无验收整改记录，可能未通过验收；例如高大模板工程，通过测量立杆间距、水平杆步距是否超限，若未按方案搭设且已浇筑混凝土，可判定违规。

（3）监测数据是否异常：调取危大工程监测数据（如基坑变形、支撑轴力），若数据超限但未采取停工整改措施，且已进入后续施工，表明验收程序未执行。

3. 人员访谈与管理过程追溯

（1）询问关键人员：例如可以询问施工方项目技术负责人，要求说明验收流程及参与人员，若无法提供细节或逻辑矛盾，可能存在造假；询问监理工程师是否参与验收，对验收结论是否签字确认；也可以询问作业人员，了解是否被告知验收结果，例如："支模架验收通过了吗？何时允许浇筑混凝土？"

（2）追溯整改是否形成闭环：查验收记录，若验收记录显示存在整改项（如"局部立杆间距过大"），但后续施工记录未体现整改过程，直接进入下一工序，可判定未真正验收。

【整 改 措 施】

针对危大工程未经验收合格即进入下一步施工或投入使用的重大隐患，需采取以下系统性措施消除风险，确保工程安全和合规性：

1. 立即停工与应急管控

（1）强制暂停施工或使用

下达停工令：立即停止后续施工或使用，切断电源、封锁现场，疏散相关人员。设置警戒区域：对未验收的危大工程区域设置物理隔离和警示标志，禁止无关人员进入。

（2）初步风险评估

现场勘察：组织专家、设计单位、监测单位对工程实体进行紧急检查，确认是否存在明显缺陷（如支护结构变形、混凝土开裂等）。

临时加固：若发现结构存在失稳风险，立即采取反压回填、增设临时支撑、注浆加固等措施控制险情。

2. 全面安全评估与整改

（1）重新组织专项验收

合规流程：由施工单位牵头，监理、设计、监测单位共同参与，按《危险性较大的分部分项工程安全管理规定》（住房和城乡建设部令第37号）要求重新验收。

第三方验证：引入独立检测机构对关键指标（如混凝土强度、支护结构承载力、变形数据）进行复测，确保数据真实可靠。

（2）制定整改方案

缺陷修复：针对验收发现的质量问题（如锚索预应力不足、焊缝缺陷），制定专项修复方案，明确整改措施、责任人和时限。

结构补强：若工程已投入使用但存在安全隐患，需采取加固措施（如增设钢支撑、碳纤维布补强），并委托设计单位验算安全性。

3. 管理制度优化与培训

（1）流程再造：完善危大工程验收管理制度，明确"验收→签字→存档→复工"闭环流程，增设交叉检查环节。

（2）全员培训：组织施工、监理人员学习相关危大工程安全管理规定（住房和城乡建设部令第37号），强化"验收不合格严禁施工"意识，开展事故案例警示教育。

4. 恢复施工与长期监控

（1）复工审批

复工后严格执行"边施工边监测"，第三方监测频率提高至每日一次。

（2）持续安全监测

对已投入使用的工程（如未验收的支护结构），布设长期监测点，跟踪位移、沉降、应力变化，数据实时上传监管平台。

设定预警阈值，超限时自动触发应急响应。

总结：作为危大工程未验收合格就进入下一步施工，消除该重大事故隐患应坚持的原则：以人员安全为核心，优先阻止隐患扩大。

【事 故 案 例】

案例1：2019年河北省衡水市恒大翡翠"4·25"施工升降机坠落事故

事故简介： 2019年4月25日，河北省衡水市桃城区翡翠华庭项目工地发生一起施工升降机坠落事故，造成11人死亡，2人受伤。

事故原因： 该起事故调查发现，事故施工升降机的加节、附着作业完成后，未组织验收即投入使用。

案例 2：2020 年湖北省武汉市"1·5"较大坍塌事故

事故简介： 2020 年 1 月 5 日 15 时 30 分左右，位于湖北省武汉市江夏区五里界天子山大道 1 号的武汉巴登城生态休闲旅游开发项目一期一（1）二标段发生一起较大坍塌事故，造成 6 人死亡，6 人受伤。事故直接经济损失为 1115 万元。

事故原因： 该起事故调查发现，门楼高大模板支撑体系作为危大工程，架体未按照施工方案要求进行搭设，且门楼高大模板支撑体系在搭设完毕后未按要求进行验收（图 1）。

图 1　救援结束后事故现场图

三、基坑工程重大事故隐患判定标准

第五条 基坑、边坡工程有下列情形之一的，应判定为重大事故隐患：

（一）未对因基坑、边坡工程施工可能造成损害的毗邻建筑物、构筑物和地下管线等，采取专项防护措施。

【解　读】

本条对建设单位、施工单位在基坑施工过程中对毗邻重要建筑物、构筑物和地下管线专项保护进行了规定。

在基坑工程施工中，对毗邻的重要建筑物、构筑物和地下管线采取专项防护措施，是工程安全和风险管理的核心要求。近年来，随着城市化建设规模的扩大，基础施工、地下交通、地下综合体、地下市政设施、地下综合管廊等工程的基坑开挖过程风险不断加大。基坑工程是大型的土体开挖工程，其直接影响是引起周围土体应力的重分布，导致周围土层的移动，产生较大的地表沉降和不均匀沉降，对毗邻建筑物、周边环境产生不利影响，尤其因建设单位和施工单位对地下管线保护意识的欠缺，导致市政给水排水、供热、绿化、燃气、电力电缆、通信线缆等地下管线频繁遭到损坏，造成重大事故隐患，同时也造成工程局部或全面停工，并导致施工成本的增大和工期的延误。

新修订的《判定标准》增加了对边坡工程的要求。在建筑施工领域边坡工程也很常见，本条款主要涉及的是建筑边坡而非常见的公路边坡。

根据国家标准《建筑边坡工程技术规范》GB 50330—2013 规定，建筑边坡是指在建筑场地及其周边，由于建筑工程和市政工程开挖或填筑施工所形成的人工边坡和对建（构）筑物安全或稳定有不利影响的自然斜坡。该标准只适用于岩质边坡高度为30m以下（含30m）、土质边坡高度为15m以下（含15m）的建筑边坡工程以及岩石基坑边坡工程。

【本条款主要依据】

1.《中华人民共和国建筑法》

第三十九条 施工现场对毗邻的建筑物、构筑物和特殊作业环境可能造成损害的，建筑施工企业应当采取安全防护措施。

第四十条 建设单位应当向建筑施工企业提供与施工现场相关的地下管线资料，建筑施工企业应当采取措施加以保护。

2.《建设工程安全生产管理条例》

第六条 建设单位应当向施工单位提供施工现场及毗邻区域内供水、排水……有关资料，并保证资料的真实、准确、完整。

第三十条 施工单位对因建设工程施工可能造成损害的毗邻建筑物、构筑物和地下管线等，应当采取专项防护措施。

3. 国家标准《建筑地基基础工程施工质量验收标准》GB 50202—2018

第3.0.4条 地基基础工程必须进行验槽，验槽检验要点应符合本标准附录A的规定。

4. 国家标准《建筑与市政地基基础通用规范》GB 55003—2021

第2.1.1条 地基基础应满足下列功能要求：

（5）基坑工程应保证支护结构、周边建（构）筑物、地下管线、道路、城市轨道交通等市政设施的安全和正常使用，并应保证主体地下结构的施工空间和安全。

（6）边坡工程应保证支挡结构、周边建（构）筑物、道路、桥梁、市政管线等市政设施的安全和正常使用。

5. 行业标准《建筑基坑支护技术规程》JGJ 120—2012、行业标准《城市地下管线探测技术规程》CJJ 61—2017等，都规定了防护措施的具体技术要求。

【违反本条款处罚依据】

1.《建设工程安全生产管理条例》

第五十四条 违反本条例的规定，建设单位未提供建设工程安全生产作业环境及安全施工措施所需费用的，责令限期改正；逾期未改正的，责令该建设工程停止施工。

2.《建设工程安全生产管理条例》

第六十四条 违反本条例的规定，施工单位有下列行为之一的，责令限期改正；逾期未改正的，责令停业整顿，并处5万元以上10万元以下的罚款；造成重大安全事故，构成犯罪的，对直接责任人员，依照刑法有关规定追究刑事责任：（五）未对因建设工程施工可能造成损害的毗邻建筑物、构筑物和地下管线等采取专项防护措施的。

【判定方法】

在基坑或边坡施工中，判定是否未对毗邻的重要建筑物、构筑物及地下管线采取专项防护措施，需通过技术核查、现场检查、资料审查和监测数据分析等多维度综合判断。以下是具体判定方法和步骤：

1. 技术资料审查

检查专项施工方案。

1）核查施工组织设计中是否包含针对毗邻建筑物、管线、道路的专项防护方案（如支护设计、隔震措施、管线悬吊等）。

2）核查审批与论证程序是否缺失

核查专项防护措施是否经施工单位技术负责人、总监理工程师审批；对超过一定规模的工程（如邻近地铁隧道、历史建筑等高风险环境），检查是否组织专家论证，并经监理、建设单位审批。

如检查发现未编制专项方案或方案未明确防护措施、方案无上述相关内容或描述笼统（如仅写"加强监测"而无具体措施），即可判定为未采取防护措施。

2. 现场核查

（1）检查专项防护措施实施情况

支护结构：检查基坑或边坡是否按设计设置了支护结构（如钢板桩、地下连续墙、锚杆等），是否存在偷工减料或未施工的情况。

管线保护：观察地下管线是否采取悬吊、包裹、隔离等保护措施，或是否按规划迁移。

隔震措施：检查是否设置隔震沟、减震板等，防止施工振动影响邻近建筑物。

（2）查验监测设备是否缺失或数据异常

查看现场是否安装监测点（如建筑物倾斜仪、管线位移传感器、基坑测斜管）。

调取近期监测数据，若显示沉降／位移超限（如建筑物倾斜速率＞0.1mm/d）但无整改记录，表明防护失效。

（3）检查施工工艺是否违规

对比专项方案与实际施工参数：例如：是否超挖（如基坑设计开挖深度5m，实际挖至6m）。

是否未分层开挖或超时暴露（如设计要求"分层开挖，24h内完成支撑"，实际未执行）。

（4）人员访谈与过程追溯

询问关键人员：如询问施工人员是否知晓周边建筑物／管线保护要求（如"基坑东侧距燃气管线2m，需如何保护?"）。

询问监理工程师是否对防护措施进行验收（如隔离桩施工质量检查记录）；询问监测单位是否向施工方提交风险预警（如连续3d沉降速率超标）。

3. 专家评估与第三方检测

（1）专家现场诊断

邀请岩土、结构专家对现场进行勘察，评估现有措施是否满足安全要求。若专家认定防护措施不足或未实施，即判定违规。

（2）第三方检测报告

委托检测机构对支护结构强度、管线变形量等关键指标进行检测，数据不合格则说明防护失效

4. 快速判断方法

（1）直接征兆：无专项防护方案或方案未经审批；监测数据造假（如篡改沉降值）；监理日志中无防护措施验收记录。

（2）间接征兆：周边建筑物出现新裂缝、门窗变形；地下管线所属单位投诉施工导致停气、停水；施工现场无任何监测设备或防护设施。

【整 改 措 施】

针对施工现场发现未对基坑、边坡工程施工可能造成损害的毗邻重要建筑物、构筑物和地下管线采取专项防护措施的问题，可以采取以下整改措施：

1. 立即停工与评估

（1）立即停止相关作业，疏散危险区域人员，设置警戒线，防止事故扩大。

（2）风险评估与现场调查

组织专家团队（结构工程师、岩土工程师、管线单位代表等）对现场进行紧急评估，分析基坑或边坡的稳定性、周边建筑物及管线的受损风险。核查未实施防护措施的具体范围和原因，明确责任主体。

2. 临时应急措施

（1）临时加固与支护

对基坑或边坡进行临时加固，如增设钢板桩、钢管支撑、土钉墙或喷锚支护，控制变形。

对邻近建筑物基础或管线区域采取堆载反压、注浆加固等应急措施。

（2）采取排水措施

加强基坑及周边排水，防止因渗水或雨水冲刷加剧土体失稳。修复或增设截水沟、集水井、排水管道，降低地下水位。

3. 专项防护方案制定与实施

（1）编制专项防护方案

根据评估结果，由设计单位补充专项防护方案，明确对邻近建筑物、管线、道路的保护措施（如设置隔震沟、微型桩、托换基础等），并经专家论证通过。

（2）永久性防护施工

按方案实施永久性支护结构（如地下连续墙、深层搅拌桩、预应力锚索等）。对重要管线采取悬吊保护、迁移或设置隔离层。

4. 监测与预警

（1）实时监测系统

布设位移、沉降、倾斜、裂缝等监测点，利用自动化监测设备实时跟踪变形数据。

对周边建筑物、管线进行振动、渗漏等专项监测。

（2）预警与反馈

设定监测预警阈值，超过限值立即启动应急预案。

每日向相关单位通报监测结果，动态调整施工方案。

5. 验收恢复使用

整改完成后，组织专家验收，确认安全后恢复施工。

总结：通过以上措施，可系统性消除安全隐患，最大限度减少对周边环境的影响，避免事故发生。后续施工中应严格落实"先防护、后施工"原则，杜绝类似问题再次发生。

【事 故 案 例】

案例1：2017年吉林省松原市7·4燃气管道爆炸事故

事故简介： 2017年7月4日13时23分许，吉林省松原市宁江区繁华路发生城市燃气管道泄漏爆炸事故，造成7人死亡（其中，当场死亡5人，住院医治无效死亡2人），

80多人受伤。

事故原因： 施工企业在实施道路改造工程旋喷桩施工过程中，未经专家论证通过、未制定燃气设施保护方案并采取安全保护措施、未探明燃气管线埋设深度和实质位置、未对地下管网资料进行核实，未采取专项保护措施，盲目施工钻漏地下中压燃气管道，导致燃气〔主要成分甲烷，相对密度（空气＝1）0.5548，大量泄漏（图3）〕，扩散到附近建筑物空间内，并积累达到爆炸极限（5%～15.4%），遇随机不明点火源引发爆炸（图1～图4）。

图1　爆炸气流推向医院综合楼

图2　燃气管道泄漏爆炸后现场

图3　燃气管道挖断泄漏点

图4　事故现场救援

案例2：2019年四川省成都市"9·26"基坑坍塌较大事故

事故简介： 2019年9月26日21时10分许，四川省成都市金牛区天回街道万圣新居E地块4号商业楼西北侧基坑边坡突然发生局部坍塌，事故共造成3人死亡。事故直接经济损失500余万元。

事故原因: 4 号商业楼基坑开挖放坡系数不足且未支护,基坑边缘距现场施工主车道距离过近,边坡承受荷载过大,不同工序、工种间作业协调不到位。基坑垮塌部位旁为小型绿化区未硬化封闭,不排除绿化水对周边边坡土质也产生了不利影响。基坑开挖后未采取专项保护措施,侧壁砂土在自然与人为双重影响作用下发生局部坍塌,造成生产安全责任较大事故(图1~图3)。

图1 基坑开挖后未支护

图2 基坑开挖后未专项保护

图3 基坑坍塌事故现场

案例3:2021年湖南省郴州市"6·19"较大房屋坍塌事故

事故简介: 2021年6月19日12时37分,湖南省郴州市汝城县卢阳镇发生一起居民自建房坍塌事故，造成 5 人死亡，7 人受伤，直接经济损失 734 万元。

事故原因：拟重建房屋房主未向地基开挖人员提供毗邻建筑物的有关资料、未对地基开挖可能造成损害毗邻建筑物的潜在安全风险采取专项防护措施，拆除拟重建房屋在一定程度影响了该处地基土的整体受力平衡，加之拟重建房屋地基开挖顶面低于坍塌房屋整板基础底部 200～300mm，改变了坍塌房屋地基土的侧向约束，导致地基土下沉滑移，地基承载力出现单侧降低，整板基础不均匀下沉及断裂，致使房屋整体倾覆并迅速坍塌（图 1～图 3）。

图 1　事故房屋坍塌现场照片（俯视）

图 2　事故房屋坍塌现场照片（侧视）

图 3　坍塌房屋整板基础断裂带照片

案例 4：2021 年安徽省六安市"7·28"道路改造燃气管道泄漏事故

事故简介：2021 年 7 月 28 日 7 时许，安徽省六安市主城区解放南路改造工程施工过程中，挖掘机将一处燃气管道挖断，大量燃气泄漏并被引燃起火。事发现场位于市主城区，场所人员密集，后经应急处置，未造成人员伤亡，但造成周围 21 个居民小区约 1.7 万户停气和一定经济损失。

事故原因：作为建设单位，未按规定办理工程建筑施工许可而先行组织开工；未认真收集汇总有关工程地质、水文、周边环境和管线的资料并组织召开书面交底会，未认真督促施工单位、劳务单位等按现有管线保护方案进行作业，导致挖掘机进行清淤作业时将燃气管道挖断，燃气大量泄漏并夹带水汽向上扩散后，被附近的电力电气设施引燃（图1、图2）。

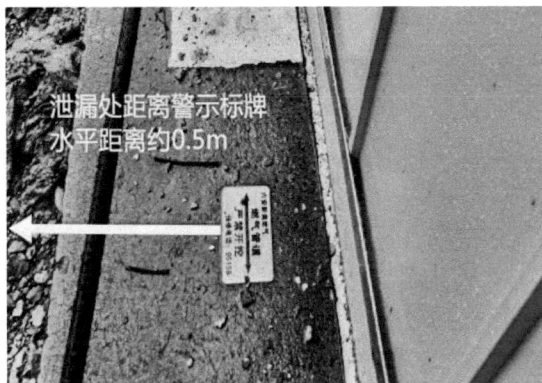

图1　路面燃气管道警示标牌

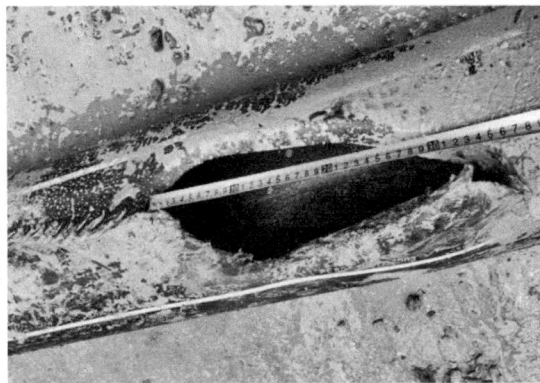

图2　燃气管道断面处

案例5：2021年深圳市龙岗区南湾街道"8·22"燃气泄漏事故

事故简介： 2021年8月22日15时13分许，龙岗区南湾街道南岭社区南芳学校校门升级改造工程第三方施工过程中不慎将一根中压燃气管道挖破，事故导致燃气微量泄漏，虽无人员伤亡，但造成直接经济损失873万元。

事故原因： 施工单位在燃气管道控制范围内未进行人工探挖查明地下管线分布，在管线不明的情况下违章指挥作业，挖掘机进行基坑开挖作业时，挖破地下燃气管线（图1、图2）。

图1　燃气泄漏管道图

图2　门桩基坑图

（二）基坑、边坡土方超挖且未采取有效措施。

【解　读】

基坑、边坡土方严禁超挖且必须采取有效措施，其本质是通过控制土体应力释放速率、保护支护结构效能、阻断风险传导。本条规定了在基坑、边坡土方开挖过程中必须按照设计要求，按照工序逐层逐步开挖，不得超过设计深度，严禁进行超挖。基坑支护结构必须在达到设计要求的强度后，才能开挖下层土方，严禁提前开挖和超挖。

根据事故统计，基坑事故中 30% 与超挖直接相关。超挖（超过设计深度或范围）可能引发以下严重事故：

（1）破坏了土体稳定性，会导致土体原始应力状态失衡，引发边坡滑移、基坑坍塌等事故。（2）支护结构（如锚杆、内支撑）的设计承载力基于特定开挖深度，超挖会导致支护失效，危及支护结构安全。（3）超挖会扩大土体扰动范围，导致邻近建筑物沉降、地下管线断裂等次生灾害。

【本条款主要依据】

1. 行业标准《建筑深基坑工程施工安全技术规范》JGJ 311—2013

第 8.3.1 条　基坑开挖应按先撑后挖、限时、对称、分层、分区等的开挖的方法确定开挖顺序，严禁超挖，应减小基坑无支撑暴露开挖时间和空间。混凝土支撑应在达到设计要求的强度后进行下层土方开挖；钢支撑应在质量验收并按设计要求施加预应力后进行下层土方开挖。

2. 行业标准《建筑施工土石方工程安全技术规范》JGJ 180—2009

第 6.3.2 条　基坑支护结构必须在达到设计要求的强度后，方可开挖下层土方，严禁提前开挖和超挖。施工过程中，严禁设备或重物碰撞支撑、腰梁、锚杆等基坑支护结构，亦不得在支护结构上放置或悬挂重物。

3. 国家标准《建筑与市政地基基础通用规范》GB 55003—2021

第 7.4.3 条　第 1 款　基坑土方开挖的顺序应与设计工况相一致，严禁超挖。

【违反本条款处罚依据】

1.《危险性较大的分部分项工程安全管理规定》（住房和城乡建设部令第 37 号）

第三十四条　施工单位有下列行为之一的，责令限期改正，处 1 万元以上 3 万元以下的罚款，并暂扣安全生产许可证 30 日；对直接负责的主管人员和其他直接责任人员处 1000 元以上 5000 元以下的罚款：（三）未严格按照专项施工方案组织施工，或者擅自修改专项施工方案的。

2.《中华人民共和国安全生产法》

第一百零二条　生产经营单位未采取措施消除事故隐患的，责令立即消除或者限期消除，处五万元以下的罚款；生产经营单位拒不执行的，责令停产停业整顿；对其直接负责的主管人员和其他直接责任人员处五万元以上十万元以下的罚款；构成犯罪的，依照刑法有关规定追究刑事责任。

【判 定 方 法】

判断基坑边坡或土方是否超挖且未采取有效措施，需结合工程规范、设计文件、现场监测数据及实际工况进行综合分析。以下是具体的判断依据和方法：

1. 是否超挖判断方法

（1）对比设计文件

设计图纸核查：比对施工图纸中的基坑深度、边坡坡度、底边尺寸等参数，实测实际开挖尺寸。若实测值超过设计允许范围（如深度超限、坡度变陡、底边扩大），则可能为超挖。

允许偏差标准：参考国家标准《建筑地基基础工程施工质量验收标准》GB 50202—2018等规范，确认超挖是否超出允许偏差（通常机械开挖允许±200mm，人工±50mm）。

（2）现场测量验证

工具测量：使用全站仪、水准仪等工具测量基坑深度、边坡坡度及平面位置，与设计值对比。

分层检查：分阶段开挖时，每层开挖后需检查是否按设计标高和范围施工。

（3）地质条件分析

对比勘察报告，若实际地质与勘察报告差异较大（如软弱夹层、地下水变化），可能需调整开挖方案。未经设计变更擅自超挖则属违规。

2. 边坡、基坑开挖后是否采取有效措施判断方法

（1）现场措施检查

支护结构：检查是否按设计要求设置支护（如设置土钉墙、锚杆、钢板桩），或超挖后未及时补强。

回填与加固：超挖区域是否用混凝土、砂石回填，或采用注浆、加筋等措施加固。

排水措施：检查截水沟、集水井等排水系统是否完善，避免渗水加剧边坡失稳。

（2）施工记录审查

隐蔽工程验收：查阅超挖部分的回填、加固记录，确认是否按方案处理。

监理日志：检查监理单位是否对超挖问题提出整改，施工方是否落实。

（3）监测数据分析

变形监测：通过边坡水平位移、沉降监测数据（如日均位移＞2mm或累计＞30mm），判断是否因超挖导致稳定性下降。

预警响应：若监测数据超限，但未采取停工、反压等应急措施，则属处置不当。

【整 改 措 施】

在基坑或边坡施工中发生土方超挖且未采取有效防护措施时，必须立即采取系统性措施消除风险，避免引发坍塌、周边结构损坏甚至人员伤亡。以下是具体应对步骤：

1. 紧急响应与风险控制

（1）立即停工与警戒

停止所有施工，撤离超挖区域及周边人员、设备。设置警戒线和警示标识，禁止无关人员进入危险区域。

（2）初步风险评估

初步测量超挖范围、深度及边坡坡度，判断是否超出设计允许值（如坡度陡于设计值、开挖深度超过支护结构覆盖范围）。

观察周边地表、建筑物、管线是否已出现裂缝、沉降或变形。

2. 临时应急措施

（1）反压回填与坡脚加固

超挖区域底部用砂袋、土方或低强度混凝土进行反压回填，减少边坡侧向压力。

在坡脚处打入钢管桩、木桩或设置临时挡土墙，防止进一步滑移。

（2）快速支护与排水

对暴露的边坡面进行挂网喷浆或铺设防水布，防止土体风化、雨水冲刷。

紧急开挖排水沟、设置集水井，排除积水，降低土体含水率。

（3）裂缝封闭与荷载控制

用水泥浆或速凝材料封闭边坡及周边地表裂缝，防止渗水加剧失稳。

移除超挖区域附近的堆载（如土方、建材），减少边坡荷载。

3. 技术修复与永久性治理

（1）补强支护结构

根据超挖深度和地质条件，增设土钉墙、预应力锚索或微型桩，重新平衡土体应力。

若原支护结构失效，需拆除后按新设计方案重建（如地下连续墙＋内支撑）。

（2）分层回填与压实

对超挖部分分层回填砂石或灰土，每层厚度≤30cm，采用机械压实至设计密实度。

回填后按修正后的边坡坡度修整，并补做护坡（如植草护坡、混凝土格构梁）。

（3）注浆加固

对松动土体进行高压注浆，填充空隙并提高土体强度，尤其适用于砂层或软弱地层。

4. 监测与预警

（1）实时动态监测

布设边坡位移、深层土体位移、地下水位监测点，采用自动化设备 24h 监测。

对邻近建筑物、管线进行沉降、倾斜监测，每小时记录数据并分析。

（2）分级预警机制

设定黄色（预警值 70%）、橙色（预警值 90%）、红色（超限值）三级预警，触发后立即启动应急预案。

5. 管理追责与制度完善

（1）原因调查与责任追究

查明超挖原因（如施工违规操作、技术交底不清、监测缺失），追究施工、监理单位责任。对相关人员进行安全再教育，强化“按图施工”意识。

（2）方案修正与审批

由设计单位重新验算边坡稳定性，出具超挖修复专项方案，经专家论证后实施。监理单位全程旁站监督，确保每道工序验收合格。

（3）制度优化

建立"开挖—支护"同步作业制度，严禁超挖暴露未支护土体。

完善施工前的管线探明、地质补勘流程，避免盲目开挖。

对于较大范围超挖，需根据超挖后的实际情况，对边坡进行卸载处理，即削坡减载，降低边坡的高度和坡度，减小坡体的下滑力。

总结：当施工现场出现基坑、边坡超挖且未采取有效措施后，应坚持先控险、后修复、动态调整的原则，标本兼治，既要解决当前超挖问题，也要完善管理体系，杜绝类似问题。

【事 故 案 例】

案例1：2016年河北省石家庄市西柏坡电厂"8·7"基坑坍塌事故

事故简介： 2016年8月7日，河北省石家庄市西柏坡废热利用项目箱涵顶出面施工现场发生基坑侧壁坍塌事故，造成3人死亡，1人重伤，直接经济损失约350万元。

事故原因： 这是典型的因基坑违规超挖和未及时支护造成的生产安全事故。施工单位基坑超挖后，土钉孔径偏小，杆体强度及钉头拉结强度不足，面层配筋量偏小、厚度不够；在灌浆混凝土强度未达到规范要求情况下，便进行下一道工序施工，间隔时间短，施工组织安排不合理（图1、图2）。

图1　基坑坍塌现场

图2　基坑侧壁坍塌现场

案例2：2019年江苏省扬州市"4·10"基坑坍塌较大事故

事故简介： 2019年4月10日9时30分左右，江苏省扬州市广陵区古运新苑农民拆迁安置小区四期B2地块一停工工地，擅自进行基坑作业时发生局部坍塌，造成5人死亡、1人受伤，事故造成直接经济损失约610万元。

事故原因： 施工单位未按施工设计方案施工，在未采取防坍塌安全措施的情况下，紧邻 B104 号住宅楼基坑边坡脚垂直超深开挖电梯井集水坑，基坑超挖后支护未能及时跟进，降低了基坑坡体的稳定性，且坍塌区域坡面挂网喷浆混凝土未采用钢筋固定，最终导致事故发生（图 1～图 3）。

图 1　基坑开挖放坡比例

图 2　事故救援现场

图 3　基坑坍塌事故现场

案例 3：2020 年广东省广州市增城区"11·23"较大坍塌事故

事故简介： 2020 年 11 月 23 日 14 时 34 分许，位于广东省广州市增城区派潭镇高滩村的广州金叶子酒店有限公司二期项目，发生一起施工边坡坍塌事故，事故造成 4 人死亡，直接经济损失约 844.79 万元。

事故原因： 违规开挖，形成高陡边坡。施工单位在山体开挖过程中未按照施工图要求和专项方案采取从上至下分层分段的开挖顺序进行，未采取削坡、放坡、支护等安全技术措施，违规作业，造成重大安全隐患；项目部未根据安全专项施工方案要求做好施工前准备，未对边坡进行支护并经检测合格后，便冒险作业，继续掏挖山体并开挖基槽，最终导致坍塌（图1～图3）。

图1　第一次坍塌

图2　第二次坍塌

图3　事故坍塌全貌

（三）深基坑、高边坡（一级、二级）施工未进行第三方监测。

【解　读】

深基坑工程开挖涉及土体卸载、支护结构受力变化、地下水渗流等问题，容易引发坍塌、沉降、支护结构失效等事故。第三方监测通过实时数据采集和分析，能提前预警潜在风险，避免人员伤亡和财产损失。通过持续监测，不仅可以提前预警预防事故发生，而且监测数据可为施工方提供动态反馈，帮助优化支护设计或调整施工步骤（如开挖速度、降水方案等）。尤其城市深基坑施工可能引发地面沉降、土体位移，影响周边建筑物、地下管线、道路等。第三方监测通过布设沉降观测点、倾斜监测等，实时评估影响范围，及时采取加固措施。

新修订的《判定标准》该条款增加了高边坡（一级、二级）施工进行第三方检测的要求。

何为高边坡？标准中并没有明确的定义，根据国家标准《建筑边坡工程技术规范》GB 50330—2013，高边坡的界定主要依据边坡的高度和岩土性质，具体规定如下：

土质边坡：高度超过10m的土质边坡被定义为高边坡。

岩质边坡：高度超过15m的岩质边坡被定义为高边坡。

其他条件：若边坡的破坏后果严重（如可能危及重要建筑物、公共设施或人员密集区域），或地质环境复杂、稳定性差，即使边坡高度未达到上述标准，也可根据工程实际情况按高边坡的要求进行设计和治理。

规范中对高边坡的设计提出了更严格的要求，包括稳定性分析、支护结构选型、监测措施等。实际工程中需结合边坡的岩土特性、地质构造、水文条件及周边环境综合判定。

建议在设计或施工时，结合国家标准《建筑边坡工程技术规范》GB 50330—2013第3章"基本规定"及相关条款，确保符合技术要求。必要时需进行专项论证或专家评审。

那么，高边坡的一级、二级如何判定呢？这里的级别是指边坡安全等级，高边坡的安全等级划分（表1）主要依据边坡破坏后果的严重性、边坡类型（岩质或土质）以及边坡高度等因素综合确定。

表1　高边坡安全等级标准

安全等级	破坏后果	边坡类型与高度条件
一级	很严重	岩质边坡：高度≥30m 土质边坡：高度≥15m 地质环境复杂、稳定性极差的边坡
二级	严重	岩质边坡：15m≤高度＜30m 土质边坡：10m≤高度＜15m 稳定性较差的边坡

针对安全等级一级的高边坡，相应的设计标准如下：

（1）需进行详细地稳定性分析（如极限平衡法、数值模拟等）。

（2）支护结构设计安全系数取最高值。

（3）必须设置长期监测系统（位移、地下水、应力等）。

针对安全等级二级的高边坡，相应的设计标准如下：

（1）需进行常规稳定性分析。

（2）支护结构设计安全系数按规范中值选取。

（3）建议设置定期监测。

根据相关规定，以下情况必须进行第三方监测：

（1）开挖深度≥5m的深基坑（一级基坑）。

（2）边坡高度≥10m的高边坡（一级、二级边坡）。

（3）周边环境复杂（邻近建筑、管线、道路等需保护）的工程。

注：第三方监测应由独立于施工、监理、设计单位的有资质机构承担。

【本条款主要依据】

1. 国家标准《建筑基坑工程监测技术标准》GB 50497—2019

第3.0.3条　基坑工程施工前，应由建设方委托具备相应能力的第三方对基坑工程实施现场监测。监测单位应编制监测方案，监测方案应经建设方、设计方等认可，必要时还应与基坑周边环境涉及的有关管理单位协商一致后方可实施。

第7.0.3条　仪器监测频率应符合下列规定：（1）应综合考虑基坑支护、基坑及地下工程的不同施工阶段以及周边环境、自然条件的变化和当地经验确定。（2）对于应测项目，在无异常和无事故征兆的情况下，开挖后监测频率可按该标准表7.0.3确定。（3）当基坑支护结构监测值相对稳定，开挖工况无明显变化时，可适当降低对支护结构的监测频率。（4）当基坑支护结构、地下水位监测值相对稳定时，可适当降低对周边环境的监测频率。

2. 国家标准《建筑边坡工程技术规范》GB 50330—2013

规定建筑边坡工程施工前，应由建设单位委托具备相应能力的第三方监测单位对建筑边坡工程实施监测。

3.《危险性较大的分部分项工程安全管理规定》（住房和城乡建设部令第37号）

第二十条　对于按照规定需要进行第三方监测的危大工程，建设单位应当委托具有相应勘察资质的单位进行监测。

【违反本条款处罚依据】

《危险性较大的分部分项工程安全管理规定》（住房和城乡建设部令第37号）

第二十九条　建设单位有下列行为之一的，责令限期改正，并处1万元以上3万元以下的罚款；对直接负责的主管人员和其他直接责任人员处1000元以上5000元以下的罚款：（四）未按照本规定委托具有相应勘察资质的单位进行第三方监测的。

第三十八条　监测单位有下列行为之一的，责令限期改正，并处1万元以上3万元以下的罚款；对直接负责的主管人员和其他直接责任人员处 1000 元以上 5000 元以下的罚款：（一）未取得相应勘察资质从事第三方监测的；（二）未按照本规定编制监测方案的；（三）未按照监测方案开展监测的；（四）发现异常未及时报告的。

【判定方法】

1. 如何判断深基坑、高边坡（一级、二级）未进行第三方监测？

（1）审查施工及监测方案

施工专项方案：检查是否明确要求第三方监测，并在"监测方案"章节中列明第三方监测单位名称、资质、监测内容及频率。

备案文件：深基坑、高边坡工程需向住房和城乡建设部门备案，备案材料中应包含第三方监测合同或委托书。若缺失，则可能未实施。

（2）核查监测合同与资质

合同文件：查验施工单位与第三方监测单位签订的合同，确认服务范围是否包含深基坑或高边坡监测。

监测单位资质：第三方监测单位需具备工程勘察资质（岩土工程监测）或 CMA（中国计量认证）资质。若无相关资质文件，则监测无效。

（3）现场检查监测实施

监测点标识：第三方监测点通常独立设置，并有明显标识（如标牌、编号），与施工方自检点区分。

仪器设备：第三方监测多采用精密仪器（如全站仪、测斜仪、沉降仪等），若现场仅见简易工具（如卷尺、水平仪），可能未开展专业监测。

监测人员：询问现场监测人员所属单位，若为施工或监理单位人员，则非第三方监测。

（4）监测报告验证

报告签字盖章：第三方监测报告需由监测单位盖章，并有注册岩土工程师或监测人员签名。若报告仅由施工或监理单位出具，则属违规。

数据独立性：第三方监测数据应独立上传至政府监管平台（如部分地区要求的"智慧工地"系统），若无法查询到相关数据，可能未实施。

（5）监测内容与频率

规范要求：一级基坑/边坡监测频率通常为 1 次/1d，二级为 1 次/2～3d。若监测记录缺失或频率不足，可能未按规定执行。

监测项目：深基坑需监测支护结构变形、周边地表沉降、地下水位等；高边坡需监测坡顶位移、深层水平位移、锚杆应力等。若关键项目缺失，可能未开展监测。

2. 基坑、高边坡开挖未进行第三方监测的危险征兆有哪些？

（1）无预警机制：未设置监测预警值（如位移速率＞2mm/d、累计位移＞30mm），或发现异常未及时报警。

（2）现场隐患：基坑或边坡已出现裂缝、沉降、渗水等险情，但无对应监测数据记录。

（3）监理记录缺失：监理日志中无第三方监测数据审核痕迹，或未对监测缺位提出整改要求。

注意事项：建筑边坡的安全等级与公路边坡的安全等级评定不一样。

【整改措施】

在深基坑或高边坡开挖过程中，若发现未进行第三方监测痕迹，必须立即采取措施消除风险，确保工程安全和周边环境稳定。以下是具体应对步骤：

1. 立即停工与初步评估

（1）暂停施工

立即停止开挖作业，疏散现场人员，封锁危险区域，设置警示标志。通知监理、建设单位和相关管理部门，启动应急预案。

（2）初步风险诊断

组织技术人员对当前基坑或边坡状态进行初步检查，观察支护结构是否变形、开裂；检查周边建筑物、道路、管线是否有裂缝、沉降或渗漏；测量已开挖区域的坡度、深度是否超设计值。

2. 紧急启动第三方监测

（1）委托专业监测机构

立即联系具备资质的第三方监测单位，签订紧急服务合同，明确监测范围、频率和预警标准。监测内容需包括：

1）基坑或边坡的水平位移、垂直沉降、深层土体位移。

2）支护结构的应力、变形（如锚索拉力、支撑轴力）。

3）周边建筑物、管线的沉降、倾斜、裂缝发展。

4）地下水位变化（防止渗流破坏）。

（2）布设监测点与数据采集

在24h内完成监测点布设，优先覆盖高风险区域（如超挖段、邻近建筑物侧）。

采用自动化监测设备（如全站仪、测斜仪、静力水准仪）实时传输数据，确保每小时更新。

3. 技术补救措施

（1）临时加固与风险控制

反压回填：对已超挖或变形区域用砂袋、低强度混凝土回填，减少侧向土压力。

增设临时支护：坡面挂网喷浆，防止土体风化剥落；坡脚打入钢管桩、钢板桩或设置挡土墙，控制位移。

排水防渗：紧急开挖截水沟、集水井，排除积水；必要时注浆封堵渗漏点。

（2）专家评估与方案制定

邀请岩土、结构专家现场勘察，评估当前基坑或边坡的稳定性和潜在风险。

根据评估结果，由设计单位出具补救方案，包括：

1）补强支护结构（如增设锚索、微型桩、地下连续墙）。

2）调整开挖顺序或坡度。

3）对受损周边环境（建筑物、管线）采取修复措施。

方案需通过专家论证，并报监理、建设单位审批。

4. 管理措施与责任落实

（1）责任追溯与整改

查明未实施第三方监测的原因（如成本控制、管理疏忽），追究施工、监理单位责任。

对相关人员进行安全培训，强化合规意识，确保后续施工严格按方案执行。

（2）完善监测与管理制度

建立"施工—监测—预警"联动机制，要求第三方监测数据实时共享至施工、监理、建设单位。

设定监测预警阈值（如位移速率＞3mm/d、累计位移＞30mm），超限时自动触发停工指令。

5. 恢复施工与长期防控

（1）分阶段验收与复工

临时加固措施完成后，经监理、第三方监测单位验收合格，方可恢复局部施工。

后续开挖必须遵循"分层、分段、限时"原则，确保"开挖一层，支护一层"。

（2）持续监测与动态调整

第三方监测应持续至基坑回填或边坡工程竣工，数据每日汇总分析。

根据监测结果动态调整施工方案，例如：位移超限时，暂停开挖并补强支护；地下水位异常时，加强排水或堵漏措施。

总结：基坑、高边坡工程必须由第三方独立监测的原则是：

1）数据先行：通过第三方监测获取客观数据，指导科学决策。

2）快速响应：从停工到加固、监测、修复全程高效衔接，避免险情扩大。

3）标本兼治：既要消除当前隐患，更需完善管理体系，杜绝侥幸心理。

通过以上措施，可最大限度降低未监测导致的潜在风险，确保工程安全可控。后续施工中需严格遵守"先监测、后施工"原则，形成长效管理机制。

【事 故 案 例】

案例 1：2014 年广东省佛山市"11·10"较大坍塌事故

事故简介： 2014 年 11 月 10 日 17 时 20 分左右，位于广东省佛山市南海区大沥镇盐步穗盐路涌表村的新怡智逸大厦工程基坑发生坍塌，造成 3 人死亡、1 人受伤、直接经济损失 275 万元的较大建筑工地坍塌事故。

事故原因： 新怡智逸大厦项目施工单位违反施工方案、施工流程进行施工，相邻工地奥丽依项目违法施工对事故单位的基坑安全造成不利影响，第三方监测单位未尽监测职责，未及时预报。监测单位提供的检测报告显示 2014 年 11 月 7～9 日的基坑水平位移速率明显加快，但监测单位未及时预警预报，并且没有按照制定的监测方案开展监测（图 1、图 2）。

图 1　事故现场

图 2　事故现场救援搜救

案例 2：2018 年宁夏回族自治区银川市"3·13"沉井坍塌较大事故

事故简介： 2018 年 3 月 13 日上午 8 时 35 分许，在宁夏回族自治区银川市第九污水处理厂配套进出厂管道工程二标段（以下简称"九污管道工程"）工地，作业人员在顶管作业井（顶管作业井名称"W25 加井"，该井位于九污管道工程 W25-W26 井段之间）内清土、砌护作业时，顶管作业井发生坍塌，造成 4 人死亡、1 人轻伤，直接经济损失 479.86 万余元。

事故原因： 该竖井开挖深度 7.5m，属于超过一定规模的危大工程，具有较大的坍塌风险，需要有资质的专业单位进行支护设计。该工程支护方案未经专业单位设计，而是由施工单位提出的不符合现行规范要求的"土办法"——砖墙支护方案，该方案未组织专家论证，也未委托第三方实施监测（图 1、图 2）。

图 1　基坑坍塌事故现场

图 2　事故现场救援

案例 3：2019 年河北省廊坊市"6·16"基坑坍塌较大事故

事故简介： 2019 年 6 月 16 日上午 10 时 30 分，河北省廊坊市固安县锦厦家园非人防地下室（旧城改造项目）基坑西侧边坡发生坍塌事故，5 人被埋。事故造成 3 人死亡，2 人受伤，直接经济损失 446.3 万元。

事故原因： 锦厦家园非人防地下室项目深基坑土质松软，未分级放坡、未设置支护结构，未按照规定委托第三方机构对深基坑工程进行监测；临时项目负责人在未充分辨识风险的情况下，雨天排险过程中违章指挥、冒险作业，致使本就稳定性差的边坡坍塌造成人员被埋（图1、图2）。

图1　坍塌事故现场

图2　事故现场救援

（四）有下列基坑、边坡坍塌风险预兆之一，且未及时处理：

1. 支护结构或周边建筑物变形值超过设计变形控制值。

【解　读】

该条款涉及工程安全、结构稳定性和环境保护等多方面因素。

首先，支护结构（如桩、锚杆、内支撑）的设计基于其材料强度（如混凝土抗压、钢材抗拉）和土体承载力。若变形超过设计值，支护结构可能因应力超限而破坏（如支撑断裂、桩体倾斜或墙体开裂），引发土体滑动或局部塌方，破坏基坑整体稳定性，导致坍塌，严重威胁施工人员安全。

其次，若变形值过大，邻近建筑的基础可能因不均匀沉降或侧向位移出现裂缝、倾斜甚至倒塌，尤其是老旧建筑或历史保护建筑对变形更敏感。燃气、供水、电缆等管线可能因土体变形破裂，引发泄漏、爆炸或公共服务中断。地面沉降或侧移会导致道路塌陷、桥梁结构受损，影响交通和公共安全。

【本条款主要依据】

1. 国家标准《建筑与市政地基基础通用规范》GB 55003—2021

第7.4.8条　基坑工程监测数据超过预警值，或出现基坑、周边建（构）筑物、管线失稳破坏征兆时，应立即停止基坑危险部位的土方开挖及其他有风险的施工作业，进行风险评估，并采取应急处置措施。

2. 行业标准《建筑施工土石方工程安全技术规范》JGJ 180—2009

第6.4.1条 深基坑开挖过程中必须进行基坑变形监测,发现异常情况应及时采取措施。

第6.4.4条 当基坑开挖过程中出现位移超过预警值、地表裂缝或沉陷等情况时,应及时报告有关方面。出现塌方险情等征兆时,应立即停止作业,组织撤离危险区域,并立即通知有关方面进行研究处理。

3. 国家标准《建筑基坑工程监测技术标准》GB 50497—2019

第8.0.2条 基坑支护结构、周边环境的变形和安全控制应符合下列规定:对周边已有建筑引起的变形不得超过相关技术标准的要求或影响其正常使用。

4. 行业标准《建筑基坑支护技术规程》JGJ 120—2012

第8.2.23条 基坑监测数据、现场巡查结果应及时整理和反馈。当出现下列危险征兆时应立即报警:(1)支护结构位移达到设计规定的位移限值。(2)支护结构位移速率增长且不收敛。(3)基坑周边建(构)筑物、道路、地面的沉降达到设计规定的沉降、倾斜限值;基坑周边建(构)筑物、道路、地面开裂。

5. 国家标准《建筑地基基础设计规范》GB 50007—2011

第5.3.1条 建筑物的地基变形计算值,不应大于地基变形允许值。

【判定方法】

判定基坑支护结构或周边建筑物变形值是否超过设计变形控制值,需通过设计文件核查、监测数据分析、现场勘察及规范对比等多步骤综合判断。以下是具体方法:

(1)核查设计文件中的变形控制值

首先要明确设计限值。支护结构变形限值:查阅支护结构设计图纸或计算书,获取允许的水平位移、垂直沉降、倾斜率、裂缝宽度等控制值(如水平位移≤0.3%H,H为基坑深度);周边建筑/管线限值:根据设计文件,确认邻近建筑沉降、差异沉降、管线位移的允许范围(如建筑差异沉降≤0.15%L,L为建筑长度)。

其次,与规范要求对比:参考国家标准《建筑基坑工程监测技术标准》GB 50497—2019、国家标准《建筑基坑支护技术规程》JGJ 120—2012等规范,补充设计未明确的控制值(如软土地区基坑周边地表沉降通常≤50mm)。

(2)监测数据采集与分析

监测数据来源:第三方监测报告,包括独立监测单位提供的水平位移、沉降、深层土体位移、支撑轴力、锚杆拉力等数据;施工单位自测记录,施工方日常监测数据(需与第三方数据交叉验证);自动化监测系统,实时传输的传感器数据(如静力水准仪、测斜仪等)。

关键分析步骤:数据对比分析,将实测数据与设计变形控制值直接对比,如:某基坑支护桩水平位移设计限值为30mm,实测累计位移35mm,即超限;趋势分析,通过观察变形速率(如日均位移>2mm)是否持续增长,判断是否接近或超过预警阈值;关联性分析,若支护结构变形与周边建筑沉降同步超标,说明土体扰动范围扩大,风险加剧。

(3)现场勘察与迹象验证

支护结构表观检查裂缝与倾斜:支护桩、地下连续墙出现明显裂缝(宽度>0.3mm)或倾斜;支撑系统异常:钢支撑屈曲、混凝土支撑开裂或锚杆松动。

周边环境异常迹象：建筑有损伤现象，如邻近建筑墙体开裂、门窗变形、地砖隆起；管线发生泄漏，如地下水管渗漏、燃气管线压力异常；地表发生变形，如基坑周边地面沉降、产生裂缝或局部塌陷。

（4）常见的基坑支护结构变形监测项目控制值（表1）

表1　常见的基坑支护结构变形监测项目控制值表

监测项目	设计控制值（参考）	规范依据
支护桩水平位移	≤ 0.3%H（H 为基坑深度）	《建筑基坑支护技术规程》JGJ 120—2012
周边建筑沉降	≤ 20mm（一般建筑）	《建筑基坑工程监测技术标准》GB 50497—2019
差异沉降	≤ 0.15%L（L 为建筑长度）	《建筑地基基础设计规范》GB 50007—2011

通过上述方法，可系统判定变形是否超限，并采取针对性措施确保工程安全。

【整改措施】

当发现危险或监测数据报警时，应立即停止可能导致变形进一步加强的相关施工作业，设置警戒区域，防止无关人员进入危险区域。加强监测，为后续决策提供准确数据。可以根据实际情况采取以下措施：

（1）加固支护结构。可通过增加锚杆、锚索数量或长度，提高锚杆、锚索的抗拔力，对支护结构进行加固。

（2）卸载减载。对支护结构周边的堆载进行清理，减小地面荷载对支护结构和周边建筑物的影响。

（3）对地基加固。采用注浆、高压喷射注浆等方法，对建筑物基础下的地基土进行加固，提高地基土的承载力和抗变形能力。

（4）止水与排水。检查并修复可能存在的渗漏点，设置止水帷幕，阻止地下水对支护结构和周边建筑物基础的侵蚀。

通过上述措施，可在7～15日内有效控制变形发展，恢复施工后需持续监测至主体结构达到 ±0.0000 后结束监测。特别提示：对于地铁隧道、历史建筑等敏感目标，变形控制值需按设计标准的80%执行。

【事故案例】

案例1：2023年河北省石家庄市"10·27"较大坍塌事故

事故简介：2023年10月27日15时50分许，某建设有限公司承建的石家庄市高新区集中安置区棚户区改造项目热力引入工程发生一起坍塌较大事故，造成4人死亡，直接经济损失约708万元。

事故原因：由于挖掘机在槽边频繁往返作业引起振动破坏了土体内聚力，导致滑坡。沟槽挖出弃土堆于两侧，整段沟槽西侧边缘堆积弃土高度约1.3m（堆积的弃土高度为挖掘机在坑边频繁往返作业碾压后的压实高度），距沟槽上口边线仅 0～0.5m（图 1）。

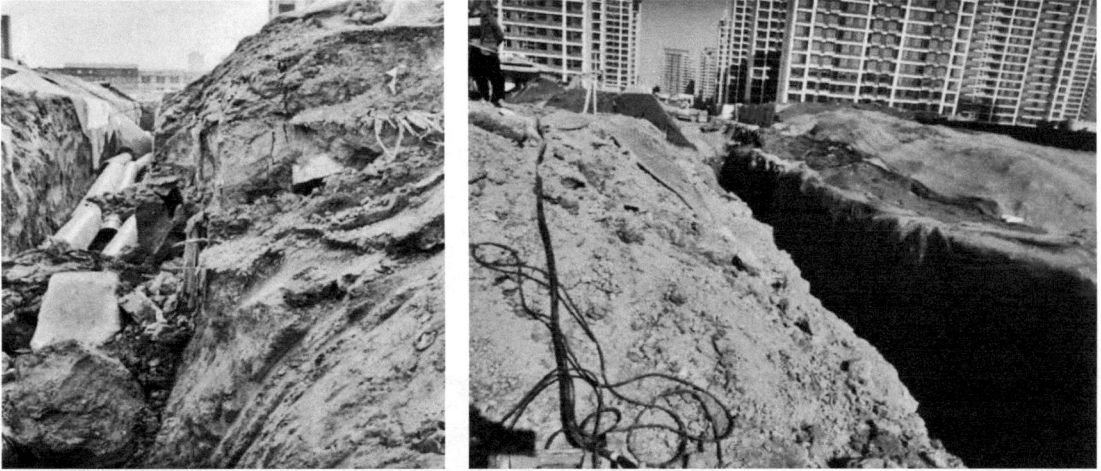

图 1　事故现场弃土堆于沟槽两侧

案例 2：2019 年甘肃省庆阳市"5·4"基槽坍塌较大事故

事故简介： 2019 年 5 月 4 日 18 时 01 分，甘肃省庆阳市合水县六乡镇截污控源工程何家畔镇何家畔村（管网部分）工程，在施工过程中发生一起基槽壁土方坍塌的较大事故，造成 4 人死亡，直接经济损失 348 万元。

事故原因： 经勘察，坍塌处位于"一缕阳光文汇店"门前 2.4m 的基槽北侧，基槽宽度 1.1m、深度 4.9m，塌方长度 9.7m，坍塌土方量约 50m³。事发地段土质含水量为 21.4%～24.7%，原状土密实度为 1.34～1.37g/cm³。该工程项目在开挖基槽时未按照设计要求采取放坡（几乎直壁开挖）、基槽壁未采取支护，基槽北侧堆放大量土方，基槽土质疏松、土壤含水率大，进一步增大了基坑侧壁所受的土压力，致使沟槽北侧土层局部剪切破坏，导致本起事故发生（图 1）。

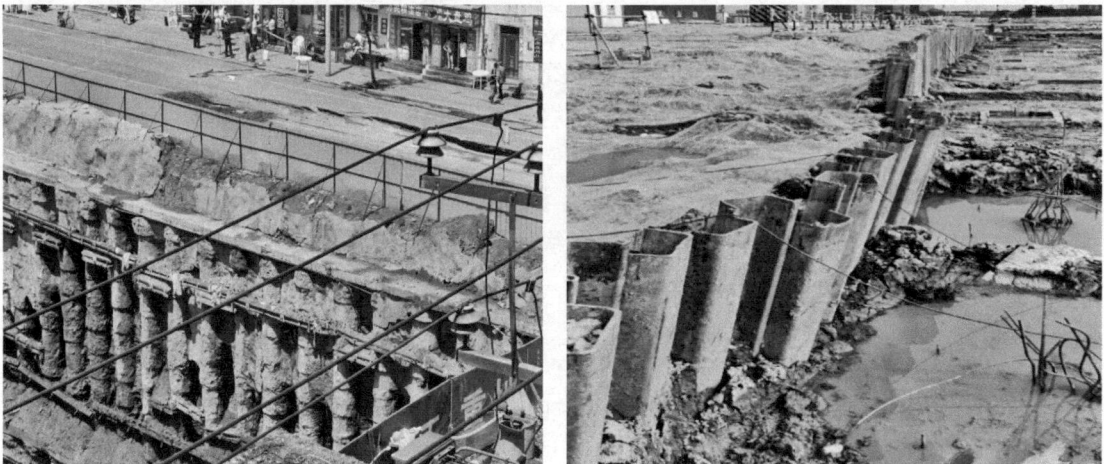

图 1　基坑坍塌前征兆

案例 3：2019 年贵州省贵阳市"10·28"地下室坍塌较大事故

事故简介： 2019 年 10 月 28 日 16 时 21 分左右，贵州省贵阳市观山湖区在建美的广场二期 T4 栋及地下室、C2-2 栋商业项目的 10 区段地下室，发生 1 起较大坍塌事故，造成 8 人死亡，4 人受伤。直接经济损失 1728.6 万元。

事故原因： 美的广场二期 T4 栋及地下室、C2-2 栋商业项目的地下室主体结构尚未完成，10 区段地下室结构尚无独立承载回填土侧向压力的能力；西侧肥槽回填土不符合要求，实际回填土压力荷载较设计值增大 1 倍以上；在西侧肥槽回填土压力、施工荷载和结构自重共同作用下，超过已成型地下室结构抗侧压承载力，引起结构构件连续破坏和整体倒塌（图 1）。

图 1　坍塌事故现场

2. 基坑侧壁出现大量漏水、流土。

【解　　读】

侧壁漏水和流土是基坑工程的"红色警报"，其根源在于水、土、结构三者的失衡。基坑侧壁出现大量漏水和流土是严重的工程险情，可能导致支护结构失稳、周边地面沉降甚至坍塌，威胁工程安全，甚至危及周边建筑物和人员安全，需立即采取紧急措施。

造成基坑侧壁出现漏水和流土的原因可能包括以下几种情况：

支护结构存在缺陷，比如止水帷幕没做好，或者支护桩之间有缝隙；也有可能是地下水位突然升高，超过了设计的防水能力；或者是土质问题，比如土层中有砂层或粉土层。此外，施工过程中的振动或超挖也可能导致结构受损，引发渗漏。

【本条款主要依据】

1. 国家标准《建筑与市政施工现场安全卫生与职业健康通用规范》GB 55034—2022

第 3.5.5 条　当基坑出现下列现象时，应及时采取处理措施，处理后方可继续施工（……基坑侧壁出现大量漏水、流土，或基坑底部出现管涌；桩间土流失孔洞深度超过桩径）。

2. 行业标准《建筑深基坑工程施工安全技术规范》JGJ 311—2013

第 5.4.2 条第 5 款　围护结构渗水、流土，可采用坑内引流、封堵或坑外快速注浆的方式进行堵漏；情况严重时应立即回填，再进行处理。

第 5.4.2 条第 6 款　开挖底面出现流砂、管涌时，应立即停止挖土施工，根据情况采取回填、降水法降低水头差、设置反滤层封堵流土点等方式进行处理。

3. 国家标准《建筑基坑工程监测技术标准》GB 50497—2019

要求渗漏水导致周边建筑沉降＞30mm 时，立即停工。

4. 行业标准《建筑基坑支护技术规程》JGJ 120—2012

规定流土速率＞0.5m³/h 或位移速率＞5mm/d 时，必须启动一级应急响应。

【判 定 方 法】

在基坑侧壁出现大量漏水、流土后，评估是否可能引发基坑坍塌，需综合现场迹象、监测数据、地质条件及应急响应等多方面因素。

1. 现场迹象快速评估

（1）漏水与流土特征：若漏水浑浊（含泥砂）、流量持续增大（如＞10L/min·m²），说明水土流失严重，土体结构破坏；若出现流土（土颗粒随水流出）表明土体已发生管涌或流砂，承载力骤降。

（2）漏点位置与范围：漏点集中在支护结构接缝、桩间土或薄弱区域，且范围扩大，风险更高。

（3）支护结构状态：出现裂缝与变形，支护桩/墙出现水平或斜向裂缝（宽度＞3mm）、明显倾斜（倾斜率＞0.5%）；支撑系统失效，钢支撑屈曲、混凝土支撑开裂或锚杆预应力损失超过50%。

（4）周边环境异常：邻近建筑墙体开裂（裂缝宽度＞5mm）、地面塌陷（塌陷深度＞0.5m）或地下管线断裂。

2. 监测数据关键指标

（1）变形监测：水平位移监测，单日位移速率＞5mm/d，或累计位移＞设计控制值（如0.5%H，H 为基坑深度）；垂直沉降监测，坑顶沉降速率＞3mm/d，或累计沉降＞50mm。

（2）地下水位变化：坑外水位骤降（如 24h 内下降＞2m），说明止水帷幕完全失效，土体被掏空。

出现上述情况，基坑坍塌风险增大。

3. 地质与施工因素分析

漏水区域若为砂土、粉土等强透水层，或存在软弱夹层（如淤泥质土），坍塌风险极高；施工中若止水帷幕深度不足（未穿透不透水层）、支护桩间距过大（如＞1.5倍设计值）或开挖超深，坍塌风险增加。

4. 基坑坍塌前有如下征兆：

（1）支护结构异响：混凝土碎裂声、钢支撑扭曲声。

（2）监测数据突变：位移速率突然加快（如＞10mm/h）。

（3）土体崩塌前兆：侧壁土体成片剥落、坑底隆起（隆起量＞30mm）。

注意：若施工现场出现上述高风险迹象，且监测数据超限，需立即按高风险等级处置，避免坍塌事故发生。

【整改措施】

基坑侧壁出现漏水或流土后，应采取如下应急措施：

（1）停止开挖：禁止一切坑内作业，撤离人员设备。

（2）应急封堵：迅速采用砂袋、棉被等材料对漏水、流土部位进行临时封堵，减少水流和土颗粒的流失。

（3）降水减压：通过在基坑内设置降水井，降低地下水位，减少水压力，从而减缓漏水、流土的速度。

（4）注浆加固：采用高压注浆的方法，向漏水、流土部位注入水泥浆、化学浆液等，填充孔隙，形成止水帷幕，阻止水流和土颗粒的流失。

（5）增设止水帷幕：在基坑外侧或内侧增设止水帷幕，如地下连续墙、搅拌桩等，增强止水效果。

（6）加强监测：对基坑及周边环境进行实时监测，包括水位变化、土体位移、建筑物沉降等，及时掌握情况，调整处理措施。

【事故案例】

案例1：2019年广西壮族自治区南宁市"6·8"路面坍塌事故

事故简介： 2019年6月8日，广西壮族自治区南宁市东葛路延长线靠近竹岭立交附近一处路面开裂并发生塌陷，经相关部门勘察，塌方区域长约60m，宽约15m，塌方量4500m³左右，虽无人员伤亡，但造成交通堵塞，严重影响城市居民生活，带来恶劣的社会影响。

事故原因： 由于在建工地的基坑支护产生变形，加上水管长期渗漏，基坑周边土体被掏空，局部土体泡软，在土体流失、掏空后，由于水管自重，水管爆裂，引发基坑锚索结构失效，最终导致坍塌（图1、图2）。

图1　基坑长期浸水

图2　坍塌事故现场

案例 2：2019 年广东省广州市"12·1"地面塌陷较大事故

事故简介： 2019 年 12 月 1 日上午 9 时 28 分，广东省广州市在建轨道交通十一号线四分部二工区 1 号竖井横通道上台阶喷浆作业区域上方路面，即广州大道北与禺东西路交界处出现塌陷，造成路面行驶的 1 辆清污车、1 辆电动单车及车上人员坠落坑中，两车上共 3 人遇难，直接经济损失约 2004.7 万元。

事故原因： 项目施工单位施工前未充分掌握施工区域及附近的地层变化与分布特征、地下地质水文情况。施工地段围岩土体含水量饱和，在爆破振动和围岩失稳后，改变了土体内水流流场。地下水丰富且雨季补水量大，且施工时间较长，雨季河涌流量成倍增加，水流携带土体加剧失稳、流失，直接导致地面坍陷（图 1～图 3）。

图 1　塌陷区位置图

图 2　事故位置图

图 3　事故位置俯视图

案例3：2021年广东省珠海市石景山隧道"7·15"重大透水事故

事故简介： 2021年7月15日3时30分，位于广东省珠海市香洲区的兴业快线（南段）一标段工程石景山隧道右线在施工过程中，掌子面拱顶坍塌，诱发透水事故，造成14人死亡，直接经济损失3678.677万元。

事故原因： 隧道下穿吉大水库时遭遇富水花岗岩风化深槽，在未探明事发区域地质情况、未超前地质钻探、未超前注浆加固的情况下，不当采用矿山法台阶方式掘进开挖（包括爆破、出渣、支护等）、小导管超前支护措施加固和过大的开挖进尺，导致右线隧道掌子面拱顶坍塌透水。泥水通过车行横通道涌入左线隧道，导致左线隧道作业人员溺亡（图1～图3）。

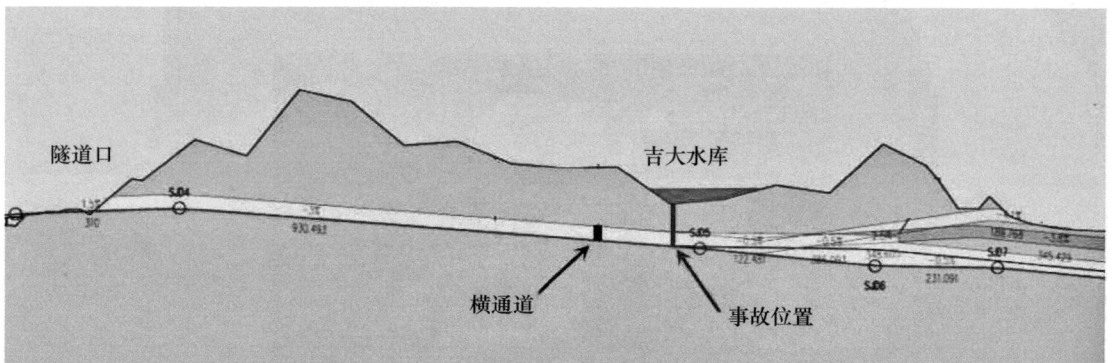

图1　撑子面拱顶坍塌透水示意图

图2　事故现场图

图3　事故现场俯视图

3. 基坑底部出现管涌或突涌。

【解　读】

管涌是指在渗流作用下，土体细颗粒沿骨架颗粒形成的孔隙，水在土孔隙中的流速增大引起土的细颗粒被冲刷带走的现象，也称翻砂鼓水。突涌是指当基坑开挖后，基坑底面下不透水土层的自重压力小于下部承压水水头压力时，引起基坑底土体隆起破坏并同时发生喷水涌砂的现象。

之所以基坑底部出现管涌或突涌，可能的原因有以下几个方面：

1. 地质条件不良：基坑底部若存在砂土、粉土或砾石层等透水性强的土层，地下水易形成渗流通道，带走细颗粒；或存在软弱夹层，如淤泥质土或有机质夹层，抗渗能力差，易被水流冲刷。

2. 水文条件影响：地下水位过高（如承压水头未有效降低），水压冲破隔水层，形成管涌；或降水措施失效，降水井堵塞、排水系统不足，导致坑内外水头差过大。

3. 施工与设计缺陷：止水帷幕不完善，深度不足、接缝不严或存在孔洞，无法有效隔水；开挖过快或超挖，未分层分段开挖，扰动土体稳定性；支护设计不当，基底未设置抗突涌措施（如反压土、板桩）。

管涌或突涌是基坑失稳的严重前兆，其后果可分为以下阶段：

1. 初期阶段：局部细颗粒流失，形成渗漏通道，导致基底土体松散，承载力下降。典型迹象是坑底冒水、冒砂，渗水浑浊。

2. 发展阶段：渗流通道扩大，土体流失加剧，基底出现塌陷或隆起，同时监测数据出现异常，坑底隆起量＞30mm，周边地表沉降速率＞3mm/d。

3. 坍塌临界阶段：基底土体完全失稳，支护结构（如桩、墙）因失去底部支撑发生倾覆或折断。坍塌前兆表现为支护结构裂缝扩展、钢支撑扭曲、周边建筑突然沉降。

【本条主要依据】

1. 行业标准《建筑基坑支护技术规程》JGJ 120—2012

第8.2.23条第8款　在支护结构施工、基坑开挖期间以及支护结构使用期内，应对支护结构和周边环境的状况随时进行巡查，现场巡查时应检查有无下列现象及其发展情况：基坑侧壁和截水帷幕渗水、漏水、流砂等；

2. 行业标准《建筑深基坑工程施工安全技术规范》JGJ 311—2013

第5.4.2条第5款　围护结构渗水、流土，可采用坑内引流、封堵或坑外快速注浆的方式进行堵漏；情况严重时应立即回填，再进行处理。

第5.4.2条第6款　开挖底面出现流砂、管涌时，应立即停止挖土施工，根据情况采取回填、降水法降低水头差、设置反滤层封堵流土点等方式进行处理。

3.《危险性较大的分部分项工程安全管理规定》（住房和城乡建设部令第37号）

第十七条　施工单位应当按照规定对危大工程进行施工监测和安全巡视，发现危及人身安全的紧急情况，应当立即组织作业人员撤离危险区域。

【判定方法】

基坑底部管涌是土体细颗粒被地下水带走形成的渗流破坏现象，可能迅速引发基底失稳甚至坍塌。判断是否会导致坍塌需综合以下关键因素：

1. 管涌特征分析

（1）通过管涌的流量与水质进行分析，当少量清水渗出（流量＜5L/min），无泥砂携带，可以判定为低风险；当浑浊水流（含泥砂），流量＞10L/min，或突然增大（如涌砂量＞0.5m³/h），则可以判定为高风险。

（2）涌砂范围

当局部呈现点状涌砂（直径＜0.5m）时，风险较低；当出现片状或连续涌砂（范围＞1m²），表明渗流通道扩大，坍塌风险高。

（3）基底土体状态

基底局部塌陷（深度＞0.3m）或隆起（＞30mm），说明土体结构破坏；基底土体松软、流动性增强（如踩踏下陷），承载力显著降低。

2. 监测关键数据

（1）变形监测：基底隆起量，隆起速率＞3mm/d或累计＞50mm（根据国家标准《建筑基坑工程监测技术标准》GB 50497—2019）；支护结构位移，桩／墙底部水平位移＞0.5%H（H为基坑深度），或单日位移＞5mm。

（2）水文监测：地下坑外水位骤降（如24h下降＞2m），说明止水体系失效，土体被掏空；孔隙水压力突增（如超过设计值的120%），表明渗流力超过土体抗剪强度。

（3）地质条件分析

高风险地层：当基底为砂土、粉土或砾石层或存在软弱夹层（如淤泥质土）时，砂层中发生管涌可能在数小时内导致基底完全失稳。

3. 基坑坍塌前有如下征兆：

（1）土体崩塌前兆：基底土体成片剥落、涌砂点突然扩大（如直径从0.3m增至1m）。

（2）支护结构失效：支护桩底部断裂、钢支撑扭曲变形或锚杆被拔出。

（3）监测数据突变：位移速率从5mm/d突增至＞10mm/h，或坑外水位24h内骤降＞3m。

判定要点总结：

（1）现象识别：浑水、冒砂、局部塌陷。

（2）数据对比：渗流梯度＞临界梯度，水位差异常。

（3）土体验证：细颗粒流失，级配不良。

【整 改 措 施】

当基坑底部出现管涌时，必须立即采取措施控制渗流、修复土体并确保基坑稳定。以下是具体的处理步骤和技术要点：

1. 紧急响应与初步控制

（1）立即停工与警戒

停止所有基坑内作业，疏散施工人员及设备，封锁危险区域并设置警示标识。通知监理、设计单位和应急管理部门，启动应急预案。

（2）临时反压与引流

反压回填：用砂袋、碎石或低强度混凝土快速回填管涌口，平衡内外水压，防止土体进一步流失。

引流减压：在涌水点插入带滤网的钢管或塑料管，将渗水引至集水坑抽排，降低水力梯度。

2. 渗流控制与止水

（1）降水井加密与抽排

在管涌区域周边增设降水井，采用深井泵或真空泵强制降低地下水位，控制渗流速度。

调整原有降水方案，确保基坑内外水位差满足安全要求（通常水位降至基底以下0.5～1m）。

（2）注浆封堵

双液注浆：使用水泥－水玻璃浆液（凝固时间可调至数秒至数分钟）注入渗流通道，快速封闭管涌路径。

高压旋喷桩：在管涌点周围施作旋喷桩，形成止水帷幕，阻断渗流。

化学注浆：对细砂层或裂隙发育地层，采用聚氨酯或丙烯酸盐浆液渗透固结土体。

3. 土体修复与加固

（1）分层回填与压实

清除管涌区域的松散土体，分层回填级配砂石（每层厚度≤30cm），采用振动夯或压路机压实至密实度≥95%。

对深部空洞，可灌注水泥砂浆或自密实混凝土填充。

（2）土工合成材料加固

在基底铺设土工布或土工格栅，增强土体抗冲刷能力，防止二次管涌。

喷射混凝土护面：对基坑底部及侧壁喷射5～10cm厚混凝土，形成封闭保护层。

4. 支护体系补强

（1）增设支护结构

在管涌区域附近补打钢板桩、微型桩或钢管桩，提高局部支护强度。

对原有支护结构（如地下连续墙、锚索）进行应力检测，必要时补张拉或增设内支撑。

（2）排水系统优化

修复或增设盲沟、集水井，确保排水畅通。

在渗流敏感区预埋透水管，引导渗水有序排出。

5. 监测与安全评估

（1）实时监测

布设孔隙水压力计、水位计、土体位移传感器，实时监测渗流水压、流量及土体变形。

每日人工巡检管涌点及周边区域，记录渗水浑浊度、含砂量变化。

（2）稳定性验算

采用有限元软件（如PLAXIS）模拟修复后的基坑渗流场与应力场，验证抗管涌安全系数（≥1.1）。

按行业标准《建筑基坑支护技术规程》JGJ 120—2012要求校核基底抗突涌稳定性。

6. 按照规范验收

处理标准：

依据行业标准《建筑地基处理技术规范》JGJ 79—2012要求，注浆加固后土体渗透系数应降至≤$1×10^{-5}$cm/s。

回填压实度需符合国家标准《建筑地基基础工程施工质量验收标准》GB 50202—2018要求。

7. 后续预防措施

（1）优化设计与施工

改进基坑支护方案，增设截水帷幕或水平封底加固。

采用"先降水后开挖"工艺，严格控制开挖速度与暴露时间。

（2）人员培训与预案完善

开展管涌应急演练，确保施工人员熟悉抢险流程。

储备应急物资（速凝注浆材料、砂袋、抽水泵等），建立快速响应机制。

总结，控制基坑底部出现管涌的关键原则：

（1）快速反应：管涌发生后1h内完成初步控制，避免事态扩大。

（2）标本兼治：短期止水与长期加固结合，确保基坑全周期安全。

（3）数据驱动：通过实时监测与数值模拟指导科学决策。

通过以上措施，可有效消除管涌风险，恢复基坑正常施工条件，并为类似工程提供经验借鉴。

【事故案例】

案例1：2018年广东省佛山市"2·7"隧道坍塌重大事故

事故简介： 2018年2月7日20时40分许，广东省佛山市轨道交通2号线一期工程土建一标段（以下简称TJ1标段）湖涌站至绿岛湖站盾构区间右线工地突发透水，引发隧道及路面坍塌，造成11人死亡、1人失踪、8人受伤，直接经济损失约5323.8万元。

事故原因：

1. 事故发生段存在深厚富水粉砂层且临近强透水的中粗砂层，地下水具有承压性，盾构机穿越该地段时发生透水涌砂涌泥坍塌的风险高。事发时盾构机刚好位于粉砂和中砂交界部位，盾构机中下部为粉砂层，中砂及其下的圆砾层透水性强于粉砂层并且水量丰富、具有承压性，一旦粉砂层发生透水，极易产生管涌而造成粉砂流失。

2. 盾尾密封装置在使用过程密封性能下降，盾尾密封被外部水土压力击穿，产生透水涌砂通道。事故发生前，右线盾构机已累计掘进约1.36km，盾尾刷存在磨损，盾尾密封止水性能下降。在事故发生前已发生过多次盾尾漏浆，存在盾尾密封失效的隐患。

3. 涌泥涌砂严重情况下在隧道内继续进行抢险作业，撤离不及时。19时03分盾尾竖向偏差已达307mm，19时08分899环管片4点至5点位置出现涌泥涌砂，隧道内已有大量泥砂堆积，20时03分盾尾下沉了417.5mm，激光导向系统已无法监测到盾尾竖向偏差；现场抢险措施难以有效控制险情。上述情况下，不及时撤离抢险人员属于险情处置措施不当。

4. 极强的冲击波造成人员逃生失败。隧道结构破坏后，大量泥砂迅猛涌入隧道，在狭窄空间范围内形成强烈泥砂流和气浪，将后配套台车与连接桥之间的连接件剪断，推动65.6m长的七节后配套台车高速向洞口方向冲击至370环附近，隧道内正在向外逃生的部分人员被撞击、挤压、掩埋，造成重大人员伤亡（图1、图2）。

图1　地面塌陷区航拍照片　　　　　　图2　坍塌现场

案例2：2019年山东省青岛市"5·27"隧道坍塌较大事故

事故简介： 2019年5月27日17时40分左右，地铁4号线崂山区静港路站至沙子口站区间（以下简称静沙区间），在左线小里程ZDK25＋343位置（距离洞口114m处）发生洞内涌水涌泥，造成现场施工人员5人死亡，3人受伤，直接经济损失785万元。

事故原因： 经综合分析，事故发段强风化凝灰岩受断裂影响带地下水渗流侵蚀形成"存水空洞"，风化深槽处地下水承压性大幅增加，地层局部隔水层缺失导致强风化凝灰岩遇水软化致使承载力大幅降低，随着开挖的临近，隧道掌子面上方和前方围岩在水土压力下达到极限状态突然垮塌，造成大规模、高流动性涌水涌泥灾害事故，（涌水涌泥过程中泥浆初始速度大，最大速度达到20.885m/s，冲击压力大，达到0.53MPa，11s内抵达横通道位置，且泥砂、泥浆测算总量达到6924m³)，常规的应急预案无法应对这种大规模猛烈的突发事件，现场人员应急反应时间不足，超出隧道施工灾害预判的传统认识，工程类比法不能覆盖（图1、图2）。

图1　坍塌现场区域　　　　　　图2　事故现场救援

4. 桩间土流失孔洞深度超过桩径。

【解　读】

桩间土流失孔洞深度超过桩径有以下几个方面的因素：

1. 地质条件差

（1）松软土层或富含砂性土颗粒间黏聚力低，易被地下水或外力冲刷流失。（2）地下水位频繁升降（如雨季或抽排水）会导致土体反复饱和与疏干，加速土颗粒迁移。

2. 施工工艺缺陷

（1）桩间距过大（设计不合理超过规范要求），导致桩间土无法形成有效拱效应，土体缺乏侧向约束。（2）护壁措施不足：钻孔桩施工中未及时护壁或护壁泥浆配比不当，导致孔壁坍塌。（3）回填不密实：桩间土回填未分层夯实，或采用劣质回填材料，形成空洞隐患。

3. 水文环境影响

（1）地表水渗流：降雨或周边排水不畅时，水流渗入桩间土并带走细颗粒，形成管涌通道。（2）动水压力作用：地下水流动速度较高时，动水压力会加剧土颗粒流失。

4. 设计或材料问题

（1）防渗措施缺失：设计中未设置截水帷幕、排水盲沟等，导致水土流失失控。（2）桩体与土体结合差：桩身表面粗糙度不足（如预制桩），无法与土体形成有效咬合。

桩间土流失可能使得桩间的土体，形成孔洞。当孔洞深度超过桩径时，说明土流失的程度较严重，可能会导致以下施工安全事故：

1. 影响结构安全

承载力下降：桩周土流失导致桩侧摩阻力降低，单桩承载力不足，可能引发基础不均匀沉降甚至倾斜。

桩身受力异常：桩间土流失后，桩可能承受额外弯矩或水平推力，导致桩身开裂或断裂。

2. 影响周边环境

地面塌陷：桩间土流失形成空洞后，上方地表可能突然塌陷，威胁行人、车辆及地下管线安全。

邻近建筑物受损：地基土流失导致周边建筑物基础失稳，出现墙体开裂、倾斜等问题。

3. 引发次生灾害风险

连锁塌方：局部土体流失可能引发更大范围的土体滑移，尤其在边坡或深基坑工程中风险极高。

环境污染：水土流失可能携带污染物进入地下水系统，造成生态破坏。

4. 工期延误和成本增加

修复成本高昂，需注浆加固、补桩或重新施工，延误工期并大幅增加费用。

【本条款主要依据】

1. 行业标准《建筑基坑支护技术规程》JGJ 120—2012

第4.3.8条 排桩桩间土应采取防护措施。桩间土防护措施宜采用内置钢筋网或钢丝网的喷射混凝土面层。

2.《建筑地基基础设计规范》GB 50007—2011

强调桩周土体完整性对承载力的重要性。

3. 行业标准《建筑桩基技术规范》JGJ 94—2008

桩周土体应保持完整,空洞需修复至设计要求。

4.《岩土工程勘察规范(2009年版)》GB 50021—2001

空洞探测应结合物探与钻探,确保数据可靠。

【判定方法】

在判定桩间土流失形成的孔洞深度是否超过桩径时,需结合现场检测、技术测量及规范要求进行系统性评估。以下是具体判定方法及步骤:

1. 现场检查与初步评估

(1)检查孔洞暴露情况,若桩间土明显存在塌陷或存在可见孔洞,初步判断流失范围;检查孔洞形态,观察孔洞边缘是否规则,表面是否有松散土体或裂缝延伸。

(2)仪器检测与精确测量

利用探地雷达(GPR),通过电磁波反射分析地下结构,识别孔洞位置及深度。

(3)钻孔取样

钻孔探查:在桩间土区域钻孔,观察孔洞深度及土体流失情况。

岩芯分析:通过取芯判断土体密实度及空洞分布。

(4)数据对比与分析

桩径参数核对:确认设计图纸桩的设计直径与施工记录中实际施工桩直径是否符合设计要求。

2. 孔洞深度判定

(1)通过直接测量,若实测孔洞深度>桩径(如1.5m孔洞深度和1.0m桩径),判定为超过。

(2)坍塌风险等级划分

低风险:孔洞深度<0.5倍桩径,局部补土即可。

中风险:孔洞深度为0.5~1.0倍桩径,需注浆加固。

高风险:孔洞深度>1.0倍桩径,立即停工并采取结构补强措施(如增设支撑、回填混凝土)。

【整 改 措 施】

针对桩间土流失孔洞深度超过桩径的情况，可以采取以下应急补救措施：

（1）采用压力注浆的方法：通过在孔洞周围及内部注浆，填充孔洞和土体孔隙，提高桩间土的强度和稳定性，阻止土的进一步流失。

（2）高压旋喷桩加固：在桩间土流失严重区域，采用高压旋喷桩施工工艺，形成圆柱状的加固体，以填充孔洞、加固桩间土，增强土体的整体性和抗渗性。

（3）增设止水帷幕：若土流失是由于地下水作用引起，可在桩间土外侧增设止水帷幕，截断地下水的渗流通道，减少地下水对桩间土的冲刷和侵蚀。

（4）扩大桩径或补桩：根据具体情况，可考虑对原桩进行扩大桩径处理，或在桩间土流失严重部位补打新桩，以增加桩体与土体的接触面积和承载能力，分担荷载，稳定土体。

【事 故 案 例】

案例：2012年北京市四环附近工程桩间土发生流失

事故简介： 2012年7月21日，位于北京市北四环路附近工程桩间土发生了流失，且孔深已超过桩径，发展到桩背后，发生基坑坍塌事故，造成很大的损失和较大的社会影响。

事故原因： 工程桩间土发生流失，且孔深已超过桩径时，施工单位未予以重视，仅用竹胶板和安全网阻挡土流失，未进行彻底治理（图1、图2）。

图1 桩间土出现孔洞	图2 桩间土出现渗水

基坑工程较大及以上事故专项分析（2017—2024年）

一、事故特征规律统计分析

1. 总体事故统计

2017—2024年，全国房屋市政工程共发生基坑坍塌较大事故29起、死亡119人；2022年发生1起重大事故（贵州省毕节市"1·3"在建工地山体滑坡重大事故，死亡14人）；2019年事故起数和死亡人数最多（8起，死亡32人）；2024年仅发生1起较大及以上事故，死亡3人，基坑坍塌事故基本得到控制。2017—2024年房屋市政工程基坑坍塌较大及以上事故变化趋势图如图1所示。

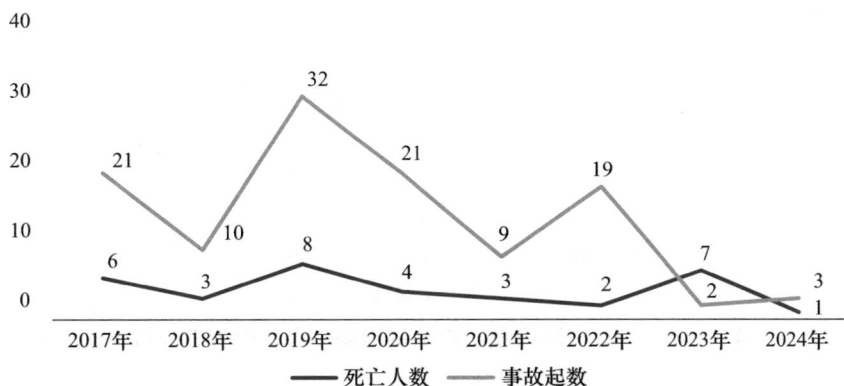

图1 2017—2024年房屋市政工程基坑坍塌较大及以上事故变化趋势图

2. 项目类型统计分析

2017—2024年，发生基坑坍塌事故最多的为市政基础设施项目。发生事故12起、死亡52人，分别占总数的41.38%和42.62%；其次为公共建筑项目，发生事故11起、死亡51人，分别占总数的37.93%和41.80%；住宅项目则相对较少，发生事故6起、死亡19人，分别占总数的20.69%和15.57%。通过以上数据可以看出，市政基础设施项目的事故发生频率和死亡人数均位居最高，2017—2024年房屋市政工程基坑坍塌较大及以上事故按项目类型分布图如图2所示。

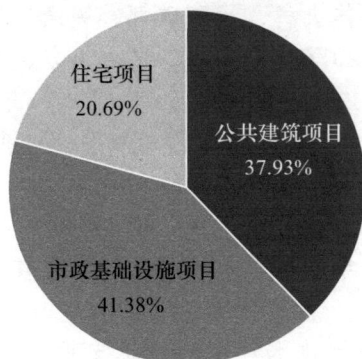

图2 2017—2024年房屋市政工程基坑坍塌较大及以上事故按项目类型分布图

土方、基坑坍塌较大及以上事故中，市政基础设施项目占比较高。主要因为市政基础设施工程中的交通工程、地下管线工程等施工环境复杂，深基坑占比较大，易发生群死群伤事故。

3. 事故发生时间统计分析

2017—2024年，单月发生基坑坍塌较大事故起数最多的为9月和12月，均发生事故4起，均占总数的13.79%；其次是1月、5月、10月和11月，各发生事故3起，事故起数分别占总数的10.34%；2月、7月、8月事故起数相对较少。2017—2024年房屋市政工程基坑坍塌较大及以上事故按月度分布图如图3所示。

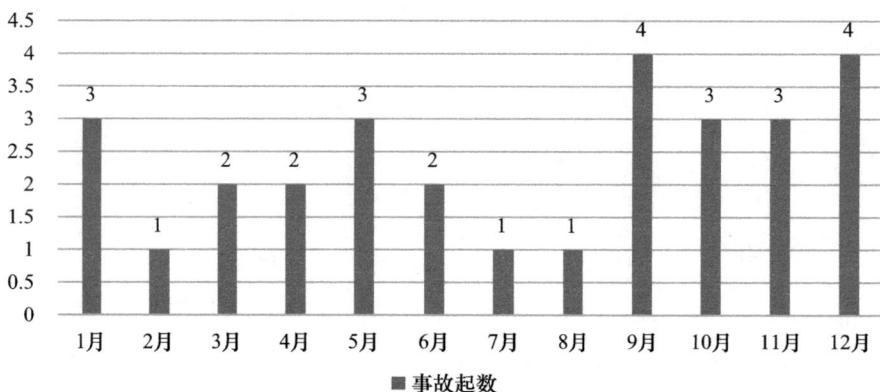

图3　2017—2024年房屋市政工程基坑坍塌较大及以上事故按月度分布图

从上述统计可以发现，土方、基坑坍塌事故在5月、9月和12月高发，主要原因可以归结为几个方面：

首先，气候因素是一个重要原因，这些月份天气变化较大，尤其是雨季或气候湿润时，土壤的稳定性受到影响，增加了基坑坍塌的风险。其次，施工进度在这些月份通常处于高峰期，工期紧张可能导致施工质量控制不严格，尤其在土方作业和基坑支护方面容易出现疏忽。此外，这些月份人员流动较大，新工人对施工环境和规范不够熟悉，从而增大操作失误的概率。

4. 破坏形式统计分析

基坑坍塌事故按破坏形式可分为12种类型，包括：围护结构性破坏、围护变形过大、内倾破坏、支撑失稳、围护整体失稳、渗流破坏、突涌、踢脚破坏、坑底隆起、土体大变形、边坡失稳、整体失稳。2017—2024年，发生土方、基坑坍塌较大及以上事故起数最多的破坏形式为边坡失稳，共发生11起，死亡45人，分别占总数的37.93%和36.59%；发生渗流破坏事故8起、死亡37人，分别占总数的27.59%和30.08%；发生支撑失稳事故4起、死亡16人，分别占总数的13.79%和13.01%；发生围护整体失稳事故3起、死亡12人，分别占总数的10.34%和9.76%；发生其他事故3起，死亡13人，分别占总数的10.34%和10.57%。2017—2024年房屋市政工程基坑坍塌较大及以上事故按破坏形式分布图如图4所示。

上述统计可以看出，基坑周边水环境和基坑支护结构监测是影响基坑事故的关键因素。

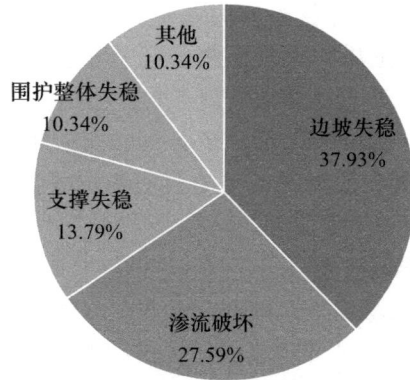

图 4　2017—2024 年房屋市政工程基坑坍塌较大及以上事故按破坏形式分布图

5. 开挖深度统计分析

根据危大工程范围，将基坑开挖深度分为四个级别，如表 1 所示。

表 1　基坑开挖深度类别统计表

基坑类别	最大开挖深度 /m
第一类	≤ 3
第二类	> 3，≤ 5
第三类	> 5，≤ 14
第四类	> 14

对 2017—2024 年有开挖深度记录的 133 起事故（包括一般事故）进行统计，发生事故最多的开挖深度为 5～14m，发生事故 75 起，占总数的 56.39%；其次为 14m 以上，发生事故 33 起，占总数的 24.81%。2017—2024 年房屋市政工程基坑坍塌事故按开挖深度分布图如图 5 所示。

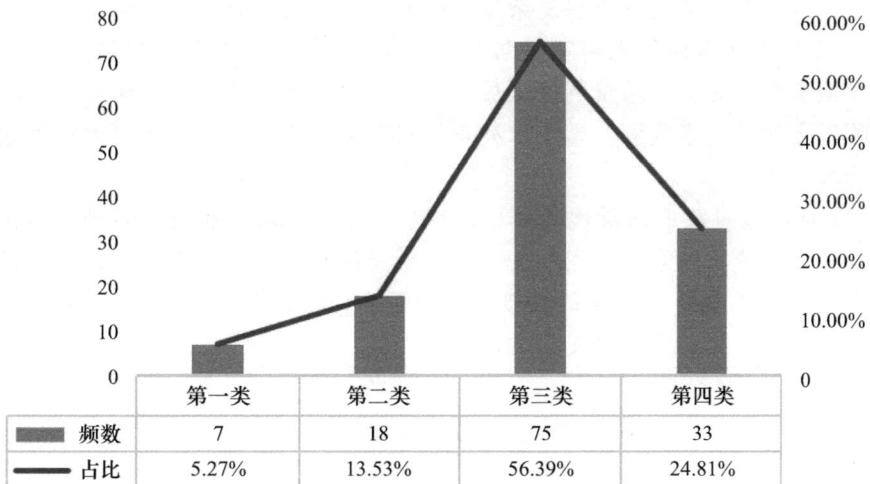

	第一类	第二类	第三类	第四类
频数	7	18	75	33
占比	5.27%	13.53%	56.39%	24.81%

图 5　2017—2024 年房屋市政工程基坑坍塌事故按开挖深度分布图

当前建设的项目中，5~14m开挖深度的基坑坍塌事故所占比例最高，而且地下施工情况复杂，尤其是沿海城市，土质特殊，易发生土方坍塌事故。

此外，一些发生事故的项目基坑支护监测存在严重缺陷，有的基坑在支撑已经受力后才开始监测，有的基坑监测点被破坏未及时修复。应当有针对性地加强对基坑监测环节的管理，督促工程参建各方采取有效措施，准确监测基坑支护结构和周围环境的变化情况，并做好应急预案，预防坍塌事故的发生。

二、基坑坍塌事故预防关键措施

1. 基坑坍塌事故均发生在基坑施工阶段，开挖后地面周边严禁堆载、超载。

2. 基坑开挖时，应严格遵循"开槽支撑，先撑后挖，分层开挖，严禁超挖"的原则，按方案上确定的顺序和方法组织开挖；并控制好开挖速度，减少暴露时间。深基坑周边施工材料、设施或车辆荷载严禁超过设计要求的地面荷载限值。

3. 开挖过程中，基坑的支撑结构及时加设，严格按方案落实，严禁滞后设置或擅自更改；坑内结构施工完成后应及时回填，采取支撑的支护结构未达到拆除条件时严禁拆除支撑。

4. 深基坑施工必须采取基坑内外地表水和地下水控措施，防止出现积水和涌水涌砂。汛期施工，应当对施工现场排水系统进行检查和维护，保证排水畅通，防止地表降雨流入基坑。因此，每年5~9月汛期，应针对渗流破坏、突涌等重大风险情形，加强风险管控和隐患排查治理工作。特别是注意对地下水的风险管控，采取必要的降水、排水、隔水等措施。

5. 基坑坍塌前通常会伴随一系列明显的地质、结构或环境异常现象，及时发现并处理这些征兆是避免事故发生的关键。比如结构变形、土体变化、地下水异常、支撑系统问题、周边环境影响等。

6. 深基坑工程必须按照规定实施施工监测和第三方监测，指定专人对深基坑周边进行巡视，对基坑边坡和围护结构的变形严格控制，出现危险征兆时应当立即发出警示信号并撤离基坑内作业人员。

7. 地质条件复杂地区要加强地质勘察，针对淤泥类软土、黄土状土、膨胀土等地质，在编制专项施工方案时要充分考虑复杂地质条件，并采取有效防范措施。

8. 基坑工程重大事故隐患判定标准应充分考虑基坑安全等级，即结合基坑本体安全、工程桩基与地基施工安全、基坑侧壁土层与荷载条件、环境安全等因素加以判定。

9. 50%以上的基坑事故源于地下水处理不当和施工工序违规，因此严格的过程管控是预防基坑坍塌的核心。

10. 从基坑坍塌事故的深层次事故原因分析，由于基坑工程费用占造价的比例高，业主对基坑工程的压价、方案不合理和安全度过低是高事故率的潜在因素，而施工方过度追求高速度和低成本也是高事故率的直接引发因素。此外，基坑工程的勘察、设计、监理、第三方监测单位也必须落实各自安全责任。

四、模板工程重大事故隐患判定标准

第六条 模板工程及支撑体系有下列情形之一的，应判定为重大事故隐患：

（一）模板支架的基础承载力和变形不满足设计要求。

【解　读】

原 2022 版条款为"地基基础承载力"，新修订的《判定标准》该条款修改为"模板支架的基础承载力"。地基基础承载力包括：在地面上、土上，最下面；而基础承载力包括：楼板面上、屋面或其他平台结构之上及悬挑梁上等。这样就扩大了支架基础承载力范围。

基础承载力指的是地基能够承受的重量，而变形则是指基础在受力后的沉降或位移。

模板支架主要用于支撑混凝土结构在浇筑过程中的重量和施工荷载，确保结构在凝固前保持正确的形状和位置。如果基础承载力不足或变形过大，可能会导致支架失效，进而引发安全事故。模板支架的基础承载力和变形必须满足设计要求，具体原因如下：

1. 保障施工安全

若地基无法承受支架传递的荷载（如混凝土自重、施工荷载、风荷载等），可能导致地基沉降、滑移甚至整体倾覆，引发坍塌事故。而过大的变形（如水平位移 > 10mm 或沉降 > 20mm）会改变支架受力状态，导致杆件失稳或节点失效。此外，施工中的人员走动、设备振动等动荷载可能放大变形效应，增加安全隐患。

2. 确保工程质量

模板变形如果超标（如垂直度偏差 > 1/500）会导致混凝土构件出现尺寸偏差（如梁、柱扭曲），影响结构受力性能和外观质量。

支架变形可能使模板接缝错位，导致混凝土产生漏浆、蜂窝麻面等缺陷，降低结构耐久性。

3. 避免次生灾害发生

支架基础失稳可能波及邻近建筑、地下管线或道路，引发次生灾害（如管线破裂、道路塌陷）。此外，事故处理需停工加固、返工或重建，导致工期延误和成本激增。

【本条款主要依据】

1. 行业标准《建筑施工模板安全技术规范》JGJ 162—2008

第 6.1.2 条　现浇多层或高层房屋和构筑物，安装上层模板及其支架应符合下列规定：

（1）下层楼板应具有承受上层施工荷载的承载能力，否则应加设支撑支架。

（2）上层支架立柱应对准下层支架立柱，并应在立柱底铺设垫板。

（3）当采用悬臂吊模板、桁架支模方法时，其支撑结构的承载能力和刚度必须符合设计构造要求。

2. 行业标准《建筑施工碗扣式钢管脚手架安全技术规范》JGJ 166—2016

第 6.1.1 条 2 款　土层地基上的立杆底部应设置底座和混凝土垫层，垫层混凝土强度等级不应低于 C15，厚度不应小于 150mm；当采用垫板代替混凝土垫层时，垫板宜采用厚度不小于 50mm、宽度不小于 200mm、长度不少于两跨的木垫板。

3. 行业标准《建筑施工承插型盘扣式钢管脚手架安全技术标准》JGJ/T 231—2021

第 8.0.3 条　支撑架基础应符合设计要求，并应平整坚实，立杆与基础间应无松动、悬空现象，底座、支垫应符合规定。

4. 国家标准《建筑与市政地基基础通用规范》GB 55003—2021

第 4.1.1 条　地基设计应符合下列规定：（1）地基计算均应满足承载力计算的要求；（2）对地基变形有控制要求的工程结构，均应按地基变形设计；（3）对受水平荷载作用的工程结构或位于斜坡上的工程结构，应进行地基稳定性验算。

5. 国家标准《施工脚手架通用规范》GB 55023—2022

第 4.1.3 条　脚手架地基应符合下列规定：（1）应平整坚实，应满足承载力和变形要求。（2）应设置排水措施，搭设场地不应积水。（3）冬期施工应采取防冻胀措施。

6. 国家标准《建筑与市政施工现场安全卫生与职业健康通用规范》GB 55034—2022

第 3.5.9 条　模板及支架应根据施工工况进行设计，并应满足承载力、刚度和稳定性要求。

【判 定 方 法】

在施工过程中，判断模板支架的基础承载力和变形是否满足设计要求，需通过理论验算、现场检测、监测数据比对以及规范校核等综合手段进行系统性评估。以下是具体步骤和判定方法：

1. 核查设计文件

（1）参考行业标准《建筑施工模板安全技术规范》JGJ 162—2008、国家标准《建筑地基基础设计规范》GB 50007—2011 等，明确设计要求（如地基承载力安全系数≥1.5）。

（2）承载力设计要求：查看支架设计计算书，确认基础允许承载力（如地基承载力≥150kPa）、支架杆件（立柱、横杆）的允许轴力、弯矩等。

（3）基础变形设计要求：获取设计规定的变形控制值，如基础沉降≤10mm、支架整体垂直度偏差≤1/500、水平位移≤5mm 等。

2. 变形监测与数据分析

（1）基础沉降：使用水准仪测量支架基础沉降量，对比设计限值（如≤10mm）。

（2）支架变形：全站仪测量支架顶部水平位移（如≤5mm）。

（3）动荷载下的变形验证：在模板浇筑前进行预压试验（加载总荷载的 1.1 倍），监测沉降和变形是否在弹性范围内。

项目合格标准与不合格迹象对照表如表 1 所示。

表 1　项目合格标准与不合格迹象对照表

项目	合格标准（示例）	不合格迹象
地基承载力	≥ 150kPa（设计值）	静载试验沉降量＞ 10mm 或触探击数＜设计值
立杆垂直度	偏差≤ 3‰	局部偏差＞ 5‰或整体倾斜明显
水平位移	≤ 5mm（累计值）	单日位移＞ 2mm 或累计＞ 5mm
节点连接	扣件无滑移、螺栓拧紧达标	扣件松动、螺栓缺失或力矩不足

3. 风险迹象判断

（1）模架支撑体系立杆支撑在不牢固的基础上、爬架上或基础积水，造成模架支撑体系地基承载下降。

（2）模板支撑体系立杆支撑在横向杆上，并且立杆未保持着地支撑受力。

（3）模板支撑体系在空洞位置未设置工字钢，导致立杆悬空。

若出现上述三种风险迹象，可直接判定为重大事故隐患。

【整 改 措 施】

在施工现场发现模板支架基础承载力或变形不满足设计要求时，需立即采取整改措施：

1. 立即停工

（1）暂停施工并卸载荷载

立即停止模板支架上的所有施工活动，拆除支架上的施工荷载（如钢筋、模板、设备等）。

对已浇筑的混凝土结构进行临时支撑加固，防止因支架失稳导致结构开裂。

（2）设置警戒与应急监测

在支架周边设置警戒线，疏散作业人员，禁止非抢险人员进入。

安装自动化监测设备（如静力水准仪、全站仪），实时监测支架沉降、倾斜及水平位移，数据每小时上报。

2. 采取加固措施

（1）基础加强方案

注浆加固：对软弱地基采用水泥 – 水玻璃双液注浆，注浆孔间距 1.5m×1.5m，注浆压力 0.3～0.5MPa，提升地基承载力至设计值的 1.2 倍。

扩大基础：在立杆底部增设混凝土扩大基础（尺寸≥ 1m×1m×0.3m，采用 C20 以上强度等级的混凝土），分散荷载。

换填处理：挖除软弱土层（深度≥ 1.5m），换填级配砂石并分层压实（压实系数≥ 0.97）。

（2）调整支架系统

加密立杆：缩小立杆间距至原设计的 80%（如原设计 1.2m 调整为 1.0m），增加剪刀撑密度（水平夹角 45°～60°）。

增设斜撑：在变形较大区域增设 ϕ48mm×3.5mm 钢管斜撑，与立杆夹角≤30°，节点采用扣件＋焊接双重固定。

顶托补偿：对悬空的可调顶托下方垫设 10mm 厚钢板，确保荷载均匀传递。

3. 动态监测

整改后分三级加载（30%、60%、100% 设计荷载），每级持荷 24h，沉降速率≤1mm/d 且累计沉降≤5mm 方可进入下一级。

加载过程中监测立杆应变（≤200$\mu\varepsilon$）、基础沉降（≤10mm）及水平位移（≤H/500，H 为支架高度）。

特别提示：临近地铁、管廊等敏感区域，地基承载力安全系数需提高至 1.5 倍；雨期施工时，基础周边应设置排水沟（截面≥300mm×300mm），防止积水软化地基。

【事故案例】

案例 1：2014 年河南省信阳市"12·19"模架坍塌事故

事故简介： 2014 年 12 月 19 日 16 时 30 分许，信阳市光山县幸福花园 2 号楼附楼 1 号商铺在进行混凝土浇筑施工过程中发生模架体系整体坍塌事故，造成正在作业的 5 人死亡、9 人受伤，直接经济损失约 450 万元。

事故原因： 实际承建人未编制安全专项施工方案，未计算地基承载力是否满足荷载要求，未按国家标准《建筑地基基础工程施工质量验收标准》GB 50202—2018、行业标准《建筑施工模板安全技术规范》JGJ 162—2008 施工作业，引发严重质量问题，导致模架失稳（图 1、图 2）。

图 1　模架坍塌事故现场

图 2　事故救援现场

案例 2：2015 年河北省新乐市"4·11"模架坍塌事故

事故简介： 2015 年 4 月 11 日晚 11 时，河北省新乐市金地建材市场正在建设的一商业楼在浇筑混凝土过程中模板支撑架发生坍塌，此次事故是典型的高支模坍塌事故，极易造成群死群伤，此次事故共造成5人死亡、4人受伤。

事故原因： 支撑架地基承载力及稳定性不满足规范要求；支撑架违规搭设存在严重构造缺陷。模板支撑系统地基基础沉降不均匀，致使承载能力降低、稳定性不足，施工时荷载超过模板支撑系统的最大承载能力。除此之外，事故现场脚手架搭设极不规范；混凝土浇筑工序不合理；脚手架材料严重不合格。同时，此项目没有办理相应的工程建设手续，在没有开工许可证的情况下，擅自开工建设，属于非法工程（图1）。

图1　坍塌事故现场照片

案例3：2018年山东省德州市"8·31"模板支架坍塌较大事故

事故简介： 2018年8月31日9点37分，山东省德州市经济技术开发区龙溪香岸地下车库工程在顶板混凝土浇筑施工过程中，发生模板支架坍塌事故，造成6人死亡，2人轻伤，直接经济损失980万元。

事故原因： 施工单位未按国家标准进行模板施工，立杆支承点的工字钢承载力不足导致支撑体系变形过大，导致模板支架整体坍塌。人员违规操作，导致浇筑过程中模板支架整体坍塌（图1）。

图1　坍塌事故现场图

可调顶托自由长度严重超标

图 1　坍塌事故现场图（续）

（二）模板支架承受的施工荷载超过设计值。

【解　　读】

模板支架承受的施工荷载不能超过设计值，主要原因在于其设计和验算均基于特定的荷载条件与安全系数。若实际荷载超出设计范围，将直接破坏结构的力学平衡，引发一系列严重风险问题。

施工荷载通常包括模板、混凝土、钢筋、施工人员和设备等重量，以及可能的风荷载、振动荷载等动荷载。设计值是在设计模板支架时根据这些荷载计算出的最大允许荷载。因此，判断施工荷载是否超过设计值，需要将实际施加的荷载与设计值进行比较。

首先，有必要先阐述一下模板支架的设计原理。模板支架在施工中用于支撑混凝土结构，直到其达到足够的强度。设计时，工程师会根据预期的施工荷载（包括混凝土、施工人员、设备、材料堆放等重量）来计算支架的承载能力，并考虑安全系数以确保结构的安全性。如果实际荷载超过设计值，结构的各个部分可能无法承受额外的荷载，从而导致失效。荷载超限的力学逻辑：

设计安全系数失效：支架设计通常按设计荷载 × 安全系数设计荷载 × 安全系数（如 1.5）确定承载力。若实际荷载超过设计值，安全系数被消耗，结构处于临界状态，微小的扰动即可引发破坏。

应力重分布与连锁反应，超载导致部分杆件应力超限→荷载转移至相邻杆件→逐步形成多米诺骨牌效应，最终整体坍塌。

其次，导致施工荷载超过设计值的可能原因包括：施工过程中材料堆放过多，设备重量超过预期，或者施工方法改变导致荷载分布不均。此外，动荷载如人员走动、机械振动等也可能被低估，从而超过设计荷载。施工现场常见原因：

施工管理不当，如材料堆放集中或超重（如钢筋、模板堆积）、设备（泵车、布料机）超限停放；浇筑速度过快，导致局部混凝土荷载骤增（如未分层分段浇筑）。

支架搭设缺陷，如立杆间距过大、横杆步距超标或节点连接不牢（如扣件未拧紧）。

未充分考虑动荷载（如人员走动、振动）、风荷载或雪荷载（露天作业），安全系数取值不足（如规范要求≥1.5，实际仅按1.2设计）。

最后，超载后带来的具体风险体现在：支架结构可能会发生塑性变形或失稳，导致局部或整体坍塌。这会直接威胁施工人员的生命安全，并可能造成重大财产损失；超载可能引发连锁反应，例如支撑结构的某个部件失效后，荷载重新分布到其他部件，导致整体结构逐步失效。此外，超载还可能影响混凝土浇筑的质量，导致结构出现裂缝或变形，影响建筑物的长期耐久性。

【本条款主要依据】

1. 行业标准《建筑施工模板安全技术规范》JGJ 162—2008

第8.0.7条　作业时，模板和配件不得随意堆放，模板应放平放稳，严防滑落。脚手架或操作平台上临时堆放的模板不宜超过3层，连接件应放在箱盒或工具袋中，不得散放在脚手板上。脚手架或操作平台上的施工总荷载不得超过其设计值。

2. 国家标准《建筑结构荷载规范》GB 50009—2012

施工活荷载标准值取3.0kN/m²（浇筑时），集中荷载按设备实际重量计算。

3. 国家标准《混凝土结构工程施工规范》GB 50666—2011

第4.3.2条　施工活荷载标准值取3.0kN/m²，集中荷载需单独验算。

4. 行业标准《建筑施工安全检查标准》JGJ 59—2011

第3.12.3条　施工均布荷载、集中荷载应在设计允许范围内；当浇筑混凝土时，应对混凝土堆积高度进行控制。

5.《危险性较大的分部分项工程安全管理规定》（住房和城乡建设部令第37号）

第十六条　施工单位应当严格按照专项施工方案组织施工，不得擅自修改专项施工方案。

6. 国家标准《建筑与市政施工现场安全卫生与职业健康通用规范》GB 55034—2022

第3.5.12条　临时支撑结构安装、使用时应符合下列规定：2.临时支撑结构作业层上的施工荷载不得超过设计允许荷载。

【判 定 方 法】

如何判断模板支架承受的施工荷载是否超过设计值？

判断施工荷载是否超过设计值需要系统的方法和步骤，包括明确设计荷载、准确计算实际荷载、合理评估动态和局部荷载、使用监测技术辅助判断等，并与各相关方协作确保信息的准确性和措施的有效性。

（1）明确设计荷载值

通过查阅设计文件，获取模板支架的设计图纸及计算书，确认以下参数，并记录设计允许的最大荷载值（如总荷载≤10kN/m²）及局部集中荷载限值。

恒荷载（如模板自重、混凝土重量、钢筋重量等）。

活荷载（施工人员、设备、材料堆放荷载等）。

动荷载（风荷载、混凝土浇筑冲击荷载、振动荷载等）。

安全系数（通常为1.5～2.0）。

（2）计算实际施工荷载

根据施工现场的具体情况，计算所有施加在模板支架上的荷载总和，包括：恒荷载、活荷载和动荷载。

恒荷载计算：包括模板自重（按材料密度和体积计算，如木质模板约为0.3kN/m²）；混凝土重量〔体积×密度（通常取24kN/m³）〕；钢筋重量〔按配筋率计算（如取1.5kN/m³）〕。

活荷载统计：施工人员荷载（按人均0.75kN计算，结合作业密度如5人/m² → 3.75kN/m²）；设备荷载（如泵车、布料机等设备重量）分摊至作用面积；材料堆放荷载〔钢筋、模板等临时堆放重量（需限制在允许范围内，如≤1.5kN/m²）〕。

动荷载评估：混凝土冲击荷载（按浇筑速度估算，如泵送混凝土冲击力取2～4kN/m²）；风荷载（按国家标准《建筑结构荷载规范》GB 50009—2012计算）；振动荷载〔根据设备类型（如振捣器）估算附加荷载，通常取设备自重的20%～30%〕。

将上述荷载按最不利工况组合（如恒载＋活载＋风载）叠加，计算总荷载：$Q_{实际}＝Q_{恒}＋Q_{活}＋Q_{风}＋Q_{冲击}$

（3）现场监测与验证

荷载传感器监测：在支架关键受力点（如立杆底部、主梁节点）安装压力传感器，实时监测荷载分布；设置报警阈值（如设计值的90%），超限时自动触发警报。

变形与位移检测：使用全站仪或激光位移计测量支架垂直度、水平位移，对比设计允许变形值（如垂直偏差≤3‰，水平位移≤5mm）；若变形速率突增（如＞2mm/h），可能预示超载风险。

【整改措施】

在施工现场发现模板支架施工荷载超标时，需立即采取以下整改措施，确保工程安全并避免事故发生。

（1）暂停施工，疏散人员：立即停止所有模板支架上的作业，疏散施工人员至安全区域，设置警戒线禁止无关人员进入。

（2）卸载超限荷载：移除集中荷载，快速移走超重材料（如钢筋、模板堆）、设备（泵车、布料机）等；同时，分散活荷载，将集中堆载均匀分散至安全区域。

（3）临时加固与支撑：增设斜撑/剪刀撑，在支架变形或超载区域增设钢管斜撑（角度45°～60°），形成稳定三角结构；扩大基础面积，在支架底部铺设钢板或加厚垫层，降低地基压力；安装临时支撑：用型钢或钢管架设临时支撑体系，分担超载部分应力。

在采取上述应急措施后，后续可以采取如下手段，从根本上解决超载问题：

（1）复核设计荷载与支架承载力：若原设计不满足实际需求，需优化支架布置（如缩小立杆间距、升级钢管规格）。

（2）优化施工组织：控制混凝土浇筑速度与厚度，避免局部荷载骤增。

（3）结构补强与修复：若地基承载力不足，采用注水泥浆或化学注浆方法提高土体密实度，或对已变形或屈曲的钢管、扣件进行更换，确保节点连接牢固（螺栓扭矩≥40N·m）。

（4）规范施工管理：对施工人员开展荷载控制专项培训，明确堆载限值与违规后果；定期演练，每季度开展支架坍塌应急演练，熟悉疏散路线与抢险流程。

【事故案例】

案例1：2020年广东省佛山市顺德区"6·27"较大坍塌事故

事故简介： 2020年6月27日10时17分，位于广东省佛山市顺德区高新区西部启动区D-XB-10-03-A-04-2地块项目8号楼在浇筑屋面构造梁过程中发生一起坍塌事故，造成3人死亡、1人受伤。

事故原因： 事故调查组认定事故直接原因为施工单位搭设的8号楼屋面构造梁柱模板支架不合理，屋面构造梁存在偏心现象而未采取有效防范措施，当屋面构造梁柱浇筑混凝土时，随着荷载越来越大，产生的偏心力矩也越来越大，引起斜立杆失稳导致模架向外倾覆倒塌（图1、图2）。

图1　工人坠落的8号楼平台

图2　平台钢筋混凝土结构破损、多处被击穿

案例2　2018年江西省赣州市"9·7"墩柱模板坍塌较大事故

事故简介： 2018年9月7日19时13分许，赣州市经开区创业路高架桥Ⅰ标段68号墩柱（CYL68号左墩柱）在浇筑混凝土过程中，发生整体倾覆，造成4人死亡，直接经济损失约660万元。

事故原因： 在排除外部作用力（风力、泵车臂架作用力）、承台塌陷等因素外，还存在混凝土浇筑速度相对较快，在缺失多个拉杆等构件的情况下，模板连接法兰焊缝出现开裂，混凝土泄出，引起墩柱模板产生不平衡水平力，导致墩柱发生整体倒塌（图1）。

图 1　事故现场

案例 3：2019 年浙江省东阳市"1·25"支模架坍塌较大事故

事故简介： 2019 年 1 月 25 日 13 时 13 分许，位于东阳市南马镇花园村的花园家居用品市场建设工地在进行三楼屋面构架混凝土浇筑施工时突然发生坍塌，当场造成 1 人死亡，9 人受伤。1 月 26 日，1 名受伤人员经抢救无效死亡。2 月 3 日，又有 3 名受伤人员经抢救无效死亡。事故共造成 5 人死亡，5 人受伤。

事故原因： 支模架架体立杆横向间距为 500mm，纵向间距为 1200mm，支模架高度为 4200mm，搭设参数没有经过设计计算，搭设构造不符合相关标准的规定，支模架高宽比为 8.2，超过规定的允许值且没有采取扩大下部架体尺寸或其他有效的构造措施，导致模板支撑体系承载力和抗倾覆能力严重不足，在混凝土浇筑荷载作用下模板支架整体失稳发生倾覆破坏（图 1）。

图 1　事故现场图片

（三）模板支架拆除及滑模、爬模爬升时，混凝土强度未达到设计或规范要求。

【解　读】

滑模和爬模是两种不同的模板系统，滑模是随着混凝土的浇筑逐渐滑动上升的模板，而爬模则是通过分段爬升来适应结构的变化。这些施工方法在高层建筑或者桥梁墩柱等结构中常见。

混凝土强度是施工阶段结构安全的"生命线"。模板支架拆除及滑模、爬模爬升时，混凝土强度必须达到设计或规范要求的原因：

首先，保证结构承载能力。混凝土在硬化过程中逐渐产生强度，早期强度不足时，无法承受模板支架拆除或模板爬升时传递的荷载（如自重、施工荷载等），易导致结构开裂、变形甚至坍塌。

其次，模板系统的稳定性需求。滑模、爬模系统依靠混凝土的强度提供支撑。若混凝土强度不足，模板爬升时的摩擦力或顶升力可能导致混凝土表面剥落，甚至模板倾覆。

最后，质量控制需求。混凝土的强度直接影响结构的耐久性和承载能力，如果提前拆模，可能会因为混凝土尚未达到足够强度而出现裂缝或其他缺陷。

近年来，由于混凝土强度不够而导致的典型事故非常多，造成群死群伤的重特大事故也时有发生，主要典型事故集中在：（1）悬挑构件：若拆模时强度不足，悬挑端可能因抗弯能力不足而断裂（如阳台、雨篷）。（2）大跨度梁板：强度不足时拆除支架，跨中可能因挠度过大而出现明显下垂甚至开裂。（3）滑模施工：混凝土强度未达标时爬升模板，可能导致筒仓或烟囱壁厚不均，甚至整体倾斜。

【本条款主要依据】

1. 国家标准《混凝土结构工程施工规范》GB 50666—2011

第4.5.2条　底模及支架应在混凝土强度达到设计要求后再拆除；当设计无具体要求时，同条件养护的混凝土立方体试件抗压强度应符合表4.5.2的规定。

2. 国家标准《滑动模板工程技术标准》GB/T 50113—2019

第6.6.3条　初滑时，宜将混凝土分层交圈浇筑至500~700mm（或模板高度的1/2~2/3）高度，待第一层混凝土强度达到0.2~0.4MPa或混凝土贯入阻力值为0.30~1.05kN/cm²时，应进行1~2个千斤顶行程的提升，并对滑模装置和混凝土凝结状态进行全面检查，确定正常后，方可转为正常滑升。

3. 行业标准《建筑施工模板安全技术规范》JGJ 162—2008

第6.4.3条　大模板爬升时，新浇混凝土的强度不应低于1.2N/mm²。支架爬升时的附墙架穿墙螺栓受力处的新浇混凝土强度应达到10N/mm²以上。

4. 国家标准《施工脚手架通用规范》GB 55023—2022

第5.2.3条　悬挑脚手架、附着式升降脚手架在搭设时，悬挑支承结构、附着支座的锚固应稳固可靠。

5. 国家标准《建筑与市政施工现场安全卫生与职业健康通用规范》GB 55034—2022

第 3.5.10 条　混凝土强度应达到规定要求后，方可拆除模板和支架。

【判定方法】

1. 判断混凝土强度是否达标的方法有哪些？

在模板支架拆除及滑模、爬模爬升时，混凝土强度的准确判断至关重要。以下是实际工程中常用的检测方法和判断依据：

（1）标准试块抗压试验（实验室检测）

通过浇筑时同步制作标准养护试块（如 150mm 立方体试块）和同条件养护试块，分别测试其抗压强度。适用于模板支架拆除、大体积混凝土的验收，以及滑模、爬模施工中用于校准其他快速检测方法。该方法符合规范要求，结果权威，但耗时长（需 28d），无法实时指导施工进度。

（2）现场无损检测方法

回弹法：通过回弹仪撞击混凝土表面，根据回弹值推算强度。适用于板、梁、柱等水平或竖直构件的表面强度评估。该方法仅能反映表层约 30mm 强度，不适用于内部质量差异大的结构，而且受表面湿度、碳化影响大，需经验修正。

超声－回弹综合法：结合超声波速（反映内部密实度）和回弹值，建立多维模型推算强度。适用于重要构件（如桥梁、大跨度梁）的强度复核。

贯入阻力法（滑模施工专用）：使用贯入阻力仪测定混凝土早期强度，判断滑模爬升时机。滑模施工中实时监测出模强度（通常要求 0.2～0.4MPa）。

（3）智能化监测技术

成熟度法：基于混凝土强度与温度、时间的累积效应，推算实时强度。一是通过预埋温度传感器监测混凝土内部温度变化，二是通过实验室建立的强度－成熟度曲线预测当前强度。适用于冬期施工或需要实时强度预测的滑模爬升。

无线传感器监测：植入式传感器（如光纤、压电）实时监测应力、应变，间接反映强度发展。该方法可以实现数据连续、远程可查，适合数字化施工管理。

（4）经验判断

表观观察法：脱模后观察混凝土表面是否起砂、掉角，观察棱角完整性（非承重侧模拆除需保证棱角不受损）。滑模施工中，混凝土出模后若出现拉裂、坍塌，表明强度不足。

敲击听声法：用锤轻敲表面，声音清脆表示强度较高，闷响则可能强度不足（需经验判断）。

2. 各种工况下拆模混凝土量化强度指标有什么标准？

混凝土强度随龄期增长，过早拆模会中断其正常硬化过程，导致强度发展不充分，无法满足设计寿命和承载要求。实践中规范量化标准可参考如下：

普通模板拆除：非承重侧模混凝土强度需达到 2.5MPa 以上；承重模板（如梁、板）混凝土强度通常需达到设计强度的 75%～100%（跨度越大，要求越高）。

滑模爬升：混凝土强度出模强度需控制在 0.2～0.4MPa（避免混凝土坍落或划伤）。

悬臂结构：混凝土强度需达到 100% 设计强度，以防倾覆。

【整改措施】

在模板支架拆除或滑模、爬模爬升过程中，若发现混凝土强度未达到规范或设计要求，应采取以下整改措施避免结构破坏或发生安全事故：

（1）针对模板支架已拆除但未坍塌的应急处理措施

1）立即暂停后续施工：停止该区域所有荷载作业（如材料堆放、设备运行），疏散人员。封锁危险区域，设置警示标识。

2）紧急增设临时支撑：在梁、板下方架设满堂脚手架或钢支柱，间距加密至原设计的50%～70%，支撑范围需覆盖受影响区域的1.5倍范围；对已下垂的梁板，采用液压千斤顶顶升至设计标高并临时固定。

3）结构加固补强：注浆加固，钻孔注入环氧树脂或高强度灌浆料，填充内部空洞并增强整体性；采取外包钢加固，在梁、柱表面焊接角钢或钢板，通过化学锚栓与原结构连接，提升承载力；利用碳纤维布包裹，对局部开裂区域粘贴碳纤维布，限制裂缝扩展并提高抗弯能力。

4）强度恢复与监测：持续喷水或覆盖养护膜，促进混凝土后期强度增长；安装位移计、应变片监测变形，直至强度达标且变形稳定。

（2）针对模板未拆除时的应急措施

1）立即暂停拆模、爬升作业：保持模板支架或滑模系统原位，禁止扰动结构。

2）延长混凝土养护时间：覆盖保温棉或采用蒸汽养护，提高环境温度至20～30℃，加速强度发展（每升高10℃强度增速提高1倍）；定期喷洒养护剂，减少水分蒸发。

3）局部补强：在模板未覆盖区域（如预留孔洞）钻孔注浆，增强薄弱区强度。

（3）针对滑模、爬模爬升中强度不足的紧急处置

1）立即停止爬升：锁定液压爬升系统，检查模板与混凝土接触面是否剥离。

2）临时固定模板系统：用钢缆或型钢将模板与已硬化墙体拉结，防止倾覆。在模板底部加设垫块，分担荷载至下部结构。

3）局部强度快速提升：喷射早强砂浆，对出模混凝土表面喷射掺速凝剂的砂浆（1d强度可达15MPa）；电热养护，在模板外侧敷设电热毯，局部加热至40～60℃，促进强度增长。

4）分阶段爬升：降低爬升高度（如每次10cm），缩短单次爬升时间间隔，确保混凝土分段硬化。

（4）针对已发生局部坍塌的应急措施

1）对坍塌区域进行快速清理与支护：清除坍塌碎块时，需从边缘向中心逐步推进，避免扰动未塌区域。对相邻未塌结构加设斜撑（如H型钢），形成临时稳定体系。

2）重建受损结构：凿除松散混凝土至坚实层，植入钢筋并支模，浇筑快硬混凝土（如硫铝酸盐水泥混凝土，4h强度达20MPa）。新旧混凝土界面涂刷界面剂，确保粘结强度。

3）全面检测评估：采用探地雷达扫描周边区域，排查隐蔽空洞。委托第三方机构进行结构安全鉴定，制定长期加固方案。

总结：针对上述四种混凝土强度不足的情况，应急措施需遵循"控险→支护→补强→验证"四步法，结合快速加固技术和系统性安全评估，最大限度降低损失。切忌盲目抢

险，须以科学分析为基础，确保人员与结构安全。

【事 故 案 例】

案例 1：2016 年黑龙江省绥化市"10·24"模架坍塌较大事故

事故简介： 2016 年 10 月 24 日，黑龙江省绥化市明水县某建筑工程公司发生建筑施工坍塌事故，造成 3 人死亡、1 人受伤。

事故原因： 发生事故的在建二层商服主体施工现场采取的冬期施工时间长，混凝土强度增长慢，混凝土强度没有达到拆模条件，未经批准和计算，强行提前拆模，导致混凝土构件破坏（图 1）。

图 1　坍塌事故现场

案例 2：2016 年江西省丰城市"11·24"电厂施工平台倒塌事故

事故简介： 2016 年 11 月 24 日，江西省丰城市发电厂三期扩建工程发生冷却塔施工平台坍塌特别重大事故，造成 73 人死亡、2 人受伤，直接经济损失 10197.2 万元。

事故原因： 事故调查组委托检测单位进行了同条件混凝土性能模拟试验，采用第 49～52 节筒壁混凝土实际使用的材料，按照混凝土设计配合比的材料用量，模拟事发时当地的小时温湿度，拌制的混凝土入模温度为 8.7～14.9℃。试验结果表明，第 50 节模板拆除时，第 50 节筒壁混凝土抗压强度为 0.89～2.35MPa，第 51 节筒壁混凝土抗压强度小于 0.29MPa，第 52 节筒壁混凝土无抗压强度。而按照国家标准中强制性条文，拆除第 50 节模板时，第 51 节筒壁混凝土强度应该达到 6MPa 以上。

对 7 号冷却塔拆模施工过程的受力计算分析表明，在未拆除模板前，第 50 节筒壁根部能够承担上部荷载作用，当第 50 节筒壁 5 个区段分别开始拆模后，随着拆除模板数量的增加，第 50 节筒壁混凝土所承受的弯矩迅速增大，直至超过混凝土与钢筋界面粘结破坏的临界值。

综上，该起事故原因是：在 7 号冷却塔第 50 节筒壁混凝土强度不足的情况下，违规拆除模板（滑模与支撑体系），致使筒壁混凝土失去模板支护，不足以承受上部荷载，造成第50节及以上筒壁混凝土和模架体系连续倾塌坠落。除此之外，施工单位为完成工期目标，施工进度不断加快，导致拆模前混凝土养护时间减少，混凝土强度发展不足；筒壁工程施工方案存在严重缺陷，未制定针对性的拆模作业管理控制措施；对试块送检、拆模的管理失控，在实际施工过程中，劳务作业队伍自行决定拆模（图1～图3）。

图1　事故现场鸟瞰图

图2　第49节筒壁顶部残留钢筋

图3　事故现场坍塌平桥

（四）危险性较大的混凝土模板支撑工程未按专项施工方案要求的顺序或分层厚度浇筑混凝土。

【解　读】

本条款为新修订的《判定标准》增加条款。

混凝土浇筑顺序与分层厚度是模板支撑工程安全的"生命线"。违规操作会引发从局部缺陷到整体坍塌的多级风险，且后期修复代价巨大。

分层浇筑混凝土的原因实质就是为了控制施工荷载，避免荷载过大引起架体变形或坍塌。混凝土在浇筑过程中会对模板产生流体侧压力，其大小与浇筑速度、混凝土坍落度、振捣方式等因素相关。侧压力随浇筑高度的增加呈非线性增长，计算公式通常为：$P = \gamma h$，其中，γ 为混凝土重力密度，h 为浇筑高度。若一次浇筑高度过大，模板承受的侧压力可能超过设计值，导致模板鼓胀、接缝开裂甚至整体失稳。因此，通过分层浇筑（每层厚度通常为 30～50cm），可有效控制单次浇筑高度，降低模板承受的瞬时侧压力。

根据相关规范要求，分层浇筑厚度控制标准和浇筑顺序原则如下：

1. 分层厚度控制标准

普通结构：每层厚度≤30～50cm（依据振捣器作用深度）。

大体积混凝土：分层厚度≤50cm，层间间隔时间≤2h（需通过热工计算调整）。

2. 浇筑顺序原则

对称均衡：柱、墙浇筑需对称下料，防止模板偏心受压。

竖向分层：柱体浇筑至梁底后暂停1～1.5h，待初步沉实后再浇筑梁板。

【本条款主要依据】

1. 国家标准《混凝土结构工程施工规范》GB 50666—2011

第8.3.3条条文说明　混凝土分层厚度的确定应与采用的振捣设备相匹配，以免发生因振捣设备原因而产生漏振或欠振情况；混凝土连续浇筑是相对的，在连续浇筑过程中会因各种原因而产生时间间歇，时间间歇应尽量缩短，最长时间歇应保证上层混凝土在下层混凝土初凝之前覆盖。为了减少时间间歇，应保证混凝土的供应量。

第8.3.5条条文说明　对于泵送混凝土或非泵送混凝土，在通常情况下可先浇筑竖向混凝土结构，后浇筑水平向混凝土结构；对于采用压型钢板组合楼板的工程，也可先浇筑水平向混凝土结构，后浇筑竖向混凝土结构；先浇筑低区部分混凝土再浇筑高区部分混凝土，可保证高低相接处的混凝土浇筑密实。

第8.3.16条条文说明　（5）对于分层浇筑的每层混凝土通常采用自然流淌形成斜坡，根据分层厚度要求逐步沿高度均衡上升。不大于500mm分层厚度要求，可用于斜面分层、全面分层、分块分层浇筑方法。

2. 行业标准《建筑施工模板安全技术规范》JGJ 162—2008

第6.1.3条　竖向结构（墙、柱）混凝土分层厚度≤300mm，水平结构（梁、板）≤500mm。

第 8.2.2 条　下层混凝土强度≥1.2MPa 后方可浇筑上层。

【判 定 方 法】

要判断混凝土浇筑是否符合专项方案规定的浇筑顺序和厚度要求，可以通过现场巡查、施工记录与文件核查、技术测量与仪器检测的方法。

（1）现场巡查

首先，检查浇筑顺序。

对称性验证：观察墙、柱等竖向结构浇筑时，混凝土是否从两侧同步上升（避免单侧堆积导致模板倾斜）。

施工缝位置：核对施工缝是否按方案预留，若发现随意中断浇筑或跳仓作业（如先浇筑远端再补近端），可能存在顺序错误。

冷缝迹象：检查新旧混凝土交接面是否有明显色差或微裂缝，表明两次浇筑间隔超过初凝时间（通常＞2h）。

其次，检查浇筑厚度。

模板标记法：模板内侧提前用油漆标出分层线（如每 30cm 一条红线），若混凝土浇筑高度超过标记线，则分层过厚。

振捣棒长度验证：插入式振捣棒有效作用长度通常为 30～50cm，若工人需多次分段振捣同一区域，可能表明分层超厚。

（2）施工记录与文件核查

首先，分析浇筑日志分析。

时间连续性：核查每层混凝土的起止时间，若相邻层间隔时间超过混凝土初凝时间（普通混凝土约 2h），可能存在违规。示例：某梁设计分 3 层浇筑（每层 40cm），若记录显示仅分 2 层完成，则实际每层厚度达 60cm，明显违规。

方量比对：根据设计分层厚度计算每层理论方量，对比实际浇筑记录，若单次浇筑方量远超理论值（如 3 倍），则分层过厚。

其次，影像资料追溯。

调取监控录像回放，调取关键节点（如梁柱节点、悬挑端）的施工录像，观察是否按"先深后浅、先竖后平"的顺序推进。

（3）技术测量与仪器检测

第一种方式：分层厚度检测。

超声波测厚仪：在混凝土初凝前，插入探针测量不同深度混凝土的硬化状态，判断实际分层界面位置。

钻孔取芯法：对已硬化结构钻孔取芯，通过芯样观察层间结合面数量及位置（需后期修补孔洞）。

第二种方式：模板侧压力监测。

传感器实时监控：在模板内侧安装压力传感器，若侧压力峰值超过设计值（如普通墙模侧压≤50kN/m^2），可能是由于浇筑速度过快或分层过厚。

数据比对：侧压力理论值公式 $P = \gamma h$（γ 为混凝土重力密度，h 为分层厚度），若实测值明显偏高，可推断分层超厚。

【整改措施】

混凝土浇筑过程中，如果未按专项施工方案要求的顺序或分层厚度进行，应立即采取以下整改措施：

1. 要立即停工。立即关闭混凝土输送泵，暂停所有浇筑作业。并同时进行人员疏散，撤离作业面及周边区域人员，封锁危险区域并设置警示标识。

2. 紧急加固支撑。搭设满堂脚手架，在已浇筑区域下方快速搭设加密脚手架（间距≤0.8m），顶部设置可调顶托支撑受力点；加设钢支柱顶撑，对梁、柱节点等关键部位加设 H 型钢支柱，底部垫设钢板以分散荷载。

3. 结构状态评估与检测。对已浇筑区域进行回弹强度检测，重点排查强度低于设计值 75% 的区域；在梁、板跨中及端部安装位移计，实时监测挠度变化（报警阈值：$L/250$，L 为跨度）。

4. 针对以下两类险情，应采取不同的应急措施：

（1）第一类险情：若浇筑未完成，混凝土仍处于塑性状态。

超厚浇筑的修正措施：分层剔凿，若分层厚度超过方案值（如设计30cm实际达50cm），立即用高压水枪冲除上层未硬化混凝土至合规厚度。

顺序错误的调整措施：引流纠偏，在跳仓浇筑形成的孤岛区域开槽引流混凝土，按正确顺序重新填充。

（2）第二类险情：混凝土已硬化，出现结构缺陷。

局部加固：采取注浆补强措施，对蜂窝、孔洞区域钻孔（孔径10mm），注入环氧树脂浆液（压力0.5～1.0MPa），填充率需≥95%。采取碳纤维布包裹，在梁底粘贴300g/m^{2}碳纤维布（U形箍间距200mm），提升抗弯能力。

对于严重缺陷区域实施拆除，将胀模超差＞30mm或存在贯通裂缝的区域，用金刚石绳锯切除，重新支模浇筑C40以上高强度混凝土。

5. 模板支撑工程恢复施工前应进行如下验证：

（1）强度复验

同条件试块：对补救区域重新制作试块，养护至等效龄期（600℃·d）后进行抗压试验，强度需不小于设计值。

取芯验证：在加固区域钻取直径100mm芯样，检测密实度与层间结合质量。

（2）支撑系统验收

立杆垂直度：用经纬仪检测临时支撑架垂直度偏差≤$H/500$（H 为架体高度）。

节点扣件扭矩：随机抽查扣件螺栓扭矩，需达到 40～65N·m。

特别提示：对高度＞8m、跨度＞18m的模板支架，整改后安全系数需提高至1.3倍；雨期施工时，支架基础周边应设置截水沟（截面≥300mm×300mm），防止地基软化。

【事 故 案 例】

案例1：2020年湖北省武汉市"1·5"高支模坍塌事故

事故简介： 2020年1月5日15时30分左右，位于江夏区五里界天子山大道1号的武汉巴登城生态休闲旅游开发项目一期一（1）二标段发生一起较大坍塌事故，造成6人死亡，6人受伤，直接经济损失1115万元。

事故原因： 门楼高大模板支撑体系架体未按照施工方案要求进行搭设，轴线处400mm×1200mm梁支架沿梁跨度方向扫地杆、第一步水平杆缺失，使得水平杆步距超过方案设计步距的两倍，致使梁支架的稳定性不满足设计承载要求，且门楼高大模板支撑体系在搭设完毕后未按要求进行验收。

现场在进行浇筑时，违反专项施工方案中采用对称浇筑的要求，对门楼坡屋面采用不对称浇筑，实际产生的附加弯矩增加了B轴线处400mm×2560mm梁支架立杆承受的压力，导致该处梁支架稳定性不满足设计承载要求。现场浇筑完竖向结构（KZ1和KZ3两根框架柱）后，未按照方案中"竖向结构强度达到50%以后，再浇水平构件"的要求，随即开始梁板浇筑，由于竖向结构强度不够，B轴线处400mm×2560mm梁钢筋随支架变形下挠，将框架柱拉倒，扩大了事故的规模。

事后经对现场高大模板支撑体系架体材料（钢管、扣件、可调顶托）进行取样并送检，发现部分材料不合格，导致架体承载力及稳定性低于专项方案的设计预期。上述原因叠加，导致事故发生（图1、图2）。

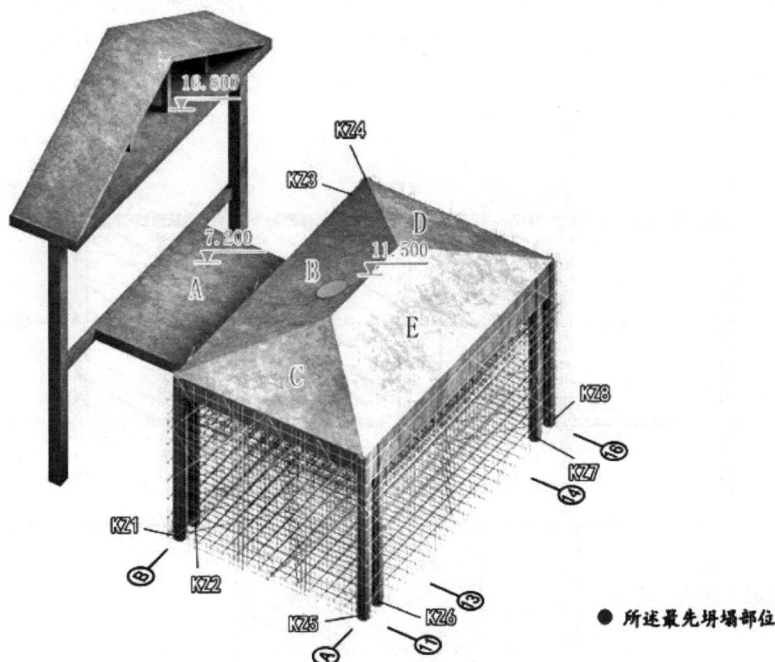

● 所述最先坍塌部位

图1 门楼立面示意图

图2　门楼倒塌后现场图

案例2：2024年内蒙古自治区包头市"6.19"较大坍塌生产安全事故

事故简介： 2024年6月19日12时6分许，内蒙古自治区骏平环保科技有限公司装配式建筑ALC板专用微粉项目（二期）在收尘框架约束平台混凝土浇筑过程中发生坍塌事故，造成4人死亡。

事故原因： 施工单位使用性能指标不符合标准规范的钢管、扣件、U形托撑等材料，造成模板支架承载力下降、刚度不足；施工单位违章作业，脚手架未按规范设置水平剪刀撑，U形托撑偏心受力，混凝土浇筑顺序、方法不符合标准要求，造成高大模板支架荷载分布不均匀，导致浇筑过程中模板支架变形坍塌。通过对现场混凝土浇筑痕迹及对商品混凝土公司泵车操作员询问分析，施工单位在浇筑约束平台②轴、④轴0.5m宽、1.2m高悬挑梁和0.5m宽、1.0m高连梁混凝土时，按两次分层由西向东浇筑，违反了行业标准《建筑施工模板安全技术规范》JGJ 162—2008有关规定，造成该高大模板工程负重荷载分布不均匀（图1、图2）。

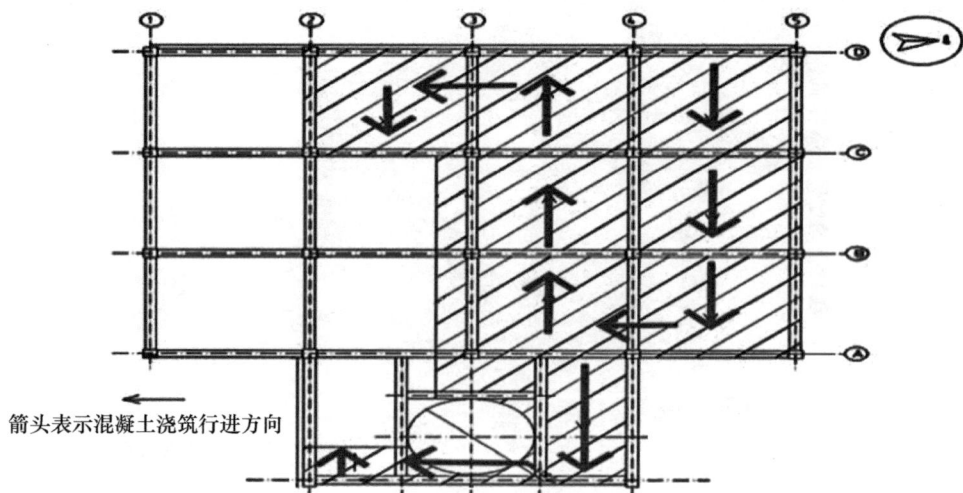

箭头表示混凝土浇筑行进方向

图1　混凝土浇筑顺序

图2　②轴、④轴悬挑梁残存部分钢筋及模板

案例3：2020年广东省陆河县"10·8"较大建筑施工事故

事故简介： 2020年10月8日10时50分，陆河县看守所迁建工程业务楼的天面构架模板发生坍塌事故，造成8人死亡，1人受伤，事故直接经济损失共约1163万元。

事故原因： 经调查，此次事故的直接原因有：

1. 违规直接利用外脚手架作为模板支撑体系，且该支撑体系未增设加固立杆，也没有与已经完成施工的建筑结构形成有效的拉结。

2. 天面构架混凝土施工工序不当，未按要求先浇筑结构柱，待其强度达到75%及以上后再浇筑屋面构架及挂板混凝土，且未设置防止天面构架模板支撑侧翻的可靠拉撑（图1～图3）。

图1　事故发生后东侧脚手架局部坍塌

图2　外脚手架钢管严重变形

图3　屋面新浇混凝土框架柱倾覆

案例4：2019年贵州省仁怀市"3·15"较大坍塌事故

事故简介： 2019年3月15日19时23分许，仁怀市2019年苍龙街道公租房建设项目（一标段）发生一起建筑施工事故，造成4人死亡，直接经济损失490.47万元。

事故原因： 作业工人在裙楼女儿墙模板及支撑体系无有效加固的情况下，一次性浇筑混凝土高度过高（方案为300mm，实际为1600mm）、顺序错误（正确顺序为每层从起点一端向终点一端依次分层浇筑后，再从起点一端向终点一端浇筑；工人实际浇筑为从终点一端向起点一端超高浇筑），在终点端一次浇筑到压顶高度，由于压顶外挑450mm，导致模板及支撑体系偏心受力而外倾失稳，向外侧倾覆坍塌，推倒外双排钢管脚手架，致使4名工人从12.9m高处坠落地面死亡（图1～图3）。

图1　事故现场照片

图2　事故发生后现场救援照片

图 3　事故发生后的现场照片

五、脚手架工程重大事故隐患判定标准

第七条 脚手架工程有下列情形之一的，应判定为重大事故隐患：

（一）脚手架工程的基础承载力和变形不满足设计要求。

【解　　读】

脚手架工程重大事故隐患判定标准，相对于2022版删减了两条，由5条变成了3条，剩下的3条中，主要有一处变动，即：第一条由脚手架的地基承载力变为基础承载力，与模板及支撑体系中的第一项相似，修改后扩大了脚手架基础承载力范围。

脚手架是临时承重结构，其荷载（人员、材料、设备等）通过立杆传递至基础。脚手架基础的承载力和变形控制是施工安全的"生命线"。任何设计偏离都会引发多米诺骨牌效应，从局部失稳演变为灾难性事故。

（1）若基础承载力不足，地基可能发生剪切破坏或过量沉降，导致局部或整体失稳。设计允许的变形范围（如沉降量、水平位移）是结构弹性形变的极限。

（2）超限变形会改变脚手架受力分布，引起杆件偏心受压、节点松动，甚至形成连续倒塌的连锁反应。

（3）施工中常存在冲击荷载（如吊装作业）、动荷载（如风荷载），脚手架基础需具备冗余承载力以应对不可预见的荷载波动。

此外，若脚手架基础破坏可能导致次生灾害，如可能导致地下管线受损（如燃气管道破裂）、邻近建筑地基受拉裂。

【本条款主要依据】

1. 国家标准《施工脚手架通用规范》GB 55023—2022

第4.1.3条　脚手架地基应符合下列规定：

（1）应平整坚实，应满足承载力和变形要求。

（2）应设置排水措施，搭设场地不应积水。

（3）冬期施工应采取防冻胀措施。

第4.1.4条　应对支撑脚手架的工程结构和脚手架所附着的工程结构进行强度和变形验算，当验算不能满足安全承载要求时，应根据验算结果采取相应的加固措施。

第5.3.9条　脚手架使用期间，严禁在脚手架立杆基础下方及附近实施挖掘作业。

2. 行业标准《建筑施工扣件式钢管脚手架安全技术规范》JGJ/T 130—2011

第7.2.1条 脚手架地基与基础的施工，应根据脚手架所受荷载、搭设高度、搭设场地土质情况与国家标准《建筑地基基础工程施工质量验收标准》GB 50202—2018 的有关规定进行。

3. 行业标准《建筑施工承插型盘扣式钢管脚手架安全技术标准》JGJ/T 231—2021

第5.2.2条 当脚手架搭设在结构楼面上时，应对支承架体的楼面结构进行承载力验算；当楼面结构承载力不能满足要求时，应采取楼面结构下方设置附加支撑等加固措施。

4. 国家标准《建筑与市政地基基础通用规范》GB 55003—2021

第4.1.1条 地基设计应符合下列规定：（1）地基计算均应满足承载力计算的要求；（2）对地基变形有控制要求的工程结构，均应按地基变形设计；（3）对受水平荷载作用的工程结构或位于斜坡上的工程结构，应进行地基稳定性验算。

【判定方法】

判断脚手架基础的承载力和变形是否满足设计要求，需要结合现场观测、数据监测、理论校核和应急响应等多种方法进行。

1. 观察现场是否有异常迹象

（1）地基表面异常

裂缝或隆起：基础周围地面出现放射状裂缝、局部隆起或明显沉陷（如垫板下陷）。

积水或软化：地基区域积水未及时排除，导致土体软化（如黏性土吸水膨胀）。

（2）脚手架结构异常

立杆倾斜或悬空：个别立杆明显歪斜或脱离垫板（悬空），表明基础局部沉降不均。

节点松动或变形：扣件滑移、横杆弯曲，可能因基础变形导致受力重新分布。

（3）荷载施加后的即时反应

堆载后快速沉降：材料集中堆放时，基础沉降速率显著加快（如1h内沉降超过3mm）。

2. 监测数据超限预警

（1）沉降监测

单点沉降超限：通过水准仪测得立杆底部沉降量超过设计允许值（如设计限值5mm，实测达8mm）。

差异沉降过大：相邻立杆沉降差超过3mm（可能导致架体扭曲）。

（2）水平位移监测

架体倾斜超标：全站仪测得脚手架整体倾斜率超过 $H/500$（H 为架体高度）。

动态位移波动：大风或振动荷载下，激光位移传感器显示水平位移反复超出阈值。

3. 设计与施工数据校核

（1）荷载核算是否超标

实际荷载＞设计值：现场材料堆载、设备重量超过脚手架设计承载范围（如设计活载3kN/m²，实际达5kN/m²）。

（2）地质条件与勘察报告不符

土层与勘察报告存在偏差，开挖后发现实际土层为淤泥质土，而设计按砂质黏性土计算承载力。

（3）施工工艺缺陷

地基处理不达标：换填厚度不足（设计300mm，实际200mm）、压实度＜90%。

排水系统失效：未设置排水沟或坡度不足，导致地基长期浸水。

【整改措施】

当发现脚手架基础承载力或变形不满足设计要求时，需立即采取系统性措施消除风险，避免事故升级。

1. 紧急响应与初步控制

（1）要立即停工与隔离：停止所有作业，切断电源，疏散作业人员及周边无关人员；设置警戒区，以脚手架投影范围外扩3～5m为隔离区，禁止人员进入，悬挂"危险区域"警示牌，在夜间增设灯光警示。

（2）采取临时加固与卸载措施：快速移除超载材料（如钢筋、模板），优先卸载沉降或倾斜区域的荷载。增设临时支撑，在沉降立杆旁加设钢管斜撑（角度45°～60°），与既有架体可靠连接，并对倾斜区域使用缆风绳（直径≥8mm钢丝绳）锚固至地锚（埋深≥1.5m）。

2. 快速明确事故原因

通过以下仪器工具快速查明事故原因：

（1）地质雷达扫描：排查地基下空洞、软弱夹层等隐蔽缺陷。

（2）钻孔取芯：在沉降区域钻探取样，检测土层性质、压实度及含水量。

（3）荷载核算：复核实际施工荷载（含动荷载）是否超出设计值。

3. 针对性措施

消除脚手架基础隐患需遵循"应急控险—精准归因—分级整改—预防复发"的逻辑链。轻度问题可通过局部加固快速解决，严重失效则需彻底重建并引入智能监控手段。关键在于将整改措施与设计、施工、监测全流程绑定，形成闭环管理，最终实现安全与效率的平衡。

（1）轻度问题（沉降≤设计值1.2倍，无结构损伤）

局部注浆加固：在沉降区域钻孔（孔径50mm，深度至持力层），注入水泥浆（水灰比0.5～0.6），提升地基密实度。

扩大承压面积：在立杆底部增设钢垫板（厚度≥10mm，面积≥0.25m²），分散应力。

加密监测：每2h测量一次沉降，直至48h无变化。

（2）中度缺陷（沉降＞设计值1.5倍，局部裂缝）

微型桩加固：在立杆周围打入ϕ100mm钢管桩（长度≥3m），桩顶与立杆焊接形成复合地基。

换填处理：挖除软弱土层（深度≥1.5倍基础宽度），分层回填级配碎石（每层300mm，压实度≥95%）。

排水系统改造：沿基础周边开挖排水盲沟（宽300mm，深500mm），内填碎石引导积水。

（3）严重失效（基础压溃、架体倾斜＞$H/200$）

整体拆除重建：按"先卸载后拆除"原则，逐层拆除架体，重新设计地基方案（如采用桩基＋混凝土承台）。

复合地基升级：软弱土层较厚时，采用CFG桩（水泥粉煤灰碎石桩）或高压旋喷桩形成复合地基。

全过程监理：整改方案需经设计单位确认，并由第三方检测机构验收。

（4）验收与恢复施工

整改后的验收标准：

承载力验证：静载试验加载至设计值的1.2倍，沉降量≤设计允许值且24h内保持稳定。

变形控制：相邻立杆沉降差≤2mm，整体倾斜率≤$H/800$。

文件齐备：整改方案、施工记录、检测报告、监理签字缺一不可。

恢复施工：分级加载，先施加30%设计荷载，观测24h无异常后逐步增加至100%；持续监测施工期间每日测量沉降与位移，暴雨或地震后需复测。

【事故案例】

案例：2021年广西壮族自治区柳州市"9·10"脚手架坍塌较大事故

事故简介： 2021年9月10日，吴家山采石场环境整治与恢复工程山体复绿作业过程中发生一起脚手架坍塌事故，导致4人死亡，2人受伤，直接经济损失491万元。

事故原因： 脚手架使用不符合施工方案要求的构件，且未按施工方案搭设，导致架体基础不牢、受力不均、结构不稳，脚手架搭设至一定高度后，上方质量增大，受力变化，变形失稳，进而膨胀钩受力变形，拉结绳脱钩，或者把膨胀钩拉脱离开岩面，逐步造成连锁反应，最终造成脚手架坍塌（图1）。

图1 事故现场图

99

（二）未设置连墙件或连墙件整层缺失。

【解　读】

连墙件是连接脚手架和建筑物结构的重要部件，用于增强脚手架的稳定性。连墙件的主要功能是将脚手架固定在建筑物上，是保证架体侧向稳定的重要构件，既承受拉力也承受压力。在施工过程中，连墙件可以提供侧向支撑，减少脚手架的变形，防止因风荷载、施工荷载等原因导致的脚手架倾覆。

脚手架作为整体结构，各部分的稳定性相互关联。如果某一层的连墙件缺失，那么该层的稳定性下降，可能导致整个脚手架受力不均，进而引发连锁反应，影响整体结构的安全。尤其是在高层建筑中，风荷载较大，连墙件的连续设置对于分散这些荷载至关重要。

【本条款主要依据】

1. 国家标准《施工脚手架通用规范》GB 55023—2022

第4.4.6条　作业脚手架应按设计计算和构造要求设置连墙件，并应符合下列要求：

（1）连墙件应采用能承受压力和拉力的刚性构件，并应与工程结构和架体连接牢固。

（2）连墙点的水平间距不得超过3跨，竖向间距不得超过3步，连墙点之上架体的悬臂高度不应超过2步。

（3）在架体的转角处、开口型作业脚手架端部应增设连墙件，连墙件竖向间距不应大于建筑物层高，且不应大于4m。

第4.4.10条　应对下列部位的作业脚手架采取可靠的构造加强措施：

（4）楼面高度大于连墙件设置竖向高度的部位。

第5.2.2条　（1）连墙件的安装应随作业脚手架搭设同步进行。（2）当作业脚手架操作层高出相邻连墙件2个步距及以上时，在上层连墙件安装完毕前，应采取临时拉结措施。

第5.4.2条第3款　作业脚手架连墙件应随架体逐层、同步拆除、不应先将连墙件整层或数层拆除后再拆架体。

2. 国家标准《建筑抗震设计标准（2024年版）》GB 50011—2010

建筑物应根据地震烈度和建筑的结构类型合理配置抗震设施，其中也包括了连墙件的设置要求。连墙件是建筑结构的重要组成部分，它能有效地加强结构体系的刚度和稳定性，提高建筑物的抗震能力。

3. 行业标准《建筑施工扣件式钢管脚手架安全技术规范》JGJ 130—2011

竖向间距：每层≤2倍步距（如步距1.8m，则连墙件竖向间距≤3.6m）。

水平间距：每距≤3倍纵距（如纵距1.5m，则水平间距≤4.5m）。

【判定方法】

判断脚手架是否未设置连墙件或存在整层缺失，需通过现场检查排查、对比规范及动态监测综合判断。以下是具体方法和步骤：

1. 现场检查排查

（1）连墙件分布情况核查（对比规范）

竖向间距：每层≤2倍步距（如步距1.8m，则竖向间距≤3.6m）。

水平间距：每跨≤3倍纵距（如纵距1.5m，则水平间距≤4.5m）。

检查方法：用卷尺测量相邻连墙件距离，若超出规范值或某层无连接点，则判定缺失。

（2）节点完整性检查

连墙件应为刚性连接（钢管扣件或预埋件焊接），禁止使用铁丝、绳索等柔性构件固定。

检查扣件螺栓扭矩（≥40N·m）及焊缝质量（无裂纹、夹渣）。

（3）连墙件缺失情况检查

连续无锚固点：某一楼层范围内无任何连墙件（如整层外架无与结构柱、梁的连接）。

架体异常现象：未设连墙件的区域，架体晃动明显（手推试验位移＞50mm），或者出现立杆垂直度偏差＞$H/500$（H为架高），且呈现整体倾斜趋势。

2. 方案与施工检录审查

（1）方案与验收记录

脚手架专项方案：核对连墙件布置图，确认是否按设计设置。

隐蔽工程验收单：检查连墙件安装时的验收签字记录，缺失则可能未按流程施工。

（2）整改与变更记录

若施工中因洞口、幕墙安装等临时拆除连墙件，需有书面审批及恢复记录，无记录则默认缺失。

3. 动荷载试验验证

（1）水平推力测试

在疑似缺失连墙件的楼层，施加水平推力（模拟风载），使用拉力计水平拉动架体，如位移＞10mm/1kN，荷载即为异常。

注意：测试时为了安全操作，需设置临时支撑，防止意外倒塌。

（2）风载模拟分析

采用有限元软件（如SAP2000）输入实际连墙件布置数据，若计算结果显示某层位移超限（＞$H/500$），则可能存在整层缺失。

【整改措施】

施工现场发现脚手架未设置连墙件或整层缺失，应立即采取以下措施予以消除。

1. 立即停止脚手架相关作业。疏散周边人员，设置警戒区域并悬挂警示标志；立即采取临时加固措施，对未设置连墙件的区域采用钢管抛撑或缆风绳临时固定（抛撑角度≤45°，间距≤6m）；设置水平斜撑或剪刀撑增强整体刚度，防止脚手架倾覆。

2. 隐患评估：核查脚手架设计文件，确认连墙件设置的规范要求（如间距、位置、形式等）。评估依据：国家标准《建筑施工脚手架安全技术统一标准》GB 51210—2016。连墙件间距应符合：

（1）竖向间距≤2倍步距（通常≤3.6m）。

（2）水平间距≤3倍立杆纵距（通常≤4.5m）。

3. 编制专项方案：针对缺失区域制定连墙件补装方案，明确材料规格（如钢管、预埋件、膨胀螺栓等）、节点构造及施工流程。

注意：复杂情况需由专业工程师进行受力验算。

4. 补加连墙件（优先采用刚性连墙件）：（1）扣件式钢管连墙件：采用双扣件将水平杆与主体结构梁柱固定。（2）预埋钢管法：在混凝土结构内预埋短钢管（埋深≥200mm），外露部分与脚手架立杆连接。（3）穿墙夹具法：采用穿墙螺栓配合钢板夹具固定。

施工时应特别注意：

连墙件应优先设置在梁、柱等承重结构部位，严禁设在填充墙等非承重构件上；每根连墙件覆盖面积≤40m^2，转角处必须加密设置；节点螺栓必须紧固（扭矩40～65N·m）；焊接部位需满焊且焊缝高度≥6mm。

5. 验收与恢复：可以班组自检，逐层检查连墙件数量、位置及安装质量；也可以委托第三方检测机构对关键节点进行荷载试验（抽检率≥10%）。

特别提示：对于高层脚手架（高度≥24m），必须采用双立杆＋双连墙件体系，且连墙件应进行专项设计计算。在台风多发地区，建议连墙件承载力按规范值的1.5倍进行复核。

【事故案例】

案例1：2015年广西壮族自治区南宁市"3.26"外脚手架坍塌较大事故

事故简介： 2015年3月26日上午，广西壮族自治区南宁市一在建工业标准厂房脚手架发生坍塌事故，造成3人死亡，3人重伤，7人轻伤。

事故原因： 三号标准厂房南面外脚手架连墙件数量严重不足，外架拉结不规范（斜拉、扣件松动，且很多已拆除），脚手架使用了不合格的扣件且未按专项施工方案搭设；施工作业人员违规将拆除的钢管、扣件及脚手板堆放于架体上增加荷载，以上是导致架体失稳坍塌的直接原因（图1～图3）。

图 1　事故现场图

图 2　脚手架扫地杆缺失

图 3　脚手架连墙件缺失

案例 2：2021 年安徽省广德市"7.23"脚手架坍塌较大事故

事故简介：2021 年 7 月 23 日 6 时 30 分，安徽省广德市经济开发区安徽瑞旭搅拌设备有限公司在建厂房（车间三）发生脚手架坍塌较大建筑施工事故，造成 3 人死亡。

事故原因：脚手架搭建公司未按行业标准《建筑施工扣件式钢管脚手架安全技术规范》JGJ 130—2011 搭建脚手架，施工方案中连墙件为预埋短钢管，利用水平拉杆扣件连接，未按三步两跨设置。现场实际连墙件形式为短钢管与钢板或角钢焊接，利用膨胀螺栓（一个螺栓）在混凝土梁侧向固定，连墙件设置间距为随层 3～6 跨。连墙件未按方案设置，架体连墙件设置不足，连墙件抗拉强度不足，扣件螺栓拧紧扭力矩严重不符要求，扣件抗滑力不足，且部分脚手架钢管锈蚀严重，钢管有开裂、孔洞现象（图 1）。

图 1 脚手架坍塌事故现场

案例 3：2022 年山东省日照市莒县"9·25"脚手架坍塌较大事故

事故简介： 2022 年 9 月 25 日，莒县某水泥有限公司在组织项目施工时，发生脚手架坍塌事故，造成 5 人死亡、2 人受伤，直接经济损失 845.8 万元。

事故原因： 脚手架搭设存在结构性缺陷，未采用对接扣件接长，造成立杆竖向承载能力降低；新增炉体部分脚手架支撑体系不合理，导致水平杆承受立杆传递的竖向荷载；立杆数量不足，部分立杆间距过大，部分立杆轴向应力严重超过钢管标准设计值；未设置竖向及水平剪刀撑，导致架体整体刚度不足；未设置有效连墙件，导致架体与炉体结构未形成有效连接。钢管、扣件质量不达标，扣件安装破坏、抗滑移性、抗破坏性不合格率达到 42%。还包括，施工荷载过大，实际荷载超过该作业面脚手架所能承受极限荷载的 1 倍，导致 C2 作业面炉内架体首先破坏坍塌，坍塌物层层叠加，对下层架体冲击力层层加强，致使架体整体坍塌（图 1）。

图 1 事故救援图

（三）附着式升降脚手架的防倾覆、防坠落或同步升降控制装置不符合设计要求、失效或缺失。

【解　读】

附着式升降脚手架（又称爬架）是一种附着在建筑结构上，可随施工进度逐层升降的高空作业平台。其核心工作原理是通过机械传动、智能控制与结构受力体系的协同作用，实现安全、高效的垂直升降功能。附着式升降脚手架作为中国独创的建筑施工装备，通过"附着承力＋智能升降＋多重防护"的工作机制实现了高层建筑施工的高效性与安全性的统一，是现代超高层建筑不可或缺的核心施工装备，得到了建设单位、施工单位普遍认可与信赖。

附着式升降脚手架的关键技术装置就是防倾覆装置、防坠落装置和同步控制装置，其工作机理是：

1. 同步控制技术

采用"位移－荷载双控"策略：

（1）位移同步：激光测距仪实时监测各吊点高度，PLC调整提升速度。

（2）荷载均衡：当单点荷载超过设定值（如±15%额定值）时，系统自动暂停并报警。

关键技术控制要点：必须设置≥2组独立导轨，导轨与建筑结构间隙≤5mm，倾角监测传感器实时报警。

2. 防坠落机制

（1）捎链式防坠器：升降钢丝绳断裂时，弹簧触发棘轮卡死导轨齿（响应时间＜0.3s）。

（2）摆针式防坠器：架体下坠加速度达到0.8g时，惯性摆针触发制动楔块锁止导轨。

关键技术控制要点：采用双触发机制（机械＋电子）。

3. 防倾覆设计

（1）导轨与架体通过导向轮组连接，形成滑动副，限制水平位移。

（2）按行业标准《建筑施工工具式脚手架安全技术规范》JGJ 202—2010要求，导轨垂直度偏差应≤5‰，且每楼层应设置不少于2组防倾装置。

关键技术控制要点：配置三级控制：PLC主控＋机械限位开关＋人工标尺复核，误差超限自动切断动力。

当附着式升降脚手架的防倾覆装置、防坠落装置或同步升降控制装置存在设计缺陷、失效或缺失时，可能引发以下系统性安全风险：

1. 防倾覆装置失效风险

当风荷载或施工荷载超限时，架体因缺少水平约束发生侧向位移，导致整体倾覆（如台风天气下倾覆角超过3°即可能失稳）。此外，单点防倾覆失效会引发相邻支座受力突变，形成多米诺骨牌效应，导致多跨架体连续倒塌。

2. 防坠落装置失效风险

升降过程中若防坠器卡阻（如弹簧锈蚀、触发机构失灵），架体可能以自由落体速度下坠（瞬时冲击力可达静载的5倍以上），架体从高空坠落。

3. 同步升降控制失效风险

架体结构撕裂：不同步误差超过30mm时，架体内部产生剪力集中，可能导致导轨接头断裂或桁架杆件屈曲，导致架体结构撕裂。

异步升降导致单个支座承受荷载超设计值（如设计荷载50kN的支座可能瞬时承受200kN拉力），引发预埋件混凝土剥离，导致附墙支座拉裂。

特别是施工现场，由于存在交叉作业，架体倾斜时防坠器可能因角度偏移无法有效制动，形成"倾覆－坠落－撞击"的连锁灾难链。

附着式升降脚手架作为高层建筑外围护结构施工和防护脚手架，需根据工程项目实际情况进行机位布置和架体构造二次设计，属非定型类脚手架产品。附着升降脚手架属于脚手架范畴，其实质是为建筑施工提供作业场所的临时设施。拟建物不同，脚手架形式也随之变化。这与设备进工地后安装及使用有本质区别，因此，附着升降脚手架必须按照脚手架的要求进行管理。

【本条款主要依据】

1. 国家标准《施工脚手架通用规范》GB 55023—2022

第5.3.4条3款 安全防护设施应齐全、有效，应无损坏缺失。

第5.3.4条4款 附着式升降脚手架支座应稳固，防倾、防坠、停层、荷载、同步升降控制装置应处于良好工作状态，架体升降应正常平稳。

2. 国家标准《施工脚手架通用规范》GB 55023—2022

第5.3.10条 附着式升降脚手架在使用过程中不得拆除防倾、防坠、停层、荷载、同步升降控制装置。

第5.3.11条 当附着式升降脚手架在升降作业时或外挂防护架在提升作业时，架体上严禁有人，架体下方不得进行交叉作业。

3. 行业标准《建筑施工工具式脚手架安全技术规范》JGJ 202—2010

第4.5.1条 附着式升降脚手架必须具有防倾覆、防坠落和同步升降控制的安全装置。

4. 行业标准《建筑施工工具式脚手架安全技术规范》JGJ 202—2010

第4.5.3条 防坠落装置必须符合下列规定：

（1）防坠落装置应设置在竖向主框架处并附着在建筑结构上，每一升降点不得少于一个防坠落装置，防坠落装置在使用和升降工况下都必须起作用。

（2）防坠落装置必须是机械式的全自动装置，严禁使用每次升降都需重组的装置。

（3）防坠落装置技术性能除应满足承载能力要求外，还应符合该行业标准表4.5.3的规定。

（4）防坠落装置应设置防尘、防污染的措施，并应灵敏可靠和运转自如。

（5）防坠落装置与升降设备必须分别独立固定在建筑结构上。

（6）钢吊杆式防坠落装置，钢吊杆规格应由计算确定，且不应小于ϕ25mm。

5. 行业标准《建筑施工工具式脚手架安全技术规范》JGJ 202—2010

第4.8.6条 螺栓连接件、升降设备、防倾装置、防坠落装置、电控设备、同步控制装置等应每月进行维护保养。

【判 定 方 法】

判断附着式升降脚手架的防倾覆、防坠落及同步控制装置是否符合设计要求或是否存在失效、缺失，可以通过以下方法进行系统性排查。

1. 目视检查与尺寸测量

（1）防倾覆装置检查

导轨系统：检查导轨与架体间隙是否≤5mm（用塞尺测量），导轨垂直度偏差是否≤5‰（激光垂准仪检测）；观察导轨表面是否有严重磨损（划痕深度＞1mm）或变形（局部弯曲＞3mm/m）。

附墙支座：检查穿墙螺栓是否缺失或松动（扭矩应≥45N·m，用扭力扳手抽检）；查看支座与结构接触面是否贴合（缝隙＞2mm需加垫片调整）。

（2）防坠落装置检查

机械部件：检查防坠器棘轮齿条是否完整（缺齿数≤2个/m），弹簧是否锈蚀卡滞（压缩回弹测试）；观察制动楔块与导轨接触面磨损量（厚度减少＞20%需更换）。

（3）同步控制装置检查

硬件检查：查看位移传感器安装是否牢固（无晃动），线路接头是否进行防水处理；检查液压管路或电动葫芦链条有无漏油、断链现象（油渍面积＞10cm² 需检修）。

2. 文件与记录审查

（1）设计符合性核查

对比现场装置与《专项施工方案》中型号、数量、布置图是否一致；检查防坠器的第三方型式检验报告（有效期2年）。

（2）运维记录追溯

查阅最近3个月的《防坠器月度试验记录》（需包含加载1.25倍荷载数据）；验证同步控制系统校准证书是否在有效期内（通常每6个月需标定）。

3. 失效预警信号判别

（1）防倾覆装置预警信号

架体与结构间隙持续增大（每日变化＞2mm）；导轨出现周期性异响（频率与风速相关）。

（2）防坠落装置预警信号

防坠器触发后复位困难（手动复位力＞150N）；制动楔块表面出现蓝紫色高温氧化痕迹。

（3）同步控制装置预警信号

显示屏频繁报"超差"但无实际位移差；液压系统油温异常升高（＞60℃）。

【整 改 措 施】

当发现附着式升降脚手架的防倾覆、防坠落或同步控制装置存在设计不符、失效或缺失时，应积极采取以下措施进行整改。

1. 紧急管控阶段（0～2h内）

（1）立即停止作业

切断动力源，关闭液压泵站或电动葫芦总电源，挂"禁止操作"警示牌，清空架体及下方15m范围内所有作业人员，设置双层警戒线（内圈5m/外圈15m），夜间加设频闪警示灯。

（2）采取临时加固措施

防倾覆失效：在架体四角加设缆风绳（直径≥12.5mm钢丝绳），地锚抗拔力≥20kN，倾角≤45°。

防坠落失效：在架体底部加装临时兜底网（承载力≥$3kN/m^2$），并用钢管顶撑（间距≤2m×2m）。

同步控制失效：手动锁定所有提升点（插销固定＋链条锁死），切断PLC控制信号。

2. 装置修复整改

防倾覆装置修复整改：更换变形导轨（弯曲度＞3mm/m）或整体更换，调整导向轮间隙，确保导轨与滚轮间隙≤2mm；补装缺失支座，优先采用穿墙螺杆固定（M27高强度螺栓，扭矩≥120N·m）；增强节点，在支座处加焊三角形加劲板（板厚≥10mm），提高抗剪能力。

防坠落装置修复整改：更换机械防坠器，并重置传感器，对加速度传感器进行零点校准。

同步控制装置修复整改：更换失效位移传感器，重设同步阈值。

3. 修复整改验收

班组自检：使用扭矩扳手全数检查螺栓紧固度（抽检率100%）。

第三方检测：委托具有相应资质的机构进行荷载试验，出具验收报告。

四方会签：施工、监理、设计、检测单位联合验收。

【事故案例】

案例：2019年江苏省扬州市"3·21"爬架坍塌较大事故

事故简介： 2019年3月21日13时10分左右，江苏省扬州市经济技术开发区的中航宝胜海洋电缆工程项目101a号交联立塔东北角16.5～19层处附着式升降脚手架（以下简称爬架）下降作业时发生坠落，坠落过程中与交联立塔底部的落地式脚手架（以下简称落地架）相撞，造成7人死亡、4人受伤，直接经济损失1038万元。

事故原因： 违规采用钢丝绳替代爬架提升支座，人为拆除爬架所有防坠器防倾覆装置，并拔掉同步控制装置信号线，在架体邻近吊点荷载增大，引起局部损坏，架体失去超载保护和停机功能，产生连锁反应，造成架体整体坠落，是事故发生的直接原因。作业人员违规在下降的架体上作业和在落地架上交叉作业是导致事故后果扩大的直接原因（图1～图4）。

图1 坠落位置

图2 架体坠落

图3 事故架体的提升系统

图4 事故现场图

【经验教训】 模板支撑和脚手架较大及以上事故专项分析（2017—2024年）

一、事故特征规律统计分析

1. 总体事故统计

2017—2024年，全国房屋市政工程模板支撑体系和脚手架较大及以上事故共发生17起，死亡82人，未出现重大及以上等级事故。从整体来看，2017—2020年连续四年事故起数和死亡人数上涨，2020年事故最多，发生事故6起，死亡27人，分别占总数的54.5%和50%；2022年实现"双零"突破，事故起数和死亡人数均为0。2017—2024年房屋市政工程模板支撑体系和脚手架较大及以上事故总量变化趋势图如图1所示。

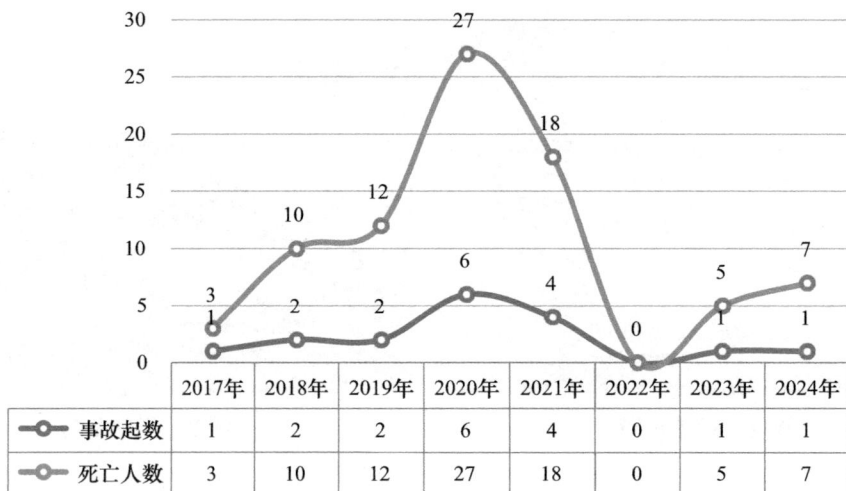

	2017年	2018年	2019年	2020年	2021年	2022年	2023年	2024年
⊸○⊸ 事故起数	1	2	2	6	4	0	1	1
⊸○⊸ 死亡人数	3	10	12	27	18	0	5	7

图1 2017—2024年房屋市政工程模板支撑体系和脚手架较大及以上事故总量变化趋势图

2. 项目类型统计分析

2017—2024年，住宅项目发生的较大及以上事故最多，共发生9起事故，死亡47人，分别占总数的52.94%和57.23%；公共建筑项目发生事故5起，死亡25人，分别占总数的29.41%和30.49%；市政基础设施项目发生事故3起，死亡10人，分别占总数17.65%和12.20%。2017—2024年房屋市政工程模板支撑体系和脚手架较大及以上事故按项目类型占比图如图2所示。

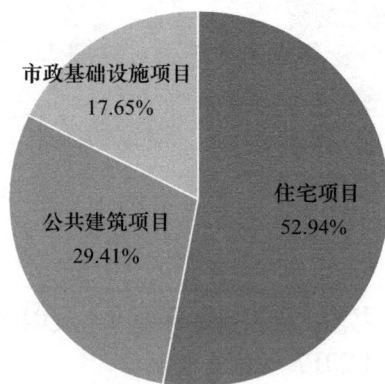

图2 2017—2024年房屋市政工程模板支撑体系和脚手架较大及以上事故按项目类型占比图

3. 发生时间统计分析

2017—2024年，单月发生模板支撑体系和脚手架较大事故起数最多的为9月，发生事故4起、死亡14人，分别占总数的23.53%和17.07%。其次为1月、3月、7月、8月、11月，各发生2起事故、死亡人数分别为11人、11人、8人、8人、9人，事故起数占事故总数的11.76%，死亡人数分别为总数的13.41%、13.41%、9.76%与9.76%。2月、4月、5月无较大及以上事故。2017—2024年房屋市政工程模板支撑体系和脚手架较大及以上事故按月度分布图如图3所示。

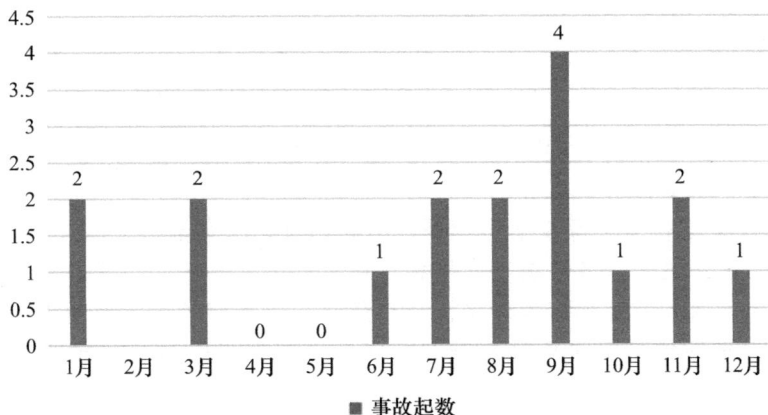

图3　2017—2024 年房屋市政工程模板支撑体系和脚手架较大及以上事故按月度分布图

从上述事故发生时段分析来看，每年的第三季度至次年 1 月为岁末年初阶段，是工程项目完成年度建设任务的关键期，施工企业抢进度、赶工期意愿强烈，且随着天气转冷，雨雪冰冻、大风寒潮等灾害性天气多发，各类安全风险交织叠加，再加上春节前施工人员思归，易引发情绪波动，导致该阶段事故多发频发。

4. 作业环节统计分析

2017—2024 年，从模板支撑体系和脚手架较大事故作业环节来看，发生最多的为混凝土浇筑阶段，发生事故 11 起、死亡 51 人，分别占总数的 73.33% 和 72.86%；混凝土预压阶段发生事故 2 起、死亡 13 人，分别占总数的 13.33% 和 18.57%；其他作业阶段发生事故 2 起、死亡 6 人，分别占总数的 13.34% 和 8.57%。2017—2024 年房屋市政工程模板支撑体系和脚手架较大及以上事故按作业环节分布图如图 4 所示。

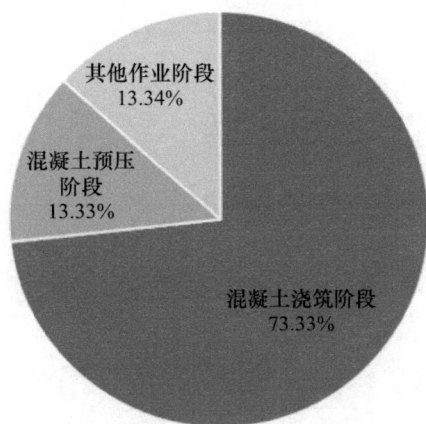

图4　2017—2024 年房屋市政工程模板支撑体系和脚手架较大及以上事故按作业环节分布图

模板浇筑过程中，振捣等动力作用是影响模板支撑体系稳定的重要原因，加之模架搭设不规范，不按标准工序浇筑混凝土等问题交织，导致模板支撑体系失稳坍塌。模板支撑体系的动力稳定承载力小于静力稳定承载力（前者约为后者的 75%），所以大部分坍塌事故发生在动力作用相对集中的混凝土浇筑中期和后期。

二、模板支撑与脚手架事故预防建议

1. 目前模板支撑和脚手架事故几乎都涉及构成架体的主要材料（钢管、扣件）不合格。据统计，扣件式钢管模板支撑体系坍塌事故占总数的84%，是模板支撑体系和脚手架事故的主要类型。因此，应当加快模板支撑体系和脚手架升级换代，采用更合理、安全系数更高的新型脚手架结构代替传统扣件式钢管脚手架。

2. 造成模板支撑和脚手架作业坍塌事故的原因中，模架普遍存在的问题为立杆间距、步距未按方案实施，梁底立杆缺失，水平杆件缺失，顶托自由端超高，楼板主龙骨间距过大；外架存在的问题有基础不牢或塌陷，立杆悬空，与内架拉结或拉结点缺失，立杆间距过大或缺失，或落地架落顶板无计算无回顶；以上问题现场与技术脱节，方案验收流于形式。

3. 混凝土浇筑过程中切记不能梁、板、柱同时浇筑，在浇筑中、后期阶段，要安排专人加强对架体变形和位移情况的监测，发现事故征兆要立即组织人员撤离现场作业人员，有效预防人员伤亡事故的发生。

4. 每年1月、第四季度等重点时段，企业和项目应加大模板支撑体系和脚手架工程隐患排查治理力度。

5. 建筑施工企业加强对架子工安全交底和现场作业的管理，按照标准规范搭设模板支撑体系和脚手架、浇筑混凝土，减少违章指挥和违规操作行为。

六、起重机械及吊装重大事故隐患判定标准

第八条　建筑起重机械及吊装工程有下列情形之一的，应判定为重大事故隐患：

（一）塔式起重机、施工升降机、物料提升机等起重机械设备未经验收合格即投入使用，或未按规定办理使用登记。

【解　读】

本条款旨在确保起重机械设备在投入使用前满足安全标准，防止因设备问题引发事故。起重机械设备未经验收合格不得投入使用，这是工程建设安全管理的强制性规定。起重机械验收本质上是将"设计安全"转化为"实体安全"的关键环节。据统计，我国建筑工地60%以上的起重事故源于未经验收或验收流于形式。在新型建造方式（装配式建筑、智能建造）快速发展的今天，更需通过严格的管控体系，筑牢施工安全防线。

起重机械设备必须验收合格后才能投入使用，主要原因有以下几个方面：

起重机械如果在安装或使用过程中存在问题，可能会导致严重的事故，比如倒塌、坠落等，这些都会威胁到工人的生命安全。所以，经验收合格后方可投入施工的首要原因肯定是确保设备的安全性，防止事故发生。

起重机械的结构复杂，安装精度要求高。比如塔式起重机的垂直度、螺栓的紧固力矩等都需要严格检查，否则可能导致设备运行不稳定。验收过程中会检查这些技术参数，确保设备安装正确，各部件正常运行。

验收不仅仅是检查安装是否正确，还要测试设备的各项功能是否正常，比如限位器、制动器是否有效。这些测试能够确保设备在实际使用中能够安全可靠地运行，避免因设备故障导致工作中断或发生事故。

起重机械验收流程与内容一般包括：

（1）资料审查：安装资质、产品合格证、基础验收记录。

（2）目视检查：结构变形、焊缝质量、钢丝绳状况。

（3）仪器检测：激光测垂直度、超声波探伤、扭矩扳手查螺栓。

（4）功能试验：空载/满载/超载运行、安全装置触发测试。

（5）文件签署：由施工、监理、安装、检测单位四方签字确认。

【本条款主要依据】

1.《中华人民共和国特种设备安全法》、国家标准《起重机械安全规程 第1部分：总则》GB/T 6067.1—2010

起重机械必须经有资质单位验收并出具合格报告。

2.《建筑起重机械安全监督管理规定》（建设部令第166号）

第二条 本规定所称建筑起重机械，是指纳入特种设备目录，在房屋建筑工地和市政工程工地安装、拆卸、使用的起重机械。

第十六条 建筑起重机械安装完毕后，使用单位应当组织出租、安装、监理等有关单位进行验收，或者委托具有相应资质的检验检测机构进行验收。建筑起重机械经验收合格后方可投入使用，未经验收或者验收不合格的不得使用。

第十七条 使用单位应当自建筑起重机械安装验收合格之日起30日内，将建筑起重机械安装验收资料、建筑起重机械安全管理制度、特种作业人员名单等，向工程所在地县级以上地方人民政府建设主管部门办理建筑起重机械使用登记。

3.《建设工程安全生产管理条例》

第三十五条 施工单位在使用施工起重机械和整体提升脚手架、模板等自升式架设设施前，应当组织有关单位进行验收，也可以委托具有相应资质的检验检测机构进行验收；使用承租的机械设备和施工机具及配件的，由施工总承包单位、分包单位、出租单位和安装单位共同进行验收。验收合格的方可使用。《特种设备安全监察条例》规定的施工起重机械，在验收前应当经有相应资质的检验检测机构监督检验合格。

4. 国家标准《起重设备安装工程施工及验收规范》GB 50278—2010

第10.0.1条 起重设备安装工程施工完毕，应连续进行空载、静载、动载试运转；各试运转符合本规范第9章的规定后，应办理工程验收手续。当条件限制不能连续进行静载、动载试运转时，空载试运转符合要求后，亦可办理工程验收手续。

【判 定 方 法】

判断塔式起重机、施工升降机、物料提升机等起重机械设备是否未经验收合格便投入使用，可以通过文件资料核查、现场安装质量检查、管理痕迹追溯等多维度手段。以下是具体判定方法：

1. 文件资料核查

（1）法定验收文件是否缺失

《特种设备安装告知书》（需提前向监管部门备案）。

《安装自检记录》（安装单位盖章）。

《第三方检测报告》。

《四方联合验收表》（施工、监理、安装、检测单位签字）。

特别注意：检测报告有效期（通常为6个月，超期需复检）；核对设备编号、检测日期与现场设备是否一致。

（2）技术资料是否完整

产品合格证（含制造商印章）。

基础验收记录（混凝土强度等级高于C30，回弹仪实测值）。

隐蔽工程验收影像（如地脚螺栓预埋、接地极施工）。

2. 现场安装质量检查

（1）结构安装误差检查（表1）

表1　建筑设备检查标准表

设备类型	检查要点	不合格标准
塔式起重机	标准节螺栓紧固（扭矩≥1400N·m）	螺栓松动率＞5%，垂直度＞5‰
施工升降机	导轨架垂直度（≤1.5‰）、齿条对接间隙（≤0.5mm）	导轨阶差＞1.2mm
物料提升机	架体与建筑结构拉结（每层设刚性连接）	自由端高度＞6m未设缆风绳

（2）安全装置有效性验证

塔式起重机：力矩限制器超载10%时是否断电（吊重110%额定荷载测试）；回转限位器：回转角度超限（±540°）能否自动停止。

施工升降机：防坠安全器坠落试验制动距离≤1.2m（标定有效期1年）；吊笼极限开关超出终端位置200mm时能否切断电源。

物料提升机：断绳保护装置的模拟钢丝绳断裂，吊篮下滑距离≤200mm；楼层停靠装置未完全进入楼层平台时吊篮无法开门。

3. 管理痕迹追溯

（1）日常使用记录分析

检查《设备运行日志》：首次使用日期是否早于验收合格日期，检查超载作业记录（如塔式起重机力矩＞100%额定值）。

查阅《维修保养档案》：防坠安全器是否每季度润滑，高强度螺栓更换周期（通常每5000h强制更换）。

（2）人员资质核查

操作人员是否持证（特种作业操作证Q类），安装人员是否具有《特种设备安装维修许可证》。

4. 直接判定为重大事故隐患的情况

（1）直接判定未验收。

（2）设备投入使用时间早于《检测报告》签发日期。

（3）关键安全装置（如塔式起重机力矩限制器）被短接或拆除。

（4）未办理《特种设备使用登记证》。

【整改措施】

当发现施工现场起重机械设备未经验收合格即投入使用时，必须立即采取措施消除隐患，具体如下：

1. 紧急管控阶段（0~4h内）

（1）立即停止使用：切断设备总电源，悬挂"禁止使用 等待验收"警示标牌；以设备为中心设置半径15m警戒区，夜间加设频闪警示灯。

（2）采取临时加固措施

塔式起重机：吊钩降至地面，起重臂转至最小幅度，四角拉设缆风绳（直径≥16mm，地锚抗拔力≥30kN）。

施工升降机：吊笼降至底层，加装防冲顶限位块，导轨架每隔6m增设临时附墙（膨胀螺栓M24）。

物料提升机：落地锁定，架体与建筑结构每层加设钢管顶撑（间距≤2m×2m）。

2. 整改修复

重新报验：向住房和城乡建设部门补交《特种设备安装告知书》，委托资质机构进行荷载试验。

重点检测项：塔式起重机垂直度（激光垂准仪检测，允许偏差≤4‰），施工升降机防坠安全器坠落试验（制动距离≤1.2m），物料提升机断绳保护装置触发试验（下滑量≤200mm）。

3. 组织验收

（1）班组自检：使用激光测距仪检测导轨阶差（≤0.8mm），扭矩扳手抽检20%螺栓。

（2）第三方检测：塔式起重机进行110%动载试验（吊重反复变幅、回转），施工升降机防坠器年检（需提供检测机构盖章的标定证书）。

（3）施工、监理、安装、检测单位签署《起重机械恢复使用确认书》。

需特别注意：对于高度超过100m的塔式起重机或速度＞96m/min的施工升降机，整改方案需经省级危大专家库3名专家论证通过。

【事 故 案 例】

案例1：2018山东省菏泽市"10·5"塔式起重机顶升较大事故

事故简介： 2018年10月5日9时左右，山东省菏泽市定陶区博文·欧洲城项目1号楼工程施工工地发生一起建筑塔式起重机倒塌事故，造成3人死亡，直接经济损失375万元。

事故原因： 塔式起重机初装完毕和加装附着后未组织监理、安装、出租等单位进行验收。操作人员在塔式起重机中，违章上岗作业，顶升套架两侧换步销轴直径相差0.3cm，塔式起重机重心向北侧偏移，造成顶升横梁换步时北侧标准节耳板受力过大断裂（事发标准节耳板比下部标准节耳板薄20%以上），塔式起重机上部下蹲，顶升套架解体，塔式起重机上部失去支撑力，整体向西北方向翻滚倒塌（图1）。

图 1　塔式起重机倒塌事故现场

案例 2：2019 年河北省衡水市 "4·25" 施工升降机坠落事故

事故简介： 2019 年 4 月 25 日 7 时 20 分左右，河北省衡水市翡翠华庭项目 1 号楼建筑工地，发生一起施工升降机轿厢（吊笼）坠落的重大事故，造成 11 人死亡、2 人受伤。

事故原因（之一）： 施工升降机的加节、附着作业完成后，重生产轻安全，未组织验收即投入使用。收到监理单位的停止违规使用通知后，仍继续使用，最终导致 11 人死亡（图 1、图 2）。

图 1　轿厢坠落地面现场

图 2　导轨架标准节断裂处

（二）建筑起重机械的基础承载力和变形不满足设计要求。

【解　　读】

基础是建筑起重机械的"生命线"，其承载力和变形控制是力学安全的底层逻辑。只有严格遵循设计要求，才能确保荷载有效传递、力学系统稳定，从而避免倾覆、结构破坏等重大风险。

基础的承载能力不足可以直接导致起重机发生整机倾翻事故，特别是汽车起重机和履带起重机在使用过程中的倾翻事故，很多是由于地基基础承载能力不足或变形过大导致，虽然事故的伤亡人数未达到较大及以上事故（整机倾翻的过程都要经过倾翻的临界点，因此持续的时间较其他类型的事故更长，相关人员较容易躲避），但由于数量多，其实际导致的经济损失和人员伤亡数量也很大。各种起重机械均在使用说明书中对基础的承载能力给出了明确的约束条件，汽车起重机、履带起重机还特别安装了相应的监控装置。

承载力应满足地基基础在各种工况下的稳定性要求，包括起重机械自重、吊重、风荷载等因素。变形应满足起重机械的使用性能要求，包括垂直方向的沉降、水平方向的位移、角度变化等方面。在实际工程中，需要根据设计规范和标准，对地基基础的承载力和变形进行合理计算和控制。

【本条款主要依据】

1. 行业标准《建筑施工塔式起重机安装、使用、拆卸安全技术规程》JGJ 196—2010

第 3.1.2 条　塔式起重机的基础及其地基承载力应符合使用说明书和设计图纸的要求。安装前应对基础进行验收，合格后方可安装。基础周围应有排水设施。

2. 行业标准《塔式起重机混凝土基础工程技术标准》JGJ/T 187—2019

第 3.0.1 条　塔式起重机的基础形式应根据工程地质、荷载与塔式起重机稳定性要求、现场条件、技术经济指标，并结合塔式起重机使用说明书的要求确定。

第 3.0.4 条　塔机基础和地基应分别按下列规定进行计算：

（1）塔机基础及地基均应满足承载力计算的有关规定。

（2）对不符合本标准第 4.2.1 条规定的塔机基础，应进行地基变形计算。

第 4.2.1 条　当地基主要受力层的承载力特征值不小于 130kPa 或小于 130kPa 但有地区经验时，且黏性土的状态不低于可塑（液性指数 $I_L \leqslant 0.75$）、砂土的密实度不低于稍密，可不进行塔机基础的天然地基变形验算。

第 4.2.2 条　当塔式起重机基础有下列情况之一时，应进行地基变形验算：（1）基础附近地面有堆载作用。（2）地基持力层下有软弱下卧层。

3. 行业标准《建筑施工升降机安装、使用、拆卸安全技术规程》JGJ 215—2010

第 4.1.1 条　施工升降机地基、基础应满足使用说明书的要求。对基础设置在地下室顶板、楼面或其他下部悬空结构上的施工升降机，应对基础支撑结构进行承载力验算。

【判 定 方 法】

判定建筑起重机械的基础承载力和变形是否满足设计要求，需通过多阶段、多维度的技术手段和规范流程进行综合评估。以下是具体的判定方法及关键步骤：

1. 设计阶段的预判

（1）地质勘察数据对比

设计前的地质报告（如静力触探、钻孔取样结果）与实际施工中揭露的土层参数是否一致。若存在未探明的软弱土层（如淤泥、回填土）或地下空洞，可能导致实际承载力低于设计值。例如：设计假设地基承载力为150kPa，但实际土层仅为100kPa时，需重新验算或加固。

（2）荷载模拟验证

有限元分析（FEM）：通过数值模拟极端工况（如满负荷吊装＋强风）下的基础应力分布，若最大压应力超过地基允许值（如黏性土层承载力200kPa），则判定承载力不足。

2. 施工阶段的检查

（1）材料与施工质量检测

混凝土强度测试：采用回弹仪或钻芯取样检测基础混凝土强度，若未达设计等级（如C30以上），则承载力可能不足。

钢筋配置验收：检查配筋率（≥0.2%）、间距及锚固长度是否符合图纸要求，偷工减料会导致抗弯、抗剪能力不足。

（2）隐蔽工程验收

地基处理核查：如换填垫层厚度、压实度是否达标（如砂石垫层压实系数≥0.97），未达标可能引发沉降。

3. 使用阶段的监测

（1）变形实时监测

沉降观测：布置沉降监测点（每台塔式起重机基础至少4个点），使用水准仪定期测量，若单日沉降量＞2mm或总沉降＞设计限值（如30mm），判定为异常。

倾斜监测：安装倾角传感器（精度±0.1°），塔身倾斜＞2°时触发预警。

（2）动荷载响应测试

振动频率分析：通过加速度传感器监测基础在吊装作业中的振动频率，若接近机械固有频率（如0.5～2Hz），可能引发共振，导致变形失控。

4. 异常迹象判定

结构损伤：基础周边出现明显裂缝（宽度＞0.3mm）、混凝土剥落或支腿螺栓松动，表明变形已超限。

土体破坏：地基周围土体隆起、渗水或滑移，提示有剪切破坏风险。

【整 改 措 施】

当发现建筑起重机械（如塔式起重机、履带起重机等）的基础承载力或变形不满足设计要求时，必须立即采取系统性应急整改措施，以防止结构失稳、倾覆甚至引发重大安全事故。以下是整改措施、流程和关键技术要点：

1. 立即停用与危险隔离

立即停止起重机械所有作业，收回吊臂至最小幅度，卸载吊钩上的荷载，切断电源并锁定操作台。

设置警戒线（半径≥20m），疏散周边人员及设备，禁止无关人员进入危险区域。

初步风险研判：观察基础周边裂缝宽度（若裂缝＞0.3mm或呈扩展趋势）、沉降速率（单日＞2mm）或塔身倾斜角度（＞2°），初步判断风险等级。

2. 专业评估

聘请具有资质的第三方检测机构，采用地质雷达（GPR）扫描地基隐蔽缺陷，或通过静载试验（加载至设计荷载的1.25倍）验证剩余承载力。

3. 采取临时加固措施

配重平衡法：在基础沉降较小的一侧堆载砂袋（单侧荷载不超过设计值的30%），平衡不均匀沉降。

临时支撑结构：在塔身倾斜方向安装型钢或钢管斜撑（如ϕ219mm×8mm钢管），支撑点需锚固在远离危险区的稳定基础上。

应急地基注浆：针对局部软弱土层，采用高压旋喷注浆（水泥浆水灰比0.8:1），形成直径0.6～1.2m的加固体，快速提升局部承载力。

4. 系统整改与永久加固

（1）扩大基础面积

若原基础尺寸不足，可沿基础边缘外扩0.5～1.5m，新增部分采用C35混凝土并植入HRB400级钢筋与原基础焊接（搭接长度≥35d）。

适用场景：承载力不足但地基土质均匀的情况。

（2）桩基补强

在基础周边增设微型钢管桩（ϕ150mm×6mm，长度≥8m）或树根桩（直径250mm），桩顶通过承台与原基础连接，分担荷载。

工艺要点：桩端需穿透软弱土层进入持力层（如密实砂层或基岩），单桩承载力需通过静载试验验证。

（3）地基置换与压实

挖除基础下方松散回填土或淤泥，换填级配砂石（最大粒径≤50mm）并分层压实（压实系数≥0.97），换填深度≥1.5倍基础宽度。

注意事项：雨期施工需设置排水盲沟，防止积水软化地基。

5. 动态监测与验收

（1）加固后荷载试验

分阶段加载至设计荷载的110%，监测沉降量（≤10mm）及裂缝闭合情况，确保加固效果达标。

（2）智能监测系统部署

安装物联网传感器（如MEMS倾角仪、光纤光栅应变计），实时监测基础变形、振动频率及支腿应力，数据同步至云端平台预警。

（3）验收整改完毕

依据国家标准《塔式起重机》GB/T 5031—2019和行业标准《建筑地基处理技术规范》JGJ 79—2012，由监理、施工方及检测机构联合签署整改验收报告，方可恢复使用。

建筑起重机械基础问题的应急整改需遵循"快速响应—科学加固—持续监测"的逻辑链条，避免盲目处理导致二次风险。对于该重大隐患，必要时需拆除机械并重新选址安装。通过技术与管理双重手段，最大限度降低起重机械倾覆风险，保障工程全生命周期安全。

【事 故 案 例】

案例1：2017年广东省普宁市"7·11"汽车起重机倾覆事故

事故简介： 2017年7月11日18时许，广东省普宁市普宁大道南山路段一辆正在路边施工的大型汽车起重机侧翻，吊臂砸中路过的一辆小型客车，造成7人死亡，3人受伤。

事故原因： 起重作业点汽车起重机车尾支腿在泥地上，支撑较差，汽车起重机所处地面承载力出现问题（图1）。

图1　汽车起重机倾覆砸向路边小车事故现场

案例2：2018年贵州省毕节市"7·2"塔式起重机倒塌较大事故

事故简介： 2018年7月2日7时34分许，贵州省毕节市七星关区天河广场项目发生一起塔式起重机倒塌事故，造成3人死亡，2人受伤，直接经济损失477.65万元。

事故原因： 经现场勘察，该起事故原因为事故塔式起重机未按照有关规定安装、检测、维护、保养、使用，在塔式起重机基础连接处存在焊缝锈蚀和裂纹、安全保护装置力矩限制器失效、未配备特种作业人员的情况下，施工单位违规违章使用塔式起重机超载吊运，导致整个塔式起重机失去与基础的连接向被吊重物一侧倾斜发生倒塌（图1、图2）。

图1　塔式起重机倒塌事故现场

图2　塔式起重机整机失去与基础的连接

（三）建筑起重机械安装、拆卸、爬升（降）以及附着前未对结构件、爬升装置和附着装置以及高强度螺栓、销轴、定位板等连接件及安全装置进行检查。

【解　读】

起重机械的关键作业环节（安装、顶升、附着）本质上是"力学系统的重构"，任何连接件失效、结构缺陷或装置失灵都可能引发系统性崩溃。据统计，目前70%的建筑起重机械事故源于安装、顶升阶段的操作失误或部件缺陷，安装、顶升阶段是建筑起重作业生产安全事故多发、易发的高风险环节。因此，在起重机械的安装、拆卸、顶升加节及附着前，必须对结构件、顶升机构、附着装置、高强度螺栓、销轴、定位板等连接件及安全装置进行全面检查，这是保障作业安全和设备稳定性的核心环节。

1. 结构件检查：防止机械失效

首先，对结构件检查的目的是防止裂纹与变形。因为起重机械长期承受交变荷载（如吊装冲击、风力振动），金属结构易产生疲劳裂纹或局部变形（如主梁下挠、塔身扭曲）。若未及时发现，裂纹扩展可能导致结构断裂，例如塔式起重机标准节焊缝开裂可能引发瞬间倒塌。

其次，是防止锈蚀与磨损。露天作业环境下，雨水、盐雾腐蚀会削弱钢材截面厚度（年腐蚀量可达0.1～0.3mm），长时间会导致塔身壁厚不足，可能引发局部屈曲，降低抗压稳定性。

2. 顶升机构检查：避免顶升失控

检查顶升机构的安全，首先是确保液压系统的可靠性。顶升油缸内泄或油管爆裂可能导致套架突然下滑。例如，2016年某工地因油缸密封圈老化，顶升时油压骤降，导致塔式起重机倾覆。

其次，检查导向与锁定装置，确保顶升过程中爬爪或插销精准锁定标准节接口，防止套架偏移。

3. 附着装置检查：保障抗倾覆能力

附墙杆强度与安装角度：设计规范要求附墙杆与建筑结构的夹角通常为45°～60°，若角度偏差过大（如＞70°），将会出现水平分力不足而降低抗倾覆力矩。

建筑结构承载能力：附着点若设置在混凝土强度不足的墙体（如未达C30）或非承重结构上，可能导致锚固失效。

4. 连接件检查：预防连接失效

高强度螺栓：预紧力不足（如扭矩偏差＞±5%）会导致高强度螺栓松动，引发结构滑移。需使用校准后的扭矩扳手按10%、30%、100%分三次拧紧。重复使用风险：高强度螺栓拆卸后禁止二次使用，因其预拉力已松弛（依据行业标准《钢结构高强度螺栓连接技术规程》JGJ 82—2011）。

销轴与定位板：销轴直径磨损量超过3%或出现塑性变形时需更换，防止剪切失效。

5. 安全装置检查：确保功能有效

力矩限制器与起重量限制器：校准要求是在空载和额定负载下测试传感器精度（误差≤±5%），防止超载作业引发结构过载。

行程限位与风速仪：通过模拟触发回转限位和变幅限位，确保触发后立即切断动力。风速≥20m/s时需自动报警并停止作业。

总之，在起重机械的高风险作业环节中，任何细微的部件缺陷或安装疏漏都可能导致灾难性后果。通过系统性检查，可提前排除隐患，确保结构完整性、连接可靠性和安全装置灵敏性。这一流程不仅是技术规范的要求，更是对作业人员生命和工程安全的根本保障。

【本条款主要依据】

1. 行业标准《建筑施工塔式起重机安装、使用、拆卸安全技术规程》JGJ 196—2010

第3.3.1条　当塔式起重机作附着使用时，附着装置的设置和自由端高度等应符合使用说明书的规定。

第3.3.2条　当附着水平距离、附着间距等不满足使用说明书要求时，应进行设计计算、绘制制作图和编写相关说明。

第5.0.3条　拆卸前应检查主要结构件、连接件、电气系统、起升机构、回转机构、变幅机构、顶升机构等项目。发现隐患应采取措施，解决后方可进行拆卸作业。

2.《建筑起重机械安全监督管理规定》（建设部令第166号）

第十二条　安装单位应当履行下列安全职责：（二）按照安全技术标准及安装使用说明书等检查建筑起重机械及现场施工条件。

第二十一条　施工总承包单位应当履行下列安全职责：（六）指定专职安全生产管理人员监督检查建筑起重机械安装、拆卸、使用情况。

【判 定 方 法】

判定起重机械在安装、拆卸、顶升加节及附着前是否对关键部件和安全装置进行检查，需通过多维度、多手段的综合验证。以下是具体方法及操作步骤：

1. 文件与记录核查

（1）检查清单完整性

判定依据：查看《安装、拆卸作业指导书》及配套检查表，确认是否包含结构件、顶升机构、附着装置、连接件和安全装置的检查项。

风险点：若检查表无相关人员签字、日期缺失或项目空白，可判定检查未执行。

示例：某项目顶升作业记录中缺失"液压油管渗漏检测"项，直接判定流程违规。

（2）第三方检测报告

合规要求：依据《建筑起重机械安全监督管理规定》（建设部令第166号），安装、顶升前需由专业机构出具检测合格报告。

判定方法：核对报告日期是否覆盖作业时间段，检测项目是否包含关键项（如螺栓扭矩、焊缝探伤）。

2. 现场痕迹与物理检查

（1）结构件与连接件状态

高强度螺栓与销轴：检查高强度螺栓端部是否有扭矩标记（如油漆画线），销轴开口销是否完好。若高强度螺栓无标记或锈蚀严重，表明未按规范复检。

结构损伤：观察塔身标准节、臂架是否有新补焊痕迹或未记录的变形（如使用直尺测量直线度偏差＞1/1000）。

（2）顶升机构与附着装置

液压系统：查看油缸活塞杆表面是否有新划痕或油渍（表明漏油未处理）；测试套架锁定装置是否灵活（卡阻说明未润滑调试）。

附着预埋件：检查建筑结构上的附墙支座周边混凝土是否有开裂或修补痕迹，表明安装时未检测结构强度。

3. 技术检测与仪器验证

（1）无损检测（NDT）

超声波探伤（UT）：对焊缝、应力集中区进行扫描，若发现未记录的裂纹（深度＞0.5mm），可判定检查遗漏。

磁粉探伤（MT）：检测销轴、连接板表面疲劳裂纹，尤其关注拆卸后重复使用的部件。

（2）力学性能测试

螺栓预紧力：使用校准扭矩扳手随机抽检10%的高强度螺栓，若偏差＞±5%，判定未按规程拧紧。

液压系统保压试验：启动顶升油缸加压至额定压力（如25MPa），保压30min，压降＞5%表明密封性未检查。

4. 人员访谈与流程回溯

（1）作业人员问询

关键问题：询问安装班组是否进行过力矩限制器校准、销轴直径测量等操作。若回答模糊或矛盾，可能未实际执行检查。

案例：某工地顶升前未检查爬爪锁定功能，事后询问操作人员，其无法描述检查步骤。

（2）监控录像调取

查看作业现场监控，确认是否进行过连接件检查、安全装置测试等动作。若录像中无相关操作片段，可判定为违规。

结语：判定检查是否执行需综合"文件＋现场＋技术＋人员"四维证据链，避免单一手段的局限性。对于恶意规避检查的行为（如伪造签字），需结合视频监控、物联网数据等客观证据溯源。最终目标是构建"可追溯、可验证、不可篡改"的检查闭环，确保起重机械作业全程受控。

【整 改 措 施】

在起重机械的安装、拆卸、顶升加节或附着前，若未对结构件、顶升机构、附着装置、连接件及安全装置进行检查，可能产生严重的安全隐患（如结构断裂、倾覆或机械失控）。为消除此类隐患，必须立即采取系统性整改措施，并遵循以下流程。

1. 立即停工与风险评估

立即暂停所有相关操作（如顶升、吊装等），将起重机械切换至非工作状态（收臂、卸载、断电），设置警戒区域，疏散无关人员。

开展初步风险排查：核查未检查的环节（如是否遗漏顶升油缸密封性测试或螺栓扭矩检测），记录可能影响的部件范围（如标准节、附墙杆、安全限位装置等）。

2. 全面检查与修复整改

（1）结构件与连接件

金属结构检测：使用磁粉探伤（MT）或超声波探伤（UT）排查主梁、塔身标准节、臂架的裂纹或变形，重点关注焊缝和应力集中区域。

整改措施：若发现裂纹深度＞0.5mm或长度＞10mm，需局部补焊或更换受损节段（按国家标准《起重机设计规范》GB/T 3811—2008执行）。

高强度螺栓与销轴检查：使用校准后的扭矩扳手复检高强度螺栓预紧力（允许偏差±5%），检查销轴直径磨损（磨损量＞3%需更换）。

整改措施：松动的螺栓按"初拧→复拧→终拧"流程重新紧固；锈蚀或变形的销轴必须更换，并加装开口销防脱。

（2）顶升机构与附着装置检查

1）顶升机构与附着装置检查：测试顶升油缸保压性能（30min内压降≤5%），检查油管接头渗漏和活塞杆划痕。

整改措施：更换老化密封圈或破损油管，清洁液压油滤芯。

2）附着装置复查：全站仪测量附墙杆安装角度（允许偏差±2°），检测预埋件混凝土强度（回弹值≥C30）。

整改措施：角度偏差超标时调整附墙杆长度；混凝土强度不足时增设钢支撑或化学锚栓补强。

（3）安全装置功能验证

1）力矩限制器与起重量限制器模拟超载工况（加载至额定荷载的110%），测试限制器是否触发断电。

整改措施：传感器失灵时更换电路板或重新校准（误差≤±5%）。

2）行程限位与风速仪：手动触发变幅、回转限位开关，验证断电响应速度（≤0.5s）；风速仪需与实际气象数据比对。

整改措施：更换失效限位开关或校准风速仪探头。

3. 整改后验收与测试

（1）静动荷载试验

静载试验：加载至额定荷载的125%，保持10min，检测结构变形（如塔身垂直度偏差≤2/1000）。

动载试验：加载至额定荷载的110%，进行起升、变幅、回转等复合动作，验证机构运行平稳性。

（2）第三方合规验收

委托具有资质的检测机构出具报告（依据国家标准《塔式起重机》GB/T 5031—2019），重点确认：

1）结构无永久变形。

2）安全装置触发灵敏。

3）连接件无松动。

总之，未执行检查的整改核心是"全面回溯、分项修复、验收闭环"。需通过技术手段消除硬件隐患，同时完善管理制度，杜绝侥幸心理。对于已发生的未检行为，即使未引发事故，也应按"事故前兆"严肃处理，避免因小失大。

【事故案例】

案例1：2017年广东省广州市"7·22"塔式起重机倒塌事故

事故简介： 2017年7月22日18时30分许，广东省广州市海珠区振兴大街16号中交集团南方总部基地B区项目发生一起塔式起重机倾斜倒塌事故，事故造成7人死亡、2人重伤，直接经济损失847.73万元。

事故原因： 部分顶升工人违规饮酒后作业，未佩戴安全带，在塔式起重机右顶升销轴未插到正常工作位置并处于非正常受力状态下，顶升人员继续进行塔式起重机顶升作业，顶升过程中顶升摆梁内外腹板销轴孔发生严重的屈曲变形，右顶升爬梯首先从右顶升销轴端部滑落；右顶升销轴和右换步销轴同时失去对内塔身荷载的支承作用，塔身荷载连同冲击荷载全部由左爬梯、左顶升销轴和左换步销轴承担，最终导致内塔身滑落，塔臂发生翻转解体，塔式起重机倾覆坍塌（图1～图3）。

图1   塔式起重机事故施工现场

图2   塔式起重机倾覆过程中上部宏观结构

图3   塔式起重机倾覆过程中结构宏观图

案例2：2020年广西壮族自治区玉林市玉林碧桂园凤凰城五期"5·16"建筑施工较大事故

事故简介： 2020年5月16日19时50分左右，广西壮族自治区玉林市二环北路的玉林碧桂园凤凰城五期AI标1号、2号、5号楼工程在建工地发生1起施工升降机坠落事故，造成现场施工人员6人死亡。该事故直接经济损失约为873万元。

事故原因： 事故施工升降机导轨架顶部往下第5节标准节与第6节标准节连接位置左侧2根高强度螺栓缺失、未安装有效的上限位装置及上极限装置，施工单位将未经验收

127

合格的施工升降机投入使用、施工升降机司机违规操作，是造成事故的直接原因（图1、图2）。

图1　事故现场（地下室顶板位于5号楼东南侧）

图2　顶部第6节标准节

案例3：2020年山西省晋城市"11·4"施工升降机高处坠落较大事故

事故简介： 2020年11月4日12时44分许，山西省晋城市晋能控股煤业集团晋城煤炭事业部宏圣北小区2号楼新建住宅楼项目工地，发生了一起施工升降机高处坠落事故，造成3人死亡，直接经济损失428.08万元。

事故原因： 第7、8标准节间东侧两个螺栓的螺母缺失，螺栓连接失效，施工升降机西侧吊笼从地面上升越过最高一道附着约1m时，第8节以上自由端部分无法克服来自西侧吊笼的倾覆力矩，发生断裂性倾覆，是造成事故的直接原因（图1～图3）。

标准节东侧母材受挤压变形

图1　第7节标准节东侧下端面连接螺栓孔外侧变形

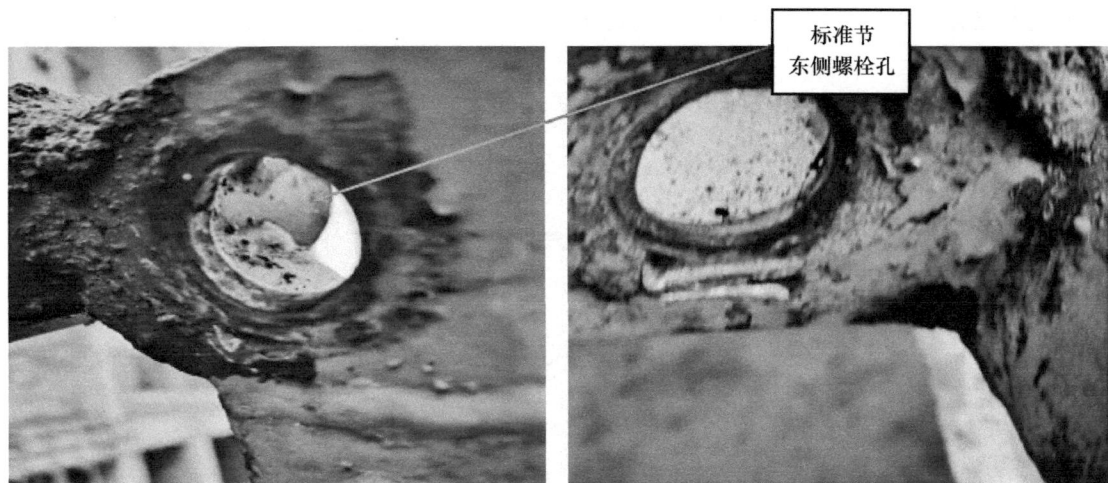

图2　第8节标准节上端面西侧连接螺栓孔外侧母材撕裂

图3　第7、8节标准节东侧连接螺栓，无螺母

（四）建筑起重机械的安全装置不齐全、失效或者被违规拆除、破坏。

【解　读】

安全装置是起重机械的"生命线"，其缺失或失效将直接切断事故防御屏障。通过近年来较大及以上起重机械事故案例分析，建筑起重机械安全装置缺失或失效已成为事故发生的重要原因。

建筑起重机械的安全装置的种类主要包括起重量限制器、力矩限制器、起升高度限位器、回转限位器、行程限位器、风速仪等。若出现不齐全、失效或被违规拆除、破坏的情况，可能引发以下严重事故。

1. 超载倾覆

力矩限制器、重量限制器失效时，起重机可能超负荷作业，导致机械结构过载、失衡，甚至整体倾覆，造成设备损毁和人员伤亡。

2. 失控坠落

起升高度限位器或防坠安全器失效时，吊钩可能冲顶撞击、钢丝绳断裂，导致重物高空坠落，直接威胁下方人员安全。

3. 运行越界碰撞

行程限位器失效后，起重机可能超出轨道范围，与周边建筑物、脚手架或其他设备发生碰撞，引发连锁事故。

4. 大风失稳

风速仪或防风锚定装置失效时，突遇强风可能导致设备滑移或倒塌，尤其在高层作业中风险剧增。

【本条款主要依据】

1.《建筑起重机械安全监督管理规定》（建设部令第 166 号）

第七条 有下列情形之一的建筑起重机械，不得出租、使用：（五）没有齐全有效的安全保护装置的。

2. 行业标准《建筑施工塔式起重机安装、使用、拆卸安全技术规程》JGJ 196—2010

第 2.0.16 条 塔式起重机在安装前和使用过程中，发现有下列情况之一的，不得安装和使用：

（1）结构件上有可见裂纹和严重锈蚀的。

（2）主要受力构件存在塑性变形的。

（3）连接件存在严重磨损和塑性变形的。

（4）钢丝绳达到报废标准的。

（5）安全装置不齐全或失效的。

第 3.4.12 条 塔式起重机的安全装置必须齐全，并应按程序进行调试合格。

第 4.0.3 条 塔式起重机的力矩限制器、重量限制器、变幅限位器、行走限位器、高度限位器等安全保护装置不得随意调整和拆除，研究用限位装置代替操纵机构。

3.《建设工程安全生产管理条例》

第十五条 为建设工程提供机械设备和配件的单位，应当按照安全施工的要求配备齐全有效的保险、限位等安全设施和装置。

4.《中华人民共和国安全生产法》

第三十六条 生产经营单位不得关闭、破坏直接关系生产安全的监控、报警、防护、救生设备、设施，或者篡改、隐瞒、销毁其相关数据、信息。

【判定方法】

判定建筑起重机械的安全装置是否齐全、失效或被违规破坏，需结合技术检查、功能测试、档案核查及现场观察等综合手段。以下是具体的判定方法及步骤：

1. 判定安全装置是否齐全

（1）对照设备清单核查

根据设备出厂说明书或技术档案，逐项核对应配备的安全装置（如力矩限制器、起升高度限位器、风速仪、防坠安全器等）是否存在。

（2）目视检查

缺失痕迹：检查设备结构上是否有安全装置安装基座或线路接口，但装置未安装（如力矩限制器传感器被拆除，仅留空位）。

人为破坏：查看装置外壳是否被撬、线路被剪断、螺栓缺失等明显破坏痕迹。

2. 判定安全装置是否失效

（1）功能测试

超载测试：逐步加载至额定荷载的 90%、100%、110%，观察力矩限制器是否触发报警并切断危险动作。

限位测试：手动触发起升高度限位器、回转限位器等，验证是否能自动停止运行。

防风装置测试：模拟大风条件（触发风速仪报警阈值），检查夹轨器、锚定装置是否自动锁死。

（2）技术检测

使用专业仪器检测安全装置的灵敏度和精度（如力矩限制器的电压信号是否正常）。

通过设备监控系统调取历史数据，分析是否存在超载、超限未报警的异常记录。

3. 判定是否为违规拆除或破坏

（1）检查维护记录

核查设备维修档案，确认安全装置是否经批准后拆除（如临时拆除需有审批记录及恢复时间）。若无记录装置却缺失，可判定为违规拆除。

（2）痕迹分析

暴力破坏：装置外壳变形、线路被剪断、传感器被砸毁等。

非正常拆卸：螺栓非正常拆卸（如强行切割而非使用工具）、安装基座残留胶痕等。

4. 专业机构鉴定

若现场无法明确判定，应委托第三方检测机构进行以下操作：

（1）无损检测：通过超声波、磁粉探伤等技术，检查装置内部结构是否损坏。

（2）动态荷载试验：模拟实际工况，验证安全装置在复杂动作下的可靠性。

（3）法律证据固定：对破坏痕迹拍照、录像，作为追责依据。

【整 改 措 施】

发现建筑起重机械安全装置不齐全、失效或被违规破坏时，必须立即采取系统性整治措施消除隐患，确保设备安全运行。以下是分阶段的具体行动方案：

1. 施工单位要选用符合国家标准（如国家标准《塔式起重机》GB/T 5031—2019）的设备，确保安全装置（力矩限制器、限位器、制动器等）出厂时齐全且性能合格。优先选择配备智能化监测系统（如荷载实时监控、倾斜报警）的机型。

2. 严格执行入场前验收制度。新设备或转场设备需由第三方检测机构进行安全性能检验，重点核查安全装置的有效性。留存出厂合格证、检测报告等文件，建立"一机一档"管理制度。

3. 建立实时监控系统。安装物联网传感器，实时采集荷载、风速、倾斜角度、钢丝绳张力等数据，异常时自动停机并报警。通过手机 App 或中控平台远程监控设备状态，实现风险预警（如超载预警、风速超限提示）。

4. 确保作业人员持证上岗。操作人员必须取得《建筑施工特种作业操作资格证》（塔式起重机司机、信号司索工等）。实行"双人确认制"：吊装作业前，司机与信号工共同检查安全装置状态，签字确认。

5. 施工现场发现安全装置突发失效，要立即停止作业，切断电源；疏散危险区域人员，设置警戒线；使用备用制动装置或辅助设备（如缆风绳）稳定吊物。

总结：判定安全装置问题需结合技术手段与管理分析，重点通过功能测试验证有效性、痕迹检查识别人为破坏、档案核查确认合规性。日常管理中应强化巡检、培训及智能监控，杜绝"带病运行"。

【事故案例】

案例 1：2024 年上海市杨浦滨江"5·6"较大塔式起重机伤害事故

事故简介： 2024 年 5 月 6 日，在上海市杨树浦路 2200 号 N1～01 地块项目内，山东某机械租赁有限公司进行塔式起重机拆卸作业过程中，3 名作业人员坠落死亡，直接经济损失约 482 万元。

事故原因： 山东某公司作业人员在未拆完所有平衡重情况下，提前拆卸塔式起重机平衡臂前后臂节之间的连接螺栓，未及时调整最后一块平衡重吊运姿态致其受阻并造成定位销轴脱出，导致后臂节脱落悬吊于高空，造成 3 名未系挂安全带的作业人员坠落身亡。

案例 2：2019 年安徽省铜陵市"2·26"塔式起重机倒塌较大事故

事故简介： 2019 年 2 月 26 日 14 时 10 分许，安徽某建筑有限公司承建的安徽省铜陵市铜官区一品江山小区 9 号～12 号住宅楼、商业及地下车库项目，一台 QTZ80 塔式起重机从钢筋堆放区吊运钢筋到地库地面的过程中整体倒塌，事故造成 3 人死亡，1 人受伤。

事故原因： 该项目塔式起重机司机在作业中存在严重违章违规操作。塔式起重机司机未按起重作业的安全规程要求，对塔式起重机开展必备项目及内容的日常检查，致使塔式起重机力矩限制器等安全设施失效的重大安全隐患未及时被发现。塔式起重机带病运行，在未明确起吊重量及相应位置是否超起重力矩的情况下盲目起吊，导致塔式起重机起重力矩严重超标准范围，继而引起主要结构件的破坏，最终发生倒塔事故（图 1）。

图 1　塔式起重机倒塌事故现场

案例 3：2019 年河南省郑州市"8·28"塔式起重机倒塌较大事故

事故简介： 2019 年 8 月 28 日 9 时 25 分，位于河南省郑州市管城回族区二里岗办事处未来路与凤凰路交叉口西南角的中博集团（原杨庄村）中博片区城中村改造项目（以下简称"中博项目"）B 地块南院 4 号楼施工工地，在塔式起重机顶升作业过程中发生一起起吊伤害事故，造成 3 人死亡、1 人受伤，直接经济损失 451 万元。

事故原因： 塔式起重机顶升作业人员严重违章作业，违反行业标准《建筑施工塔式起重机安装、使用、拆卸安全技术规程》JGJ 196—2010、《QTZ63（TC5013B—6）塔式起重机使用说明书》要求。顶升前未将塔式起重机配平，顶升过程中未保证起重臂与平衡臂的平衡，且顶升过程中未使用回转制动器（安全装置未起作用）将塔式起重机上部机构处于制动状态，作业人员的违规操作行为，致使顶升作业时塔式起重机上部重心偏离顶升油缸梁的位置，起重臂发生转动，整机失稳倾覆，导致事故发生（图 1、图 2）。

| 图 1　塔式起重机倒塌事故现场 | 图 2　塔式起重机整机失稳倾覆（仰视） |

案例4：2018年广东省汕头市"4·9"施工升降机坠落较大事故

事故简介： 2018年4月9日19时许，位于广东省汕头市濠江区南山湾产业园的中海信（汕头）创新产业城项目B地块一期建筑工地发生一起建筑起重伤害较大事故，造成4人死亡，直接经济损失680多万元（图1～图6）。

事故原因：

1. 事发前升降机最顶端两个标准节及附墙架拆卸后未对限位开关和极限开关撞杆进行相应的调节，埋下了缺少安全保护装置、保护性能作用失效的事故隐患。

2. 事发时升降机左侧吊笼在运行到标准节末端时，因上限位开关和上极限开关失效，造成吊笼上方的传动小车越出导轨倾翻。

3. 现场调查发现，左侧吊笼的防坠安全器超过标定检测有效期（2018年3月12日），经专业检测发现左侧吊笼防坠安全器防坠安全器齿轮不能灵活轻便地转动。

图1 施工升降机现场

图2 升降机左笼坠落至地面后的整机状况

图3 升降机传动小车顶部

图4 保护装置失效

图 5　防护设施缺失

图 6　保护装置缺失

（五）建筑起重机械主要受力构件有可见裂纹、严重锈蚀、塑性变形、开焊，或其连接螺栓、销轴缺失或失效。

【解　读】

建筑起重机械主要受力构件包括主梁、支腿、吊臂、连接销轴螺栓等，主要受力构件出现可见裂纹、严重锈蚀、塑性变形或开焊等问题，会直接影响设备的安全性和稳定性，可能导致严重事故。

（1）主要受力构件出现裂纹后，裂缝会随应力集中和荷载作用逐渐扩展，最终导致构件突然断裂。裂纹多出现在焊缝、应力集中区域（如孔洞、转角处），可能引发整体结构失效。

（2）主要受力构件发生锈蚀后，会显著减小主要受力金属构件的有效截面积，导致承载能力下降。锈蚀可能引发应力集中，加速裂纹产生，尤其在潮湿或腐蚀性环境中更为严重。

（3）主要受力构件发生塑性变形，表明构件已发生不可逆的屈服，材料强度大幅降低。变形会导致结构几何尺寸改变（如吊臂弯曲、支腿倾斜），破坏设备平衡性和稳定性。

（4）主要受力构件焊缝开裂会直接削弱构件间的连接强度，导致局部或整体结构解体。动态荷载（如吊装振动）会加速焊缝开裂扩展。

建筑起重机械的连接螺栓、销轴是确保各部件可靠连接的关键受力元件，其缺失或失效会直接破坏设备的结构完整性。连接螺栓和销轴虽小，却是起重机械安全的"生命线"。一旦失效，轻则设备损坏，重则引发群死群伤事故。

（1）连接螺栓失效的后果会导致结构解体风险。螺栓承受剪切力或拉力，若缺失、松动或断裂，可能导致吊臂、平衡臂、塔身等关键部件脱离，导致设备解体甚至倒塌。常见的事故案例就是塔式起重机标准节连接螺栓松动或断裂，引发塔身倾覆。

（2）销轴失效会导致铰接点失稳。销轴是吊臂铰接、支腿伸缩等活动的核心部件，若缺失或磨损超限，会导致铰接点脱开，吊臂突然下坠或支腿回缩。常见的事故案例就是汽车起重机吊臂销轴断裂，可能导致重物坠落或整机倾翻。

【本条款主要依据】

1. 国家标准《塔式起重机》GB/T 5031—2019

明确裂纹、锈蚀、变形的修复标准。

2. 国家标准《起重机械安全规程 第1部分：总则》GB 6067.1—2010

规定连接件更换和试验要求。

3. 行业标准《起重机械安全技术规程》TSG 51—2023

指导修复后的检验流程。

4. 行业标准《建筑施工升降机安装、使用、拆卸安全技术规程》JGJ 215—2010

第4.2.21条 连接件和连接件之间的防松防脱件应符合使用说明书的规定，不得用其他物件代替。对有预紧力要求的连接螺栓，应使用扭力扳手或专用工具，按规定的拧紧次序将螺栓准确地紧固到规定的扭矩值。安装标准节连接螺栓时，宜螺杆在下，螺母在上。

5. 行业标准《建筑施工升降设备设施检验标准》JGJ 305—2013

第7.2.6条 施工升降机架体结构应符合下列规定：

（2）主要结构件应无明显塑性变形、裂纹和严重锈蚀，焊缝应无明显可见的焊接缺陷。

（3）结构件各连接螺栓应齐全、紧固，应有防松措施，螺栓应高出螺母顶平面，销轴连接应有可靠轴向止动装置。

第8.2.3条 塔式起重机结构件应符合下列规定：

（1）主要结构件应无明显塑性变形、裂纹、严重锈蚀和可见焊接缺陷。

（2）结构件、连接件的安装应符合使用说明书的要求。

（3）销轴轴向定位应可靠。

（4）高强度螺栓连接应按说明书要求预紧，应有双螺母防松措施且螺栓高出螺母顶平面的3倍螺距。

【判定方法】

判断建筑起重机械主要受力构件（如起重臂、塔身、支腿、回转支撑、连接销轴等）是否出现可见裂纹、严重锈蚀、塑性变形或开焊，或其连接螺栓、销轴缺失或失效，需结合目视检查、仪器检测和规范标准综合分析。以下是具体判断方法：

1. 裂纹检查

（1）目视检查

表面裂纹：用强光手电或放大镜观察构件表面，尤其是焊缝、螺栓孔、应力集中部位（如折弯处、截面突变处），检查是否有细线状裂纹或断续裂纹。

锈蚀伴随裂纹：严重锈蚀区域可能掩盖裂纹，需清理锈层后仔细检查。

（2）无损检测

磁粉检测（适用于铁磁性材料）：涂抹磁粉后，裂纹处会因磁场泄漏形成明显磁痕。

渗透检测（适用于非铁磁性材料）：喷涂渗透剂后，裂纹会吸收染料并显色。

超声波检测：利用超声波反射判断裂纹深度和走向（需专业人员操作）。

2. 严重锈蚀评估

（1）锈蚀程度判断

轻微锈蚀：表面仅有浮锈，擦拭后金属光泽可见。

严重锈蚀：锈层堆积成片，构件表面凹凸不平，甚至出现锈坑或锈穿（用游标卡尺测量锈蚀深度，超过原厚度10%即需更换）。

（2）壁厚测量

使用超声波测厚仪测量锈蚀区域的剩余厚度，若低于原设计厚度的90%（或行业标准规定值），判定为严重锈蚀。

3. 塑性变形检测

（1）外观检查

观察构件是否出现永久性弯曲、扭曲或局部鼓包，与原设计几何形状明显不符。

对比法：用标准样板或图纸对照构件尺寸，检查是否存在变形。

（2）测量工具

使用直尺、卷尺、激光测距仪测量构件长度、直线度或垂直度，偏差超过允许范围（如直线度误差＞1/1000）即判定为塑性变形。

使用全站仪检测大型构件（如塔身）的整体变形。

4. 焊缝开焊检查

（1）焊缝外观检查

目视或放大镜观察：焊缝表面是否有裂口、气孔、夹渣或未熔合等缺陷。

敲击法：用小锤轻敲焊缝，声音清脆为正常，声音沙哑或空洞声可能内部有裂纹或脱焊。

（2）无损检测

超声波检测：检测焊缝内部未熔合、裂纹等缺陷。

X射线检测：适用于重要焊缝的全面检测（需专业人员操作）。

5. 连接件（螺栓、销轴）检查

（1）螺栓检查

缺失或松动：检查螺栓数量是否齐全，用扭矩扳手测量预紧力是否符合要求。

锈蚀或变形：螺纹损坏、螺杆弯曲或锈蚀超过直径10%需更换。

（2）销轴检查

磨损量：用卡尺测量销轴直径，磨损量超过原尺寸5%即需更换。

配合间隙：检查销轴与孔配合是否松动，晃动间隙过大可能失效。

6. 规范与标准参考

国家标准：依据《塔式起重机》GB/T 5031—2019和《起重机械安全规程 第1部分：总则》GB 6067.1—2010进行判定。

行业要求：锈蚀厚度损失＞10%、塑性变形量＞5%或裂纹深度＞2mm时，需立即停用并维修。

【整 改 措 施】

若建筑起重机械主要受力构件（如起重臂、塔身、支腿、回转支撑、连接螺栓、销轴等）存在可见裂纹、严重锈蚀、塑性变形、开焊或连接件失效，必须立即采取以下措施消除隐患，确保设备和人员安全：

1. 立即停用并隔离设备

紧急停机：发现缺陷后，立即停止作业，切断电源并锁定操作台。

设置警戒区：在设备周围设置警戒线和警示标识，禁止人员进入危险区域。

上报隐患：通知设备管理单位、安全负责人及相关部门，启动应急预案。

2. 专业评估与制定修复方案

（1）缺陷分类评估

裂纹：通过无损检测（磁粉、超声波）确定裂纹深度、走向及扩展风险。

锈蚀：使用测厚仪测量剩余壁厚，判断是否需局部补强或整体更换。

塑性变形：测量变形量（如弯曲度、扭曲度），对比设计允许偏差（通常不超过构件长度的1/1000）。

开焊：检查焊缝内部缺陷（如气孔、未熔合），评估是否需要重新焊接。

连接件失效：检查螺栓预紧力、销轴磨损量及配合间隙。

（2）制定修复方案

由专业技术人员或第三方检测机构出具修复方案，明确修复工艺（如焊接、更换、矫正）和验收标准。重大缺陷（如主梁断裂、塔身塑性变形）需经设计单位或原厂家复核。

3. 针对性消除隐患措施

（1）裂纹处理

表面裂纹：打磨消除裂纹并圆滑过渡，补焊后重新检测（仅限非关键部位微小裂纹）。

穿透性裂纹：直接更换受损构件，严禁直接覆盖焊接。

关键部位裂纹（如塔身、起重臂根部）：必须整体更换或报废。

（2）严重锈蚀处理

局部锈蚀：打磨至金属光泽，剩余厚度大于原厚度的90%可涂覆防腐层；若小于原厚度的90%，需补焊或局部更换。

大面积锈蚀、锈穿：直接更换锈蚀构件，避免补强后二次失效。

（3）塑性变形处理

轻微变形（在允许范围内）：观察使用，定期监测变形是否扩展。

超限变形（如弯曲、扭曲）：更换变形构件，严禁强行矫正（可能引发材料疲劳断裂）。

（4）焊缝开焊处理

表面缺陷：打磨后重新焊接，按标准进行无损检测（UT/RT）。

内部缺陷：清除原焊缝，按工艺要求重新焊接并检测。

（5）连接件缺失、失效处理

螺栓缺失、松动：补齐螺栓并按设计扭矩值预紧，使用防松垫片或螺纹胶固定。

螺栓、销轴锈蚀、磨损：更换同规格高强度螺栓或销轴，磨损量超过5%必须报废。

连接孔变形：扩孔后更换大尺寸销轴，或直接更换连接部件。

4. 修复后检测与验收

（1）复检要求

修复部位需通过无损检测（超声波、磁粉、渗透等）确认无缺陷。

测量修复后构件的尺寸、直线度、垂直度，确保符合设计标准。

（2）负载试验

空载试验：检查设备运行平稳性、制动性能及异响。

额定荷载试验：验证结构稳定性，观察是否有异常变形或振动。

（3）验收程序

由专业机构出具检测合格报告，经安全监管部门签字确认后方可重新启用。

总结：若缺陷已导致结构强度或稳定性严重下降（如主梁断裂、塔身倾斜），必须直接报废设备，禁止修复后使用。

【事 故 案 例】

案例1：2019年河北省衡水市"4·25"施工升降机坠落事故

事故简介： 2019年4月25日7时20分左右，河北省衡水市翡翠华庭项目1号楼建筑工地，发生一起施工升降机轿厢（吊笼）坠落的重大事故，造成11人死亡、2人受伤。

事故原因： 事故施工升降机在安装过程中，第16、17节标准节连接位置西侧的2个螺栓未安装，第17节以上的标准节不具有抵抗侧向倾翻的能力，造成重大事故隐患（图1）。

图1　第16、17标准节未安装螺栓

案例 2：2018 年河南省许昌市"1·24"施工升降机拆除较大事故

事故简介： 2018 年 1 月 24 日 14 时 47 分许，河南省许昌市经济技术开发区某家园 1 期 5 号楼在施工升降机拆除作业过程中发生事故，造成 4 人死亡，直接经济损失 320 万元。

事故原因： 经调查认定，事故的直接原因是：事故发生时，5 号楼施工升降机导轨架第 29 节和第 30 节标准节连接处的 4 个连接螺栓，只有西侧 1 个螺栓有效连接，其余 3 个螺栓连接失效，无法受力。施工人员在未将已拆除的装载在西侧吊笼内的 4 节导轨架运至地面的情况下，违规拆除了第 7 道扶墙架。当东侧吊笼下降至第 27 节高度时，西侧吊笼在荷载的作用下，重心偏移，致使导轨架在第 29 节与第 30 节连接处折断，西侧吊笼连同第 9 节导轨架（第 30 节～第 38 节）一起坠落，坠落高度距离地面约 54m。在西侧吊笼的冲击下，导轨架在第 23 节与第 24 节连接处第二次折断，东侧吊笼连同第 6 节导轨节（第 24 节～第 29 节）一起坠落，坠落高度距离地面约 40.5m。

（六）施工升降机附着间距和最高附着以上的最大悬高及垂直度不符合规范要求。

【解　读】

施工升降机的附着间距、最高附着点以上的最大悬高及垂直度是确保设备安全运行的核心参数，是保障其稳定性的"生命线"。任何参数超标都会显著增加结构失稳、倾覆或坠落风险，必须通过严格设计、规范安装、定期检测和及时整改来消除隐患。通过近年来施工升降机较大及以上事故案例分析可以发现，附着间距、垂直度及悬高不符合要求而导致事故的比例逐渐增多。

1. 附着间距是指每一层附着装置之间的垂直距离。附着间距过大（超过设计值 ≤7.5m）时，导轨架的自由长度增加，抗弯能力下降，可能导致标准节局部屈曲或整体倾覆。此外，附着间距过大，附墙杆承受的弯矩和剪力超出设计范围，可能造成附墙支座松动、焊缝开裂或墙体锚固失效。

要注意的是附墙架要固定在结构框架主梁或剪力墙上，严禁设置在空心墙、砖墙等非承重结构上。

2. 悬臂高度是指在施工升降机导轨架上，最高一个附着架以上部分的高度。它类似于一种悬吊手臂的高度概念，最高附着以上的最大悬高是自由高度，此高度直接影响施工升降机的稳定性。当悬高（自由端高度）超过规范要求（通常 ≤7.5m）时，顶部无附着支撑，受风荷载、吊笼启停冲击等作用易发生侧向摆动，导致导轨架倾覆。此外，悬高超标会增大标准节的动载应力，加速螺栓松动、焊缝开裂或标准节连接部位疲劳破坏。

3. 垂直度是指施工升降机塔架安装时相对于垂直方向的偏差。当垂直度偏差超过允许范围（一般不大于导轨架高度的 1/1000）时，导轨架单侧承受额外弯矩，导致标准节连接螺栓受拉不均，可能引发螺栓断裂或导轨架折弯。此外，垂直度偏差会改变吊笼与导轨的配合间隙，导致吊笼晃动、撞击导轨，影响制动器正常啮合，严重时可能引发吊笼坠落。

【本条款主要依据】

1. 行业标准《建筑施工升降机安装、使用、拆卸安全技术规程》JGJ 215—2010

第 4.1.10 条　施工升降机的附墙架形式、附着高度、垂直间距、附着点水平距离、附墙架与水平面之间的夹角、导轨架自由端高度和导轨架与主体结构间水平距离等均应符合使用说明书的要求。这是为确保施工升降机附墙系统能有效发挥作用，保证升降机在运行过程中的稳定性和安全性，防止因附墙相关参数设置不当，导致升降机晃动、倾斜甚至倒塌等安全事故。

2. 行业标准《建筑机械使用安全技术规程》JGJ 33—2012

第 4.9.4 条　导轨架自由高度、导轨架的附墙距离、导轨架的两附墙连接点间距离和最低附墙点高度不得超过使用说明书的规定。

3. 国家标准《施工升降机安全规程》GB 10055—2007

第 3.4 条　对钢丝绳式施工升降机，导轨架轴心线对底座水平基准面的安装垂直度偏差值不应大于导轨架高度的 1.5/1000。

【判 定 方 法】

为确保施工升降机的安全运行，需严格按照国家标准和规范对其附着间距、最高附着以上的最大悬高及垂直度进行检查。以下是具体判断方法和规范要求的详细说明：

1. 附着间距的检查与判断

（1）规范要求

附着间距（相邻两道附着装置之间的距离）一般不超过 6～9m（具体以设备说明书为准）。

首道附着装置距基础面的高度不宜超过 6～12m（根据升降机型号确定）。

（2）检查方法

测量工具：使用钢卷尺或激光测距仪。操作步骤如下：

1）测量相邻两道附着装置安装点之间的垂直距离。

2）对比测量值与规范或说明书中的允许值。

判定标准：若实测值超过规范或说明书要求，需增设附着装置或调整位置。

2. 最高附着以上最大悬高的检查与判断

（1）规范要求

最高附着装置以上的导轨架自由端高度（悬高）一般不超过 7.5m（部分规范要求不大于 6m）。

具体数值需以设备说明书为准，部分型号可能允许值更小。

（2）检查方法

测量工具：钢卷尺或激光测距仪。操作步骤如下：

1）从最高一道附着装置的安装点垂直向上测量至导轨架顶端。

2）对比测量值与规范或说明书中的允许值。

判定标准：若悬高超限，需降低导轨架高度或增设附着装置。

3. 垂直度的检查与判断

（1）规范要求

导轨架垂直度偏差应≤导轨架高度的1/1000（例如，高度100m时，垂直度偏差≤100mm）。部分规范要求更严格（如≤70mm/100m）。

（2）检查方法

测量工具：经纬仪、激光垂直仪或吊线坠，操作步骤如下：

1）经纬仪法：在导轨架顶部和底部设置测量基准点。用经纬仪测量导轨架在两个方向（X/Y轴）的倾斜角度，计算垂直偏差。

2）吊线锤法：在导轨架顶部悬挂线锤至底部，测量线锤与导轨架底部的水平偏移量。

判定标准：若垂直度偏差超过允许值，需调整导轨架或附着装置。

4. 其他判定情形

（1）当导轨架的高度超过使用说明书规定的最大独立高度时，未设置附着装置，或附着装置的设置形式、间距及强度不符合使用说明书和方案要求并降低安全标准，应判定为重大事故隐患。

（2）施工升降机附着装置未独立设置，与脚手架相连，应判定为重大事故隐患。

（3）附着装置以上的导轨架自由端高度超过使用说明书的要求而无可靠安全措施，应判定为重大事故隐患。

【整改措施】

当施工现场发现施工升降机的附着间距、最高附着以上最大悬高或垂直度不符合规范要求时，必须立即采取以下措施消除隐患，确保设备安全运行：

1. 立即停用并隔离设备

立即停止施工升降机运行，切断电源并锁定操作台，悬挂"禁止使用"警示牌，防止误操作。

在升降机周围10m范围内设置警戒线，禁止人员进入危险区域。

2. 专业评估与原因分析

（1）现场数据核查

附着间距：测量相邻附着装置的垂直距离，确认是否超限（一般≤6～9m）。

最大悬高：检查最高附着点至导轨架顶端的垂直高度（通常≤7.5m）。

垂直度：使用经纬仪或激光垂直仪测量偏差（允许值≤1/1000导轨架高度）。

对比设备说明书和国家标准（如《建筑施工升降机安装、使用、拆卸安全技术规程》JGJ 215—2010）

（2）原因诊断

附着安装位置不当、建筑结构承载力不足、顶升加节违规操作等。

导轨架变形、附着装置松动或基础沉降等潜在问题。

3. 针对性整改措施

（1）附着间距超限

增加附着装置：在超限区段内增设符合规范的附着支撑点，确保间距≤6~9m。

调整附着位置：重新选择建筑主体结构可靠部位（如梁、柱）安装附着装置。

加固建筑结构：若原附着点结构强度不足，需对建筑进行局部加固。

（2）最大悬高超限

降低导轨架高度：拆除顶部超高的导轨架标准节，使悬高≤7.5m。

增设附着装置：在导轨架顶部附近增加一道附着位，减小自由端高度。

（3）垂直度偏差超限

调整附着拉力：通过附着装置的调节螺栓校正导轨架倾斜度（适用于轻微偏差）。

重新安装导轨架：若偏差严重（如＞1/500），需拆除后重新安装并逐节检测垂直度。

检查基础稳定性：排除基础沉降或支撑松动导致的倾斜。

4. 整改后验收与复检

（1）复检内容

附着间距、悬高、垂直度重新测量，确保符合规范。

检查附着装置与建筑结构的连接牢固性（螺栓扭矩、焊缝质量）。

（2）负载试验

空载试验：运行升降机至全程，观察是否有异响、振动。

额定荷载试验：加载至100%额定载重，检测导轨架稳定性及制动性能。

（3）验收文件

由专业检测机构出具检测合格报告，并由施工单位、监理单位签字确认。施工现场每班重点检查施工升降机附墙装置是否松动，每月测量垂直度，强风后需专项检测。安装完成后需经第三方检测机构验收，出具合格报告后方可投入使用。

5. 特殊情况处理

建筑结构无法增设附着：若因建筑条件限制无法满足规范要求，需委托原厂家或设计单位制定专项加固方案，经专家论证后实施。

导轨架严重变形：直接报废变形节段，更换新标准节，禁止焊接修复。

【事故案例】

案例：2021年江苏省泰州市"10·26"升降机拆卸起重伤害事故

事故简介： 2021年10月26日12时许，位于江苏省泰州市姜堰区的桃源雅居二期工程18号楼施工现场发生一起施工升降机拆卸起重伤害一般事故，造成2人死亡，直接经济损失378万元。

事故原因： 施工升降机拆卸作业人员违规操作，未按规定逐节拆除标准节，在未拆除第一道附墙架以上标准节的情况下先拆除附墙架与导轨架连接螺栓，且施工升降机最高附着以上的悬高严重超出规范要求，同时西侧吊笼处于高位，上部荷载超出导轨架抗倾翻力矩，最终导致事故发生。

（七）塔式起重机独立起升高度、附着间距和最高附着以上的最大悬高及垂直度不符合规范要求。

【解　　读】

塔式起重机的独立起升高度是指塔式起重机在没有附着装置的情况下，能够自由站立的最大高度。这个可能和塔式起重机的型号有关，比如不同型号的塔式起重机可能有不同的独立高度。塔式起重机高度通常由制造商根据结构设计确定，通常在 40～60m 范围内（不同型号差异较大）。实际使用中需严格遵守产品说明书，不得擅自超限。超过独立高度时，必须加装附着装置并与建筑物锚固。

附着间距是塔式起重机在安装附着装置后，相邻两道附着装置之间的最大允许距离。这个间距可能和塔式起重机的结构、自由端高度有关。具体数值依据塔式起重机型号（常见为 25～30m）。附着装置的设置需保证塔身稳定性，间距过大可能导致结构失稳。附着点应选择在建筑物主体结构（如梁、柱）上，并进行承载力验算。

最高附着以上的最大悬高，也就是最后一道附着装置以上的塔式起重机悬出部分的高度，这个通常称为自由端高度。通常不超过 20～24m，部分大型塔式起重机可放宽至30m，但需以设计文件为准。悬高超限可能导致塔身弯矩过大，引发倾覆风险。安装时需结合风力、负载等工况进行稳定性验算。

【本条款主要依据】

1. 国家标准《塔式起重机设计规范》GB/T 13752—2017
提供塔式起重机结构设计的理论依据，包括独立高度和附着参数。
2. 国家标准《塔式起重机安全规程》GB 5144—2006
规定塔式起重机附着装置的设计、安装及使用安全要求。
3. 行业标准《建筑施工塔式起重机安装、使用、拆卸安全技术规程》JGJ 196—2010
明确附着间距和自由端高度的验算与控制措施。
4. 行业标准《建筑机械使用安全技术规程》JGJ 33—2012
第 4.4.14 条　塔式起重机安装过程中，应分阶段检查验收。各机构动作应正确、平稳，制动可靠，各安全装置应灵敏有效。在无荷载情况下，塔身的垂直度允许偏差应为4/1000。
5. 行业标准《建筑施工升降机安装、使用、拆卸安全技术规程》JGJ 215—2010
第 4.1.10 条　施工升降机的附墙架形式、附着高度、垂直间距、附着点水平距离、附墙架与水平面之间的夹角、导轨架自由端高度和导轨架与主体结构间水平距离等均应符合使用说明书的要求。

【判 定 方 法】

为确保塔式起重机的安全运行，需严格按照国家标准和制造商技术文件要求，对其独立起升高度、附着间距、最高附着以上的最大悬高及垂直度进行检查。以下是具体判断方法和规范要求的详细说明：

1. 独立起升高度的检查与判断

（1）规范要求

独立起升高度（无附着时的最大自由高度）由设备型号决定，一般为30～50m（具体以说明书为准）。超过独立高度时，必须安装附着装置。

（2）检查方法

查阅说明书：确认设备允许的独立高度值。

现场测量：测量从基础顶面至塔式起重机顶部回转下支座的高度，对比说明书允许值。

判定标准：若实际高度超过独立高度，需立即安装附着装置或降低塔身高度。

2. 附着间距的检查与判断

（1）规范要求

附着间距（相邻两道附着装置之间的垂直距离）由设计确定，通常不超过20～35m（具体以说明书或附着方案为准）。

首道附着高度（基础顶面至第一道附着点的距离）一般为20～30m。

（2）检查方法

测量工具为激光测距仪或钢卷尺，操作步骤如下：

1）测量相邻两道附着装置安装点的垂直间距。

2）对比说明书或附着方案的设计值。

判定标准：若实测值超过设计允许值，需增设附着装置或调整位置。

3. 最高附着以上最大悬高的检查与判断

（1）规范要求

最大悬高（最高附着点至塔式起重机顶部的自由端高度）通常不超过20～30m（具体以说明书为准）。

国家标准要求悬高不得超过说明书规定值。

（2）检查方法

测量工具：激光测距仪，操作步骤如下：

1）从最高一道附着装置的安装点垂直向上测量至塔式起重机顶部回转下支座。

2）对比说明书允许值。

判定标准：若悬高超限，需降低塔身高度或增设附着装置。

4. 垂直度的检查与判断

（1）规范要求

垂直度偏差：塔身轴心线对支承面的侧向垂直度偏差应≤4‰（例如，高度100m时，偏差≤400mm），部分制造商要求更严格（如≤3‰）。

（2）检查方法

测量工具：经纬仪、激光垂直仪，操作步骤如下：

1）经纬仪法：

在塔式起重机顶部和底部设置测量基准点。用经纬仪测量塔身在两个方向（X/Y轴）

的倾斜角度，计算垂直度偏差。

2）激光垂直仪法：

将激光垂直仪安装在塔式起重机底部，投射激光至顶部，测量偏移量。

判定标准：若偏差超过允许值，需调整附着拉力或校正塔身。

5. 判断注意事项

（1）特殊工况检查：在大风、地震后或顶升加节后，必须重新测量垂直度。

（2）动态监控：安装倾角传感器实时监测垂直度，超限时自动报警。

（3）基础检查：确保基础无沉降、裂缝，避免因基础问题导致垂直度偏差。

（4）附着装置质量：检查附着杆件、连接螺栓是否锈蚀、变形，预紧力是否符合要求。

（5）塔式起重机上述参数需要参考具体的国家标准和制造商说明书，结合工程实际情况，确定这些参数的具体数值。如果没有明确的标准条文，可能需要进一步查找相关规范的具体章节。实际施工中若工况复杂（如强风、超高层），需由专业工程师进行稳定性验算、定期检测附着装置和塔身结构，确保无变形或松动。

【整改措施】

当发现塔式起重机的独立起升高度、附着间距、最高附着以上的最大悬高或垂直度不符合规范要求时，必须立即采取以下措施消除隐患，防止设备倾覆或引发安全事故：

1. 立即停用并紧急处置

停机断电：立即停止塔式起重机作业，切断电源并锁定操作台，悬挂"禁止使用"警示牌。

设置警戒区域：在塔式起重机作业半径1.2倍范围内设置警戒线，禁止人员进入危险区域。

上报与记录：通知施工单位安全负责人、监理单位、设备管理部门及当地特种设备监督机构，并记录隐患详情。

2. 专业评估与原因分析

（1）现场数据核查

独立高度：测量塔身从基础顶面至顶部回转下支座的垂直高度，对比说明书允许值。

附着间距：检查相邻附着装置的垂直间距是否符合设计文件要求（通常≤20～35m）。

最大悬高：测量最高附着点至塔顶的自由端高度（一般≤20～30m）。

垂直度：用经纬仪测量塔身偏差（允许值≤4‰，即高度100m时偏差≤400mm）。

（2）原因分析

原因诊断：附着安装位置错误、顶升加节违规、基础沉降、附着杆件变形或连接螺栓松动等。

3. 针对性整改措施

（1）独立起升高度超限

降低塔身高度：拆除超高的标准节，恢复至说明书允许的独立高度范围内。

增设附着装置：若需保持高度，必须按设计要求加装附着装置。

（2）附着间距超限

增设附着装置：在超限区段内增设附着装置，确保间距符合设计文件要求（如原设计间距25m，实测30m，需在中间加一道附着）。

调整附着位置：重新选择建筑主体结构可靠部位（如剪力墙、框架柱）安装附着装置，必要时对建筑结构进行补强。

（3）最高附着以上悬高超限

降低塔顶高度：拆除顶部超高的标准节，使悬高不大于说明书规定值。

增设顶部附着：在允许范围内加装一道附着装置，减小自由端长度。

（4）垂直度偏差超限

调整附着拉力：通过附着装置的调节螺栓或顶撑杆校正塔身倾斜（适用于偏差≤4‰）。

校正标准节：若偏差严重（如＞4‰），需逐节拆除并重新安装倾斜段标准节，严禁强行顶升矫正。

检查基础与地脚螺栓：排除基础沉降或螺栓松动导致的倾斜，必要时加固基础。

4. 整改后验收与复检

（1）复检内容

重新测量独立高度、附着间距、悬高及垂直度，确保符合规范。检查附着装置连接螺栓扭矩、杆件焊缝质量及建筑结构锚固点。

（2）负载试验

空载试验：全程运行塔式起重机，检查回转、变幅、起升是否平稳。

额定荷载试验：加载至100%额定起重量，测试制动性能及结构稳定性。

动载试验（可选）：110%额定荷载，验证动态工况下的安全性。

（3）验收文件

由第三方检测机构出具检测合格报告，施工单位、监理单位及安全监管部门签字确认。

5. 特殊情况处理

建筑结构无法满足附着要求时，可以委托原厂家。

【事故案例】

案例：2016年山东省泰安市"11·29"塔式起重机倾覆起重伤害事故

事故简介： 2016年11月29日14时24分许，位于山东省泰安市泰山经济开发区春雨软件园1号楼工地发生一起塔式起重机倾覆起重伤害事故，造成2人死亡、2人受伤。

事故原因： 作业人员无证违规进行塔式起重机顶升加节与附着安装作业；施工现场安全管理缺失，未及时发现制止违规行为；塔式起重机在安装使用过程中，其独立起升高度、附着间距、最高附着以上最大悬高及垂直度存在不符合规范要求的情况，导致塔式起重机在顶升作业时上部失稳，最终引发事故。

（八）塔式起重机与周边建（构）筑物或群塔作业未保持安全距离。

【解　读】

本条款为新修订的《判定标准》新增条款，是关于塔式起重机与周边建（构）筑物或群塔作业安全距离的要求。

保持安全距离是确保在工作时不会因受到外界障碍物影响而引发事故，通常涉及塔式起重机的工作范围、旋转半径以及吊重起升过程中的动态范围。由于未保持安全距离而导致的施工现场常见突发事故包括以下三种情况：

1. 塔式起重机的吊臂在作业时需360°旋转，若与周边建筑物距离过近，吊臂、吊钩或吊运的物料可能直接撞击建筑物，导致结构损坏或引发坠落事故。

2. 强风或操作失误可能导致吊运的物料大幅摆动，距离过近，会撞击相邻塔式起重机造成塔式起重机倾覆，对周边建（构）筑物产生冲击。

3. 由于塔式起重机自重及作业荷载巨大，其基础可能对周边土壤产生压力，若邻近建筑物的地基与之过近，可能因土壤应力叠加导致不均匀沉降，威胁双方结构安全。

总之，未保持安全距离的本质是忽视动态作业的复杂性和低估事故后果的严重性。安全距离不仅是"数字合规"，更是通过技术与管理手段实现的系统性风险隔离。

【本条款主要依据】

1. 国家标准《塔式起重机》GB/T 5031—2019

第10.3条　塔式起重机与建筑物、架空线路的安全距离要求。

2. 行业标准《建筑施工塔式起重机安装、使用、拆卸安全技术规程》JGJ 196—2010

第2.0.14条　当多台塔式起重机在同一施工现场交叉作业时，应编制专项方案，并应采取防碰撞的安全措施。任意两台塔式起重机之间的最小架设距离应符合下列规定：

（1）低位塔式起重机的起重臂端部与另一台塔式起重机的塔身之间的距离不得小于2m。

（2）高位塔式起重机的最低位置的部件与低位塔式起重机中处于最高位置部件之间的垂直距离不得小于2m。

第3.3.1条　当塔式起重机作附着使用时，附着装置的设置和自由端高度等应符合使用说明书的规定。

3. 行业标准《建筑施工升降设备设施检验标准》JGJ 305—2013

第8.2.1条　塔式起重机使用环境应符合下列规定：

（1）塔式起重机尾部分与周围建筑物及其外围施工设施之间的安全距离不应小于0.6m。

（2）两台塔式起重机之间的最小架设距离，处于低位的塔式起重机的臂架端部与任意一台塔式起重机塔身之间的距离不应小于2m，处于高位塔式起重机的最低位置的部件与低位塔式起重机处于最高位置的部件之间的垂直距离不应小于2m。

4.《建筑起重机械安全监督管理规定》（建设部令第166号）

第二十一条　施工总承包单位应当履行下列安全职责：（七）施工现场有多台塔式起

重机作业时，应当组织制定并实施防止塔式起重机相互碰撞的安全措施。

第二十三条 依法发包给2个及2个以上施工单位的工程，不同施工单位在同一施工现场使用多台塔式起重机作业时，建设单位应当协调组织制定防止塔式起重机相互碰撞的安全措施。

5. 行业标准《建筑机械使用安全技术规程》JGJ 33—2012

第4.4.14条 塔式起重机安装过程中，应分阶段检查验收。各机构动作应正确、平稳，制动可靠，各安全装置应灵敏有效。在无荷载情况下，塔身的垂直度允许偏差应为4/1000。

第4.4.16条 安装附着框架和附着杆件时，应用经纬仪测量塔身垂直度，并利用附着杆件进行调整，在最高锚固点以下垂直度允许偏差为2/1000。

【判 定 方 法】

判定塔式起重机与周边建（构）筑物或群塔作业是否保持安全距离，需综合考虑规范要求、现场条件及动态作业特性。以下是具体判定方法与步骤：

1. 依据规范要求

国家标准《塔式起重机安全规程》GB 5144—2006

塔式起重机与建筑物、设施的水平净距应不小于2m。

行业标准《建筑施工塔式起重机安装、使用、拆卸安全技术规程》JGJ 196—2010

群塔作业时相邻塔式起重机水平间距和高差要求（水平≥2m，垂直高差≥2m）。群塔作业：相邻塔式起重机间的最小水平距离应≥2m，且需保证高塔式起重机钩与低塔塔身间距 ≥2m。

注：部分地区可能对安全距离有更严格规定（如高压线附近需≥5m），需查阅当地施工安全标准。

2. 现场勘察与测量

（1）安装前规划

使用全站仪、激光测距仪等工具精确测量塔式起重机安装位置与周边建筑物、其他塔式起重机的坐标，绘制平面布置图。

模拟塔式起重机最大回转范围（含吊臂、平衡臂、钢丝绳），验证是否超出安全距离。

（2）动态作业模拟

考虑塔式起重机作业时的吊物摆动（风载、惯性力）、塔身变形等因素，预留0.5～1m余量。

群塔作业时，通过BIM或三维建模模拟多塔协同作业轨迹，避免交叉碰撞。

3. 群塔作业安全距离判断

（1）水平间距控制

相邻塔式起重机间距：两塔式起重机回转半径覆盖区无重叠（间距≥两塔最大回转半径之和＋2m）示例：塔式起重机A回转半径50m，塔式起重机B回转半径60m，则最小间距应为50＋60＋2＝112m。

（2）垂直高差控制

阶梯式布置：相邻塔式起重机起重臂端部高差应≥2m，且高塔式起重机与低塔塔身间距≥2m。

高度差计算：通常按3～5个标准节（每节高度2～2.5m）控制，确保安全冗余。

（3）防碰撞逻辑设置

区域隔离：通过塔式起重机控制系统划分"禁行区"，当吊臂接近危险区域时自动减速或停止。

优先级设定：群塔作业时，高塔优先回转，低塔需避让。

4. 动态安全距离验证

（1）BIM与三维模拟

使用BIM软件建立塔式起重机、建筑物及场地模型，模拟塔式起重机全周期作业轨迹，检测碰撞风险。

输入风荷载、吊重等参数，预测吊物摆动幅度对安全距离的影响。

（2）现场动态测试

空载试运行：缓慢回转塔式起重机吊臂，观察与周边设施的最近距离是否达标。

负载摆动测试：吊载额定荷载70%～80%的重物，测试紧急制动时吊物摆动范围。

5. 特殊情况处理

（1）高压线附近作业

安全距离不足时，需搭设绝缘隔离架或申请停电。

增设专人监护，使用红外线报警装置监测吊臂与高压线距离。

（2）狭小场地群塔作业

采用动臂式塔式起重机（可变幅减少覆盖范围）。

错峰作业，通过施工计划避免多塔同时覆盖同一区域。

6. 快速简易判断方法

若出现以下情况，表明安全距离可能不足：

（1）塔式起重机回转时吊臂投影与建筑物阴影重叠。

（2）司机操作时频繁触发防碰撞报警。

（3）钢丝绳与脚手架、临时围栏发生摩擦。

【整改措施】

在施工现场发现塔式起重机与周边建（构）筑物或群塔作业未保持安全距离时，必须立即采取系统性措施消除风险，避免发生碰撞、倾覆等事故。以下是具体操作步骤与解决方案：

1. 停工应急处理

立即停止涉事塔式起重机的作业，切断电源并锁定操作台，防止误操作。疏散塔式起重机覆盖范围内的无关人员，设置警戒区域。

在塔式起重机与建筑物或高压线之间加设防撞缓冲装置（如轮胎、橡胶垫等）。对可能受撞击的临时设施（脚手架、围挡）进行加固。

2. 风险评估与原因诊断

（1）现场勘测与数据采集

使用全站仪、激光测距仪复测实际安全距离，记录偏差值。

绘制塔式起重机与周边设施的平面位置图，标注碰撞风险点。

（2）原因分析

检查分析是否因以下问题导致安全距离不足：

设计缺陷：塔式起重机布置方案未考虑最大回转半径范围。

施工偏差：塔式起重机基础定位错误或安装角度偏移。

管理漏洞：未设置防碰撞系统或限位器失效。

环境变化：新增临时建筑或堆料侵占安全区域。

3. 制定整改措施方案

（1）调整塔式起重机位置或作业方式

重新定位塔式起重机：若场地允许，拆卸并重新安装塔式起重机至满足安全距离的位置。

限制作业范围：通过机械限位器缩小塔式起重机回转角度和幅度；更换为动臂式塔式起重机（减少覆盖范围）。

（2）调整周边环境

拆除障碍物：清理侵占安全距离的临时设施或材料堆场。

高压线防护：申请停电或搭设绝缘隔离架（高度需超过吊臂最大抬升高度＋2m）；安装红外线测距报警装置。

（3）群塔作业优化

调整塔式起重机高度差：对低塔增加标准节，使相邻塔式起重机起重臂端部垂直高差≥2m。

错峰作业：制定时间表，避免多塔同时覆盖同一区域（如分时段吊装不同区域材料）。

4. 升级防护技术

（1）强制安装防碰撞系统

加装塔式起重机安全监控系统（如"黑匣子"），设置电子围栏，超限时自动报警并切断操作。

（2）机械限位器调试

重新校准回转限位器和幅度限位器，确保吊臂无法进入危险区域。

测试限位器灵敏度（空载、负载状态各测试3次）。

5. 优化管理措施

（1）修订施工方案

组织专家论证，重新编制《群塔作业专项方案》并报监理单位审批。

在方案中明确安全距离控制参数和动态监测要求。

（2）人员培训与交底

对塔式起重机司机、信号工、安全员进行专项培训，重点讲解碰撞风险点及应急操作。

更新安全交底记录，要求作业人员签字确认。

（3）动态监测机制

每日作业前由专人检查塔式起重机垂直度是否超限（偏差≤ 4‰）及限位器状态。

每周使用全站仪复测安全距离，记录数据并存档。

注意：消除安全距离不足的核心原则是"先停险、再整改、后验证"，需结合技术调整与管理升级双管齐下。对于复杂场景（如高压线、密集群塔），可引入第三方专业机构进行风险评估与方案优化，确保整改措施科学有效。

【事故案例】

案例 1：2020 年山东菏泽"8.30"塔式起重机倒塌事故

事故简介： 2020 年 8 月 30 日下午 2 时许，位于山东菏泽城区牡丹路的住宅项目工地内，在塔式起重机顶升的过程中，相邻的 2 个塔式起重机发生相撞造成事故，共造成 3 名工人死亡，直接经济损失 590 万元。

事故原因： 5 号楼塔式起重机在顶升作业时倒塌，因该塔式起重机与周边塔式起重机水平、垂直间距均未达安全标准，顶升套架上升过程中与附近塔式起重机部件触碰卡滞。作业人员在未确认顶升横梁稳固情况下违规操作，导致横梁脱出标准节踏步，塔式起重机失去支撑下坠，引发平衡臂断裂，最终导致塔身倾覆。

（九）使用达到报废标准的建筑起重机械，或使用达到报废标准的吊索具进行起重吊装作业。

【解读】

本条款新修订的《判定标准》新增条款，是关于使用报废的建筑起重机械和吊索具进行吊装作业的规定。

使用报废的起重机械或吊索具是典型的"省小钱、闯大祸"行为。报废机械的结构强度已无法满足设计要求，在风荷载、振动荷载或地基沉降等作用下可能瞬间倒塌，危及周边人员及建筑物。施工单位必须严格执行"报废即停用"原则，摒弃侥幸心理，严格执行报废标准，从源头切断风险链条。

关于建筑起重机械的报废标准，是指当起重机械设备达到设计使用年限时，应该进行安全评估。安全评估合格后可延长使用 1～3 年（根据设备类型与型号判定）。部分地方性法规可能缩短强制报废年限。即使未达到报废年限，若设备存在重大安全隐患，应立即停用并提前报废。不同地区可能有细化规定，需结合当地监管部门要求执行。

根据行业标准《建筑起重机械安全评估技术规程》JGJ/T 189—2009，以下情况应强制报废：

（1）金属结构：主要受力构件腐蚀达原厚度 10% 以上，或整体扭曲变形超 5‰。

（2）关键部件：钢丝绳断丝数超标准（如 6 股钢丝绳断丝达 10%）、制动器摩擦片磨损超限。

（3）使用年限：塔式起重机设计寿命一般为10～15年，超过年限需经安全评估，若评估不合格则报废。

吊索具的报废标准，是指吊索具（如吊带、吊链、吊钩等）使用过程中，如果出现任何一项严重的损坏（如磨损、断裂、变形等），必须停止使用，钢丝绳吊索具磨损程度超过规定的标准，或者断丝超过一定比例时，应报废。

【本条款主要依据】

1.《建筑起重机械安全监督管理规定》（建设部令第166号）

第七条 有下列情形之一的建筑起重机械，不得出租、使用：（一）属国家明令淘汰或者禁止使用的。（二）超过安全技术标准或者制造厂家规定的使用年限的。（三）经检验达不到安全技术标准规定的。

第八条 建筑起重机械有本规定第七条第（一）（二）（三）项情形之一的，出租单位或者自购建筑起重机械的使用单位应当予以报废，并向原备案机关办理注销手续。（吊索具报废标准执行国家标准《起重机 钢丝绳 保养、维护、检验和报废》GB/T 5972—2023、行业标准《建筑施工塔式起重机安装、使用、拆卸安全技术规程》JGJ 196—2010有关规定。）

第二十三条 依法发包给两个及两个以上施工单位的工程，不同施工单位在同一施工现场使用多台塔式起重机作业时，建设单位应当协调组织制定防止塔式起重机相互碰撞的安全措施。

2.《建设工程安全生产管理条例》

第三十四条 施工单位采购、租赁的安全防护用具、机械设备、施工机具及配件，应当具有生产（制造）许可证、产品合格证，并在进入施工现场前进行查验。

3. 行业标准《建筑施工升降设备设施检验标准》JGJ 305—2013

第8.2.1条 塔式起重机使用环境应符合下列规定：

（1）塔式起重机尾部分与周围建筑物及其外围施工设施之间的安全距离不应小于0.6m。

（2）两台塔式起重机之间的最小架设距离，处于低位的塔式起重机的臂架端部与任意一台塔式起重机塔身之间的距离不应小于2m，处于高位塔式起重机的最低位置的部件与低位塔式起重机处于最高位置的部件之间的垂直距离不应小于2m。

【判定方法】

判断建筑起重机械或吊索具是否达到报废标准，需依据国家规范、设备状态检测及综合经济性评估。报废判定需遵循"数据量化＋工程判断"原则，以下是系统性判定方法与操作步骤：

1. 建筑起重机械报废判定依据与方法

（1）使用年限标准（表1）

表1　建筑起重设备强制报废年限及相关要求

设备类型	强制报废年限（参考）	备注
塔式起重机	10年	超期需每半年进行一次安全评估
施工升降机	8年	关键部件（导轨架）累计使用≤5年
履带起重机	15年	主结构无损伤可延长至20年

（2）结构损伤不可修复标准

主结构件（标准节、起重臂、塔帽）：裂纹长度＞10%截面周长，或深度＞10%壁厚；永久性弯曲变形量＞1/1000（如臂长50m的塔式起重机弯曲＞50mm）。

连接件：高强度螺栓孔挤压变形导致预紧力丧失。

（3）检测工具与方法（表2）

表2　工程设备安全性能检测指标与判定依据

检测项目	工具/方法	判定标准
裂纹检测	磁粉探伤、渗透探伤	裂纹深度＞壁厚10%
变形测量	激光经纬仪、直尺	弯曲量＞1/1000结构长度
磨损检测	超声波测厚仪	销轴/齿轮磨损量＞原尺寸10%
电气安全	500V兆欧表	绝缘电阻＜1MΩ

2. 吊索具报废判定依据与方法

（1）钢丝绳报废标准（表3）

表3　股钢丝绳报废标准与损伤判定依据

损伤类型	报废条件（以6股钢丝绳为例）
断丝	一个捻距内断丝数＞总丝数10%（交绕绳）
磨损	直径减少量＞公称直径7%
变形	笼状畸变、绳股挤出、钢丝挤出
腐蚀	表面出现深坑，钢丝松弛

（2）吊钩报废标准（表4）

表4　吊钩损伤类型及报废标准

损伤类型	报废条件
开口度增大	超过原尺寸15%（如原开口20mm，现＞23mm）
扭转变形	钩身扭转角度＞10°
裂纹	任何部位出现肉眼可见裂纹

154

（3）现场快速检测法

"一看二摸三测量"：

看：肉眼观察断丝、变形、锈蚀；摸：手挲钢丝绳检查是否松散、鼓包；量：卡尺测量直径，对比原始数据。

【整 改 措 施】

在施工现场发现建筑起重机械或吊索具达到报废标准时，必须立即采取系统性措施消除风险，避免因设备失效引发事故。以下是具体操作步骤及管理要求：

1. 紧急采取应急措施

（1）停止使用并隔离

切断电源／动力源：立即停止设备运行，锁定操作台或拆除启动钥匙。

设置警戒区：在报废设备周边设置警示标识和物理隔离（如围栏、警戒带），禁止无关人员靠近。

移除关联负载：卸载设备上的吊物，确保设备处于空载状态。

（2）初步风险控制

临时固定：对存在倾覆风险的起重机械（如塔式起重机），通过缆风绳或支撑架临时加固。

紧急报告：通知项目经理、安全总监及监理单位，启动应急预案。

2. 报废处理与报废执行

（1）报废设备标识与登记

悬挂报废标牌：在设备显著位置悬挂"禁止使用·报废"标识（红底白字）。

建立报废台账：记录设备名称、型号、报废原因、检测数据及处理责任人。

（2）设备解体与破坏性处理

起重机械解体：

由专业拆卸单位按方案切割主结构（如塔式起重机标准节、起重臂），确保无法复原使用。

关键部件（电机、液压系统）拆除后单独封存。

吊索具销毁：

钢丝绳：切割成段（每段≤1m）或焚烧。

吊钩、卸扣：气割破坏或碾压变形。

合规处置与环保要求：

委托资质单位：交由具有《报废机动车回收拆解企业资质》或《危险废物经营许可证》的单位处理。

环保分类：区分普通金属（钢材）与危险废物（含油部件、电池），按法规分类运输处置。

结语：处理报废设备的核心是"彻底消除再使用可能"和"闭环管理留痕"，需通过技术破坏、制度约束和人员教育多维度管控。重点注意：报废设备必须物理破坏，避免流入二手市场造成次生污染。

【经 验 教 训】 起重机械及吊装较大及以上事故专项分析（2017—2024 年）

一、事故特征规律统计分析

1. 事故总体统计

2017—2024 年，全国房屋市政工程共发生起重机械伤害较大及以上事故 38 起、死亡 123 人；其中重大事故 1 起、死亡 11 人，该事故为河北省衡水市翡翠华庭 "4·25" 施工升降机轿厢坠落重大事故。2017—2024 年房屋市政工程起重机械伤害较大及以上事故总量变化趋势图如图 1 所示。具体事故明细见附录 5。

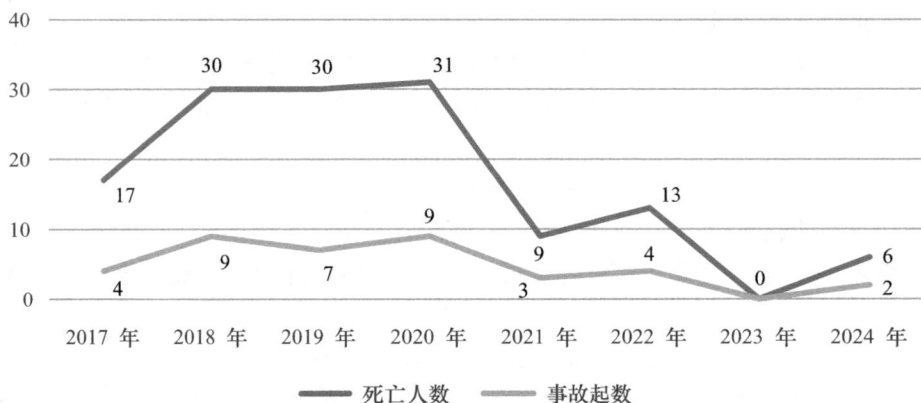

图 1　2017—2024 年房屋市政工程起重机械伤害较大及以上事故总体变化趋势图

2. 事故发生时间统计分析

2017—2024 年，单月发生起重机械伤害较大及以上事故起数最多的为 5 月与 9 月（并列），各发生 5 起事故，占总事故数的 18.52%，分别死亡 18 人和 16 人，占死亡总人数的 16.98% 和 15.09%；2 月与 8 月各发生 4 起事故，占总事故数的 14.81%，分别死亡 12 人和 13 人，分别占死亡总人数的 11.32% 和 12.26%；10 月发生 3 起事故，死亡 10 人，分别占总数的 11.11% 和 9.43%；4 月发生 2 起事故，占总事故数的 7.41%，但死亡人数高达 15 人，成为单月死亡人数最高月份，占死亡总人数的 14.15%；11 月和 12 月发生 2 起事故，均导致 6 人死亡，分别占总事故数和死亡总人数的 7.41% 和 5.66%；1 月、3 月、7 月风险相对较低，各发生 1 起事故，占比均 3.70%，死亡人数分别为 4 人、3 人、3 人和 3 人，分别占死亡总人数的 3.77%、2.83% 和 2.83%。2017—2024 年房屋市政工程起重机械伤害较大及以上事故按月度分布图如图 2 所示。

从 2017—2024 年发生的起重机械较大及以上事故时间来看，单月发生起重机械伤害较大及以上事故起数最多的为 5 月和 9 月，2 月、4 月、8 月、10 月事故起数次之，相对较少的是 1 月、3 月、7 月、11 月和 12 月。值得重视的是，5 月和 9 月事故多发，主要原因是 5 月和 9 月为施工主体高峰和收尾阶段，安装和拆除作业较多。

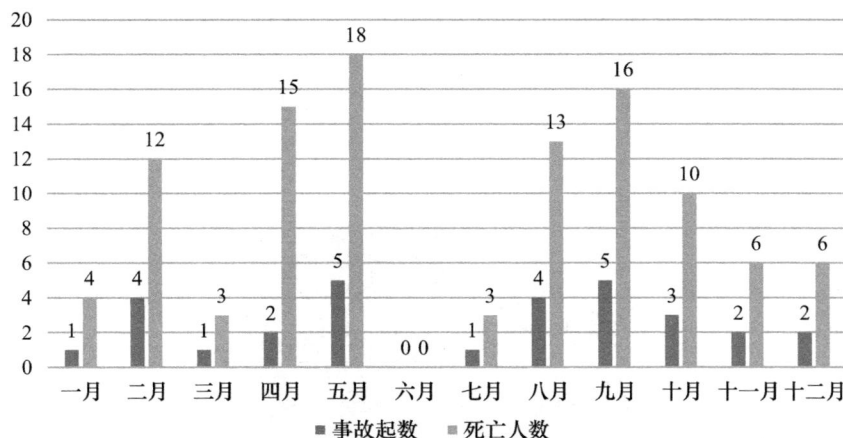

图 2　2017—2024 年房屋市政工程起重机械伤害较大及以上事故按月度分布图

3. 设备类型统计分析

2017—2024 年，起重机械伤害事故中塔式起重机事故最多，共发生27起，死亡89人，分别占总事故数的约71.05%和65.44%；升降机（施工升降机和物料提升机）发生事故9起，死亡40人，分别占事故总数的23.68%和29.41%；流动式起重设备发生事故1起，死亡4人，分别占事故总数的2.63%和2.94%；其他类型起重机械发生事故1起，死亡3人，分别占事故总数的2.63%和2.21%。2017—2024年房屋市政工程起重机械伤害较大及以上事故按设备类型分布图如图3所示。

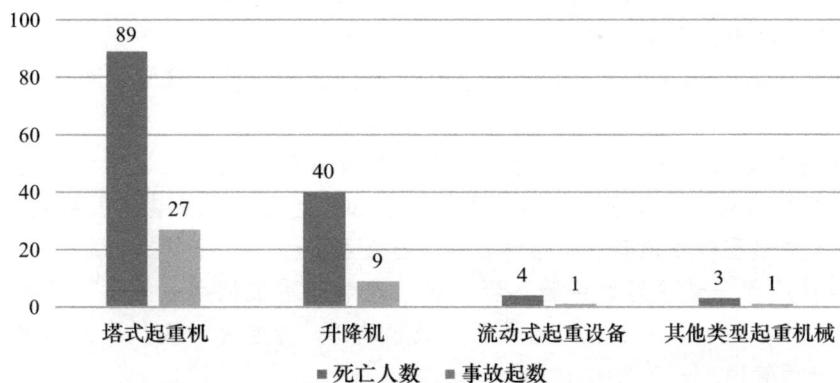

图 3　2017—2024 年房屋市政工程起重机械伤害较大及以上事故按设备类型分布图

从单起事故造成的人员伤亡情况上看，升降机事故造成后果较为严重，如河北衡水"4·25"施工升降机坠落事故造成11人死亡，是防范遏制重特大事故的重点。

4. 作业环节统计分析

2017—2024 年，起重机械较大及以上事故发生最多的环节为顶升阶段和使用阶段，顶升阶段发生事故10起、死亡35人，分别占总数的25.64%和25.74%；使用阶段发生事故12起、死亡48人，分别占总数的30.77%和35.29%；拆除阶段发生事故9起、死亡30人，分别占总数的23.08%和22.06%；安装阶段发生事故4起、死亡11人，分别占总数的

10.26% 和 8.09%；降节阶段发生事故 3 起、死亡 9 人，分别占总数的 7.69% 和 6.62%；停机阶段发生事故 1 起、死亡 3 人，分别占总数的 2.56% 和 2.21%。2017—2024 年房屋市政工程起重机械伤害较大及以上事故按作业环节分布图如图 4 所示。

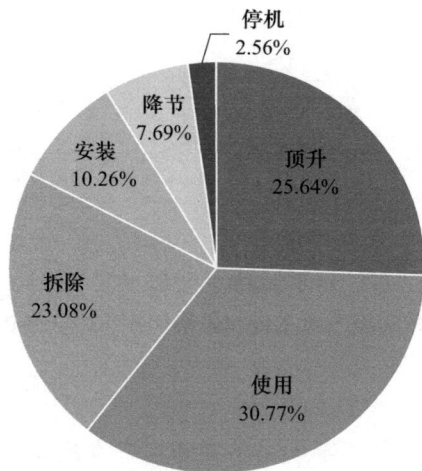

图 4　2017—2024 年房屋市政工程起重机械伤害较大及以上事故按作业环节分布图

从 2017—2024 年发生的起重机械伤害较大及以上事故作业环节来看，发生最多的环节为顶升阶段，其次是使用阶段、拆除阶段、安装阶段、降节阶段和停机阶段。较大及以上事故中的顶升阶段占比较高，是由于对作业班组配合和人员操作技能要求高，稍有不慎很容易发生群死群伤事故，是防范遏制较大及以上事故的重点环节。

二、起重机械事故预防措施建议

1. 督促施工企业加强对塔式起重机、施工升降机等顶升、降节的重点管理，必须严格按照专项施工方案进行作业，特种作业人员必须持证上岗。

2. 督促施工总承包单位在春节前后合理安排设备管理人员在场值班，确保对分包单位安装拆卸作业实施有效管理。每年上半年重点加强起重机械安装、拆卸环节安全管控，下半年重点加强起重机械顶升、降节作业的安全管控。

3. 总结推广部分地区好的经验，研究推行建筑起重机械"一体化"经营模式。培育高水平建机一体化企业和专业化工人队伍，鼓励施工总承包单位委托"一体化"企业对建筑起重机械进行管理。

4. 加快推进智慧工地建设，依靠物联网、大数据和信息化、智能化技术，提高施工现场起重机械设备安全生产监测预警水平。

5. 依托多部委共建的安全生产监管信息化平台，共享建筑起重机械制造环节数据和设备出厂信息，推动解决产品溯源问题。加强与生产制造厂家的信息共享。

七、高处作业重大事故隐患判定标准

第九条 高处作业有下列情形之一的，应判定为重大事故隐患：

（一）钢结构、网架安装用支撑结构基础承载力和变形不满足设计要求，钢结构、网架安装用支撑结构超过设计承载力或未按设计要求设置防倾覆装置。

【解　读】

钢结构与网架安装的本质是"荷载与变形的精确博弈"，支撑结构地基的承载力和变形控制是这场博弈的胜负手。任何对设计要求的妥协，都是在挑战结构力学的底线——轻则返工延误工期，重则酿成重大事故。

1. 钢结构、网架安装用支撑结构地基基础承载力和变形不满足设计要求，可能引发以下严重事故：

（1）承载力不足：地基无法承受支撑结构传递的荷载（包括钢结构自重、施工荷载、风载等），导致基础沉降或局部塌陷，引发支撑架倾斜甚至整体垮塌。

（2）变形超标：基础不均匀沉降或水平位移过大会改变支撑结构的受力状态，例如网架支点位移超过设计允许值（如±5mm），可能引发杆件屈曲或节点破坏。

（3）连锁倒塌：钢结构或网架为高次超静定结构，局部支撑失效会导致内力重分布，可能引发多米诺骨牌式连续破坏。

（4）使用阶段引发结构风险：临时支撑地基问题若未被发现，可能掩盖至结构使用阶段。例如，某商业综合体钢柱安装时因支撑基础局部下沉，导致柱脚偏斜2°，竣工后持续缓慢沉降，5年后柱顶位移达80mm，被迫整体加固。

2. 钢结构、网架安装用支撑结构未按设计要求设置防倾覆装置可能引发以下严重事故：

（1）高空作业时，支撑结构暴露面积大（如网架跨度超百米），瞬时强风（≥6级）产生的侧向推力远超静力计算值，可能导致支撑架倾覆。

（2）钢结构吊装时的摆动惯性力或突然卸载（如构件脱钩）会引发冲击性侧向力矩，加大倾覆风险。

（3）施工人员密集作业或重型机械（如液压提升器）的振动可能破坏支撑结构平衡。如：某会展中心钢桁架安装时，因履带起重机行走振动导致临时支架倾斜，引发局部塌落，直接损失超500万元。

【本条款主要依据】

1. 行业标准《建筑施工高处作业安全技术规范》JGJ 80—2016

第5.2.2条　构件吊装和管道安装时的悬空作业应符合下列规定：钢结构吊装，构件宜在地面组装，安全设施应一并设置。

2. 国家标准《钢结构工程施工质量验收标准》GB 50205—2020规定，支撑体系验收不合格严禁进行上部结构安装。

3. 国家标准《钢结构工程施工规范》GB 50755—2012

第4.2.5条　施工阶段的临时支承结构和措施应按施工状况的荷载作用，对构件应进行强度、稳定性和刚度验算，对连接节点进行强度和稳定验算。当临时支承结构作为设备承载结构时，应进行专项设计；当临时支承结构或措施对结构产生较大影响时，应提交原设计单位确认。

4. 行业标准《建筑施工临时支撑结构技术规范》JGJ 300—2013明确要求，支撑高度超过4倍基底宽度时必须设置防倾覆措施。

第5.1.2条　支撑结构的地基应符合下列规定：

（1）搭设场地应坚实、平整，并应有排水措施；

（2）支撑在地基土上的立杆下应设具有足够强度和支撑面积的垫板；

（3）混凝土结构层上宜设可调底座或垫板；

（4）对承载力不足的地基土或楼板，应进行加固处理；

（5）对冻胀性土层，应有防冻胀措施；

（6）湿陷性黄土、膨胀土、软土应有防水措施。

【判 定 方 法】

在钢结构或网架安装过程中，若支撑结构的地基基础承载力不足、变形超标，或未按设计要求设置防倾覆装置，可能导致结构失稳甚至倒塌。以下是判断方法及检测手段：

1. 判断地基基础承载力与变形是否达标的检测方法

（1）地基承载力验证

1）现场试验法

静荷载试验：在基础区域分级加载（通常为设计荷载的1.2～1.5倍），观测沉降量是否超过允许值（如≤20mm/24h）。

动力触探试验：使用轻型（N10）或重型（N63.5）触探仪，根据击数换算地基承载力（对比设计值）。

平板荷载试验：适用于浅基础，直接测定地基土变形模量。

2）数据分析法

地质报告复核：核对实际地质条件（如土层分布、地下水位）是否与设计假设一致。

承载力计算校核：根据现场实测土体参数（如黏聚力 c、内摩擦角 φ），重新计算地基承载力特征值 f_a，判断是否满足 $f_a \geqslant P/A$。其中，P 为支撑结构传至基础的荷载，A 为基础底面积。

（2）变形监测

1）沉降观测

沉降观测点布设：在支撑结构基础四角及中部设置观测点，使用精密水准仪监测沉降量。

允许偏差：独立基础倾斜率≤0.5‰，框架结构相邻柱基沉降差≤0.002L（L为柱距）。

2）水平位移监测

全站仪、测斜仪：测量基础水平位移，允许值一般≤10mm（具体按设计要求）。

（3）快速风险识别

若出现以下现象，可能地基承载力不达标：

1）支撑结构底部出现明显裂缝或隆起。

2）雨后基础周边土壤软化、渗水。

3）监测数据连续3d变化速率超限（如沉降速率＞2mm/d）。

2. 判断防倾覆装置是否按设计设置的检查方法

（1）设计文件比对

查看设计图纸，检查防倾覆装置（如缆风绳、斜撑、锚固点）的类型、数量、位置是否与施工图一致。重点验证：缆风绳角度（通常与地面夹角呈45°～60°）；斜撑间距（≤6m）及连接节点（螺栓等级、焊缝质量）。

（2）现场实物检测

1）节点检查

锚固螺栓：扭矩扳手检测预紧力是否达标（如M24螺栓扭矩≥400N·m）。

焊缝质量：超声波探伤抽检焊缝缺陷（裂纹、未熔合等），缺陷长度≤焊缝总长10%。

2）稳定性测试

临时加载试验：施加设计荷载的30%～50%，观测支撑结构倾斜度（≤$H/500$，H为结构高度）。

总之，判断支撑结构安全性的核心是"设计—施工—监测"闭环验证：

量化检测：通过试验与仪器获取客观数据，而非仅凭经验判断。

动态监控：施工全程监测地基变形与结构稳定性。

严格比对：实物与设计文件的逐项核查。

需特别注意隐蔽工程（如地锚埋深）和节点连接的合规性，避免因细节疏漏引发系统性风险。

【整改措施】

在钢结构或网架安装过程中，若发现支撑结构地基基础承载力不足、变形超标或防倾覆装置缺失，必须采取系统性技术措施和管理手段消除隐患。以下是分阶段消除措施和解决方案：

1. 地基基础问题整改措施

（1）调整荷载

减小支撑结构跨度（如增设临时支柱，间距≤6m）；优化施工顺序，优先安装轻量化构件，降低地基瞬时荷载。

（2）承载力不足加固（表1）

表1　不同地基状况的加固技术及实施要点

技术措施	适用场景	操作要点
注浆加固	局部土质松散或承载力不均	钻孔至持力层，注入水泥浆（水灰比0.5～0.6），注浆压力0.2～0.5MPa，提升承载力20%～40%
换填垫层	浅层软土（深度＜3m）	挖除软弱土层，换填级配砂石（分层压实，每层≤300mm，压实系数≥0.97）
微型桩加固	深层软弱地基或紧急抢险	植入直径150～300mm的钢管桩，桩长深入持力层≥2m，间距1～1.5m，顶部浇筑连梁

（3）变形超标处理

应急卸载：立即移除支撑结构上的荷载（钢构件、设备等），将变形速率控制在≤1mm/d。

补偿纠偏：对单侧沉降区域采用千斤顶顶升（顶升量＝沉降差×1.2），同步注浆填充空隙。

长期监测：安装自动化沉降监测系统（精度0.01mm），数据超标时自动触发警报。

2. 防倾覆装置缺失整改措施

（1）斜撑与支撑加固

在支撑结构薄弱部位焊接三角形斜撑（∠100mm×10mm角钢，间距≤4m），节点采用全熔透焊缝（UT检测合格）。

增加横向水平撑（H型钢，截面200mm×200mm×8mm×12mm），提升整体抗侧刚度。

（2）缆风绳补设（表2）

表2　缆风绳设置技术参数要求

参数	技术要求
直径与角度	钢丝绳直径≥16mm（抗拉强度≥1770MPa），与地面夹角呈45°～60°
地锚设置	地锚埋深≥2m，采用混凝土块（≥1m³）或螺旋桩（入土深度≥3m）
拉力控制	单根缆风绳预紧力≤破断拉力的15%（使用张力计检测，如50kN预紧力对应340kN破断力）

（3）节点与连接强化

高强度螺栓替换：将普通螺栓替换为10.9级高强度螺栓（如M24），扭矩施加至400N·m（±3%误差）。

焊缝补强：对关键节点补焊加劲板（厚度≥10mm），超声波探伤（UT）检测Ⅱ级合格。

3. 应急预案

紧急制动流程：监测系统报警→自动切断吊装设备电源→人员疏散至50m外→启动临时支撑系统。

临时支撑系统：30min 内搭建装配式钢支架（如速捷架），跨距≤3m，顶部设置可调支座承托原结构。

结语：消除隐患需遵循"先稳后改、分层加固、全程监控"原则，最终目标是通过"结构可靠＋管理可控"双重保障，将风险消除在萌芽阶段。

【事故案例】

案例 1：2014 年河南省新乡市"5·1"厂房钢结构坍塌较大事故

事故简介： 2014 年 5 月 1 日 18 时 4 分许，河南省新乡市平原城乡一体化示范区中部医药物流产业园 2 号物流分拣中心在建钢结构厂房发生一起坍塌较大事故，造成 3 人死亡，1 人重伤，直接经济损失 452.5 万元。

事故原因： 在建钢结构框架未形成不导致结构永久变形的稳定空间体系，在阵风作用下导致柱间竖向支撑受力过大，螺纹处破坏，丧失纵向刚度，导致钢构抗拉承载力降低最终导致坍塌，造成钢结构框架整体坍塌（图 1）。

图 1　钢结构框架坍塌

案例 2：2021 年四川省成都市"9·10"钢棚网架垮塌事故

事故简介： 2021 年 9 月 10 日 14 时 01 分，四川省成都市轨道交通 17 号线二期工程土建五工区建设北路站防尘降噪施工棚工程施工过程中发生坍塌，造成 4 人死亡、14 人受伤，直接经济损失 650 余万元。

事故原因： 网架中部分杆件设计承载力不足，部分与支座相连的竖腹杆承载力标准值不足，网架安装过程中部分支座位置竖腹杆所受压力超过其承载力标准值，施工过程中网架上弦支座未与支承柱有效连接，使网架结构处于不稳定工作状态，由于临时设施未按设计要求设计防倾覆装置，网架顶部堆载和多工序交叉施工作业产生的外力扰动加速不稳定结构体系失稳坍塌（图 1、图 2）。

图 1　事故现场图

图 2　网架坍塌

（二）单榀钢桁架（屋架）等预制构件安装时未采取防失稳措施。

【解　　读】

单榀钢桁架（屋架）作为独立构件，在安装过程中可能处于不稳定状态，特别是在没有形成整体结构之前，容易受到各种外力的影响。比如，吊装过程中的动态荷载、风荷载、施工人员操作带来的扰动，这些都可能导致桁架失稳。因此，采取防失稳措施是确保施工安全和结构完整性的关键。

在单榀钢桁架（屋架）等预制构件安装过程中，若未采取有效的防失稳措施，可能引发一系列严重风险，甚至导致灾难性事故。以下是具体风险分析及潜在后果：

1. 结构失稳导致倒塌：没有临时支撑或固定，桁架可能在自重或外力作用下失去稳定性，导致整体或局部倒塌，危及现场人员和设备安全。

2. 节点连接失效：安装时未正确固定节点，可能导致连接部位松动或断裂，影响整体结构强度。

3. 杆件屈曲或变形：由于缺乏侧向支撑，某些杆件可能因受压过大而发生屈曲，导致结构变形甚至破坏。

4. 施工过程中的动态风险：如吊装时桁架摆动，如果没有防摇摆措施，可能撞击其他结构或设备，引发事故。

5. 环境影响：风荷载、温度变化等外部因素可能加大失稳风险，尤其是在高空作业时，风险更大。

【本条款主要依据】

1. 国家标准《钢结构工程施工规范》GB 50755—2012

第 11.4.4 条　桁架（屋架）安装应在钢柱校正合格后进行，并符合下列规定：

（1）钢桁架（屋架）可采用整榀或分段安装。

（2）钢桁架（屋架）应在起扳和吊装过程中防止产生变形。

（3）单榀钢桁架（屋架）安装时应采用缆绳或刚性支撑增加侧向临时约束。

2. 国家标准《钢结构工程施工规范》GB 50755—2012

第11.5.2条　单层钢结构在安装过程中，应及时安装临时柱间支撑或稳定缆绳，应在形成空间结构稳定体系后再扩展安装。单层钢结构安装过程中形成的临时空间结构稳定体系应能承受结构自重、风荷载、雪荷载、施工荷载以及吊装过程中冲击荷载的作用。

3. 国家标准《建筑与市政施工□□□□生与职业健康通用规范》GB 55034—2022

第3.4.6条　吊装作业时，对□□□□□□□□取临时固定措施。对临时固定的构件，应在安装固定完成并□□□□□□临时固定措施。

【判 定 方 法】

在单榀钢桁架（屋架）等预□□□□□□□未采取防失稳措施需结合设计文件、现场检查和技术监测□□□□□□□关键风险识别要点：

1. 设计文件核查（与施工□□□□

（1）检查临时支撑设计：□□□□□□□算的类型（格构柱、H型钢）、间距（通常≤桁架跨度1/3）□□□□□□。

（2）缆风绳参数验证：□□□□□□□12mm）、角度（45°～60°）和地锚抗拔力（≥20kN）。

（3）稳定性验算：核查□□□□□□□考虑风荷载（体型系数 $\mu_s=1.3$）、吊装动载系数（1.1～1.3）□□。

2. 现场检查与测量□□

（1）临时支撑体系检□□

□□□□判定依据

检查项目			工具／方法
支撑数量与间距	支撑间□□□□□架，支撑间距 ≤10m□□		激光测距仪
支撑垂直度	垂直□□□□□□□5m 高支撑偏差 ≤10□□		经纬仪或激光垂准仪
顶部可调支座	支座□□□□□□□≤50mm		塞尺＋目视检查

（2）缆风绳与地□□□□□□□检查标准与方法

检查项目			工具／方法
缆风绳设置	每榀桁架至少 4 根，对称布置，与地面夹角呈45°～60°		量角器＋全站仪定位
钢丝绳状态	无断丝、锈蚀，直径磨损≤7%（如原直径16mm，实测 ≥14.9mm）		卡尺测量＋目视检查

检查项目	判定标准	工具／方法
地锚埋深与抗拔	混凝土块地锚尺寸＞1m³，螺旋桩入土深度≥3m，抗拔力≥20kN	拉力计测试（抽检10%）

（3）节点与连接检查（表3、表4）

表3 桁架安装关键部位检查项目、判定标准及检测手段

检查项目	判定标准	工具／方法
高强度螺栓终拧	M24螺栓终拧扭矩：400N·m，外露丝2～3扣	数显扭矩扳手（误差≤±3%）
焊缝质量	临时焊缝有效厚度6mm，无裂纹、夹渣	超声波探伤（UT）抽检
桁架支座固定	与预埋件接触面≥90%，间隙≤2mm	塞尺＋目视检查

表4 桁架结构安全监测标准与设备配置要求

监测参数	报警阈值	监测设备
桁架倾斜度	＞$H/500$（如30m高桁架倾斜＞60mm）	无线倾角仪（精度0.01）
杆件应变	实测应变值＞设计允许值的80%（如Q345钢材允许应变$E=0.0015$）	电阻应变片＋数据采集仪
支撑基础沉降	累计沉降＞20mm或相邻支撑沉降差＞10mm	静力水准仪（精度0.01mm）

3. 动态监测与数据验证

（1）实时监测参数

（2）技术手段辅助

三维激光扫描：对比安装后点云模型与BIM设计模型，偏差＞10mm时报警。

有限元模拟：输入实际荷载与约束条件，若屈曲安全系数＜1.5判定为失稳风险。

4. 快速识别方法

若存在以下现象，表明防失稳措施缺失或失效：

（1）目视可见变形

桁架侧向弯曲肉眼可辨（如30m跨中部侧移＞150mm）。

临时支撑明显倾斜或底部土壤隆起。

（2）异常声响

高强度螺栓松动发出"吱呀"声。

杆件屈曲导致金属摩擦声。

（3）监测数据异常

倾角数据连续2h变化速率＞0.1°/h。

应变值突然增大超过50%。

5. 管理痕迹验证

（1）施工记录核查

检查《临时支撑验收记录》《缆风绳张拉记录》是否签字齐全；确认吊装作业前是否进行稳定性专项交底。

（2）人员访谈

询问操作人员是否知晓紧急情况下（如大风警报）的加固流程；验证特种作业人员（焊工、起重工）是否持证上岗。

总结：判定防失稳措施是否到位的核心是"设计—施工—监测"一致性验证：（1）量化对比：严格按设计参数检查临时支撑、缆风绳的规格与位置。（2）动态监控：通过传感器捕捉失稳前兆（如微变形、应变突变）。（3）管理闭环：从方案审批到验收记录的全程可追溯性。

需特别注意"临时结构≠次要结构"，施工阶段稳定性控制应等同于永久结构的安全标准。

【整改措施】

在单榀钢桁架（屋架）等预制构件安装过程中，若发现未采取防失稳措施，必须立即采取系统性技术和管理措施消除隐患。以下是分阶段、分场景的解决方案：

1. 紧急应急处理

（1）立即停止作业与现场隔离

切断动力源：停止吊装设备运行，锁定操作台，禁止非抢险人员靠近。

设置警戒区：以桁架投影范围为中心，向外扩展20m设置警戒线，疏散无关人员。

临时固定：用捯链或钢丝绳将桁架与相邻结构（如混凝土柱）临时拉结，防止倾覆。

（2）卸载与减载（表5）

表5 桁架结构应急加固措施及技术设备规范

措施	技术要求	工具／设备
增设临时支撑	间距≤桁架跨度1/3（如30m跨桁架间距≤10m），支撑顶部设可调支座（调节量±50mm）	装配式格构柱（截面800mm×800mm）
补设缆风绳	每榀桁架至少4根，直径≥16mm，与地面夹角呈45°～60°，地锚抗拔力≥20kN	螺旋桩地锚（入土深度≥3m）
节点加固	高强度螺栓终拧扭矩达标（如M24螺栓≥400N·m），补焊加劲板（厚度≥10mm）	数显扭矩扳手 超声波探伤仪（UT）

移除附加荷载：清除桁架上堆放的施工材料、设备及人员（活载≤3kN/m²）。

分步卸载：若桁架已部分安装，采用千斤顶（顶升力≥设计荷载的1.2倍）逐步卸载至地面。

2. 技术整改措施

（1）已安装未卸载的桁架

（2）尚未安装的桁架

3. 动态监测与验收

（1）实时监测参数（表6）

表 6　桁架工程安全监测项目、设备精度及报警阈值规范

监测项目	设备与精度	报警阈值
桁架倾斜度	无线倾角仪（精度0.01°）	$>H/500$（H 为桁架高度）
关键杆件应变	电阻应变片（精度$1\mu\varepsilon$）	超过设计值的80%
临时支撑沉降	静力水准仪（精度0.01mm）	累计沉降>10mm 或 速率>2mm/d

（2）验收流程

临时支撑与缆风绳安装后，测量垂直度（偏差$\leqslant H/500$）与预紧力（抽检10%）；加载至设计荷载的50%，持荷1h，变形恢复率$\geqslant 95\%$；联合签署《防失稳措施整改验收单》（表7）。

表 7　桁架吊装施工优化措施与技术设备规范

措施	技术要求	工具/设备
优化吊装方案	采用多点吊装（吊点间距$\leqslant$桁架长度1/4），吊装角度$\leqslant 30°$，动载系数$\leqslant 1.3$	BIM模拟软件
预装稳定框架	在地面组装相邻两榀桁架并安装横向支撑（如水平系杆、交叉支撑），形成稳定单元后整体吊装	全站仪校准拼装精度（$\leqslant 3$mm）

总结：消除失稳风险需遵循"先稳后改、分层控制、闭环验收"原则：（1）技术核心：通过临时支撑体系将单榀桁架转化为稳定空间结构。（2）管理核心：从方案设计到施工验收的全流程数字化留痕。（3）经济性：采用装配式支撑和物联网监测，平衡安全与成本。

关键是通过"硬措施（技术加固）＋软措施（管理优化）"构建双重防御体系。

【事故案例】

案例1：2016年贵州省黔西南州"8.13"网架坍塌事故

事故简介： 2016年8月13日，贵州省黔西南布依族苗族自治州望谟县义龙一中文体馆工程发生网架坍塌事故，造成4名施工人员死亡。

事故原因： 钢网架吊装安装未到位、支座未锚固、高空拼装未搭设支撑架、在外力作用下造成钢网架重心位移倾覆失稳，这是造成事故的主要原因。除此之外，施工单位没有履行安全生产管理主体责任，不按图纸设计说明施工，安装工人无证上岗、违章作业，这

些是造成事故的间接原因（图1）。

图1 事故现场图

案例2：2020年江西省赣州市"12.30"钢结构坍塌事故

事故简介： 2020年12月30日8时5分许，江西省赣州市安远县江西喜多橙农产品有限公司年初加工脐橙55万吨项目A2果品车间在钢结构安装过程中发生坍塌，造成4人死亡、4人受伤，直接经济损失986万元。

事故原因： 安装时未采取防失稳措施，柱间支撑和屋面水平支撑均未安装。屋面钢梁除1～10轴/J～N轴小范围未安装，其余已安装完毕。钢柱及钢梁间系杆大部分已安装。屋面檩条安装30%左右。根据现场实际情况，柱间支撑和屋面水平支撑均未安装，这会导致钢结构缺乏必要的支撑，容易发生失稳倒塌事故。此外，屋面钢梁只有1～10轴/J～N轴小范围未安装，其余已安装完毕，这表明钢结构的施工存在明显的漏洞。虽然钢柱及钢梁间系杆大部分已安装，但屋面檩条安装只有30%左右，存在明显的安全隐患（图1）。

图1 事故现场图

（三）悬挑式卸料平台的搁置点、拉结点、支撑点未设置在稳定的主体结构上，且未做可靠连接。

【解　读】

悬挑式卸料平台的安全性高低依赖其与主体结构的连接可靠性。主体结构提供稳定的力学基础，而可靠连接则确保荷载有效传递和动态平衡，从而避免倾覆、滑移或局部破坏，保障施工人员生命安全和工程顺利进行。

在悬挑式卸料平台的施工过程中，若其搁置点、拉结点或支撑点未设置在稳定的主体结构上，或未进行可靠连接，可能导致以下严重事故风险：

1. 建筑主体结构（如梁、柱、剪力墙等）经过专业设计计算，具有明确的承载力和抗变形能力，能够承受悬挑式卸料平台的荷载（包括自重、施工荷载、风荷载等）。若连接点设置在临时结构或不稳定的部位（如砖墙、轻质隔墙等），可能导致局部过载、变形甚至坍塌。

2. 悬挑式卸料平台因一端悬空，需通过拉结和支撑点与主体结构形成力矩平衡。若连接点不可靠，悬挑端可能因荷载偏心或外力（如风、振动）发生倾覆。可靠连接（如焊接、高强度螺栓锚固）能抵抗水平力或振动引起的滑移，确保悬挑式卸料平台位置固定。

3. 悬挑式卸料平台的荷载需通过搁置点、拉结点和支撑点传递至主体结构。主体结构能提供明确的传力路径，避免应力集中或传力中断。主体结构的刚度可有效限制平台的挠度，防止因变形过大导致悬挑式卸料平台失稳或材料疲劳。

【本条款主要依据】

1.《危险性较大的分部分项工程安全管理规定》（住房和城乡建设部令第 37 号）

悬挑式卸料平台应进行专项设计，包括结构计算书、节点构造详图，并经技术负责人审批。

2. 行业标准《建筑施工高处作业安全技术规范》JGJ 80—2016

第 6.4.1 条　悬挑式操作平台设置应符合下列规定：

（1）操作平台的搁置点、拉结点、支撑点应设置在稳定的主体结构上，且应可靠连接。

（2）严禁将操作平台设置在临时设施上。

（3）操作平台的结构应稳定可靠，承载力应符合设计要求。

3. 行业标准《建筑施工安全检查标准》JGJ 59—2011

第 3.13.3 条　悬挑物料钢平台：（2）悬挑物料钢平台的下部支撑系统或上部拉结点，应设置在建筑结构上。

【判定方法】

在悬挑式操作平台的施工与使用过程中，判定其搁置点、拉结点、支撑点是否设置在稳定主体结构上且可靠连接，需通过设计核查、现场检测、荷载试验等多维度手段综合验证。以下是判定方法及操作步骤：

1. 设计文件核查

（1）支撑点位置验证

核对施工图纸，确认搁置点、拉结点、支撑点是否标注在梁、柱、剪力墙等承重结构上，而非楼板、填充墙或悬挑构件上。

验算主体结构承载力：

$$P_{设计} \geqslant 1.5 P_{使用}（P_{使用} = 平台自重 + 活载）$$

（2）连接节点设计合规性

检查设计是否采用冗余连接（如双排锚栓＋焊缝）。

锚栓规格是否满足抗拉、抗剪要求（如 M24 化学锚栓抗拉设计值 ≥ 50kN）。

2. 现场检查与测量

（1）支撑点位置与结构检查（表1）

表1　悬挑式卸料平台搁置与支撑部位检查要点及判定标准

检查项目	判定标准	工具／方法
搁置点位置	位于混凝土梁或柱上，距梁端 ≥ 200mm，避开后浇带、施工缝	全站仪定位＋钢卷尺测量
主体结构完整性	混凝土无裂缝、蜂窝，强度 ≥ C30（回弹仪检测）	回弹仪（抽检10%）
楼板承重验证	若支撑点位于楼板，验算楼板承载力（设计活载 ≥ 5kN/m²）	结构计算软件

（2）连接可靠性检查（表2）

表2　悬挑式卸料平台固定连接质量检查要点及判定依据

检查项目	判定标准	工具／方法
锚栓安装质量	化学锚栓植入深度 ≥ 10d（d为锚栓直径，如 M24 ≥ 240mm）	深度检测仪＋目视检查
螺栓预紧力	混凝土无裂缝、蜂窝，强度 ≥ C30（回弹仪检测）	数显扭矩扳手
焊缝质量	若支撑点位于楼板，验算楼板承载力（设计活载 ≥ 5kN/m²）	超声波探伤仪（抽检20%）
拉结钢丝绳	直径 ≥ 16mm，绳卡数量 ≥ 3个，间距 ≥ 6d（d为锚栓直径）	卡尺测量＋目视检查

3. 风险迹象快速识别

（1）目视可见缺陷

混凝土承重面压碎、崩裂。

锚栓外露段锈蚀 ≥ 30% 表面积。

钢丝绳断丝率 > 10%。

（2）异常变形

悬挑钢梁端部下垂量 > L/250（如 6m 悬挑梁下垂 > 24mm）。

平台整体倾斜角 > 3°。

（3）使用异常

悬挑式卸料平台晃动明显（人员走动时振幅＞50mm）。

连接节点发出异响（螺栓松动摩擦声）。

4. 管理流程核查

（1）验收记录检查

核查《悬挑式卸料平台验收表》是否包含锚栓拉拔试验报告、焊缝检测记录、荷载试验数据。

确认监理、施工单位签字齐全。

（2）人员资质验证：

焊工持特种作业操作证（项目包含钢结构焊接）。

检测人员具备UT/MT二级以上资质。

【整改措施】

在悬挑式卸料平台的施工与使用过程中，若发现搁置点、拉结点、支撑点未设置在稳定主体结构上或连接不可靠，必须立即采取系统性措施消除隐患。

1. 立即停止使用并隔离警戒

（1）中止作业：立即停止操作平台上的一切施工活动，撤离平台上的所有人员和设备，避免荷载进一步增加导致结构失稳。

（2）封闭危险区域：设置警戒线或警示标识，禁止无关人员靠近，防止意外发生。

（3）临时加固：

增设临时支撑：采用型钢、钢管等材料对不稳定部位进行临时支撑或顶撑，确保平台处于稳定状态。

加强连接节点：使用钢丝绳、U形卡扣或焊接等方式对松动的拉结、支撑点进行临时固定，防止位移扩大。

（4）由专业技术人员对悬挑式卸料平台的设计方案、荷载计算及施工图纸进行复核，确保符合规范要求。

2. 整改与修复

（1）重新设置关键节点。

将搁置点、拉结点、支撑点移至主体结构的混凝土梁、柱等可靠受力部位，严禁设置在填充墙、临时结构或未经验收的构件上。

确保锚固长度、焊缝长度、螺栓规格等满足设计要求，必要时增设抗滑移构造（如止挡钢板）。

（2）控制材料与工艺：更换锈蚀、变形或强度不足的构件，采用符合设计要求的材料，严格按工艺标准施工。

3. 验收恢复使用

（1）联合验收：整改完成后，由施工单位、设计单位、监理单位及安全部门共同验收，重点检查节点连接的可靠性、临时支撑的拆除条件等。

（2）荷载试验：整改后按1.2倍设计荷载进行静载试验，持续观察24h，需无变形、松动。

（3）验收合格后悬挂限载牌（标明均布荷载≤5.5kN/m²，集中荷载≤15kN）。

（4）建立平台使用台账，每日检查连接点稳定性及防护栏杆完整性，大风、暴雨后必须复检。

4. 推广使用新技术

（1）推广工具式悬挑式卸料平台，采用标准化构件（如定型化钢梁、可调斜撑）减少人为误差。

（2）高层建筑优先采用落地式操作平台或装配式升降平台。

结语：悬挑式卸料平台的整改需结合隐患阶段与场景，从停工评估、结构加固、验收恢复使用全流程介入，确保平台与主体结构可靠连接，杜绝坍塌风险。

【事故案例】

案例1：2014北京市通州区"1·7"卸料平台侧翻事故

事故简介： 2014年1月7日14时50分，北京市通州区新华大街京杭广场1号住宅商业楼施工现场，B区6层B2段卸料平台吊环螺栓发生断裂，造成平台侧翻，致使在平台上码放物料的2名工人随物料一同坠落至1号楼南侧基坑内，将正在基坑内进行清理作业的3名工人砸伤致死。事故共计造成5人死亡。

事故原因： 卸料平台在安装过程中，未按照施工方案的要求，改变了平台吊环螺栓的竖向高度和水平位置，对吊环螺杆的受力产生不利影响，从而导致了事故的发生。除此之外，吊环螺栓实际承载能力较差，吊环的内侧焊趾存在较为严重的局部应力集中，而吊环焊接缺欠、弯曲成形时受损、吊环螺杆的反复使用及该部位的应力较复杂等因素均影响吊环的承载能力，导致吊环螺杆在较低的应力水平下发生脆性破坏。

经国家建筑工程质量监督检验中心鉴定，事发卸料平台断裂的3根吊环螺杆，为一次性过载脆性断裂（图1、图2）。

图1 施工现场图

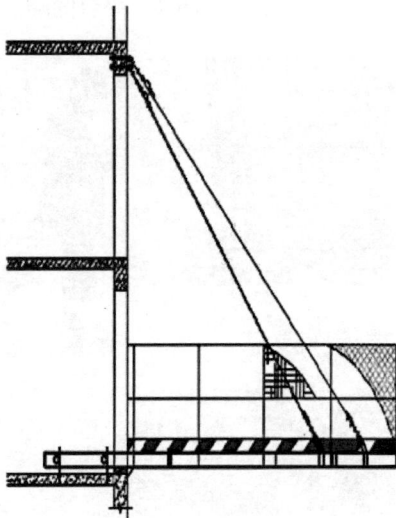

图2 施工结构图

案例 2：2020 年北京市顺义区"11·28"卸料平台侧翻事故

事故简介： 2020 年 11 月 28 日 13 时 23 分许，位于北京市顺义区赵全营镇的原板桥三期项目 1 号商务办公楼等 12 项（不含地下车库三段、四段、五段）工程施工现场，3 号商务办公楼 10 层北侧卸料平台发生侧翻，造成 3 人死亡，直接经济损失 482.76 万元。

事故原因： 卸料平台严重超载是导致吊环螺杆过载脆性断裂的主要因素；卸料平台钢丝绳主绳与水平钢梁夹角过小、吊环未紧贴建筑结构边梁、悬挑长度略大于设计要求、安装不符合有关规定的情况导致卸料平台实际承载能力降低，是吊环螺杆断裂的次要因素；吊环材质、焊缝长度不满足设计要求，吊环存在焊趾凹坑、制作吊环时材质性能受损，吊环材料在低温下脆性增加等因素均进一步增加吊环螺杆脆性断裂的可能，在严重超载情况下吊环螺杆发生过载脆性断裂、引发卸料平台侧翻，作业人员未系挂安全带，从高处坠落，导致事故发生（图 1～图 4）。

图 1　平台侧翻

图 2　物料倾落

图 3　检查事故现场

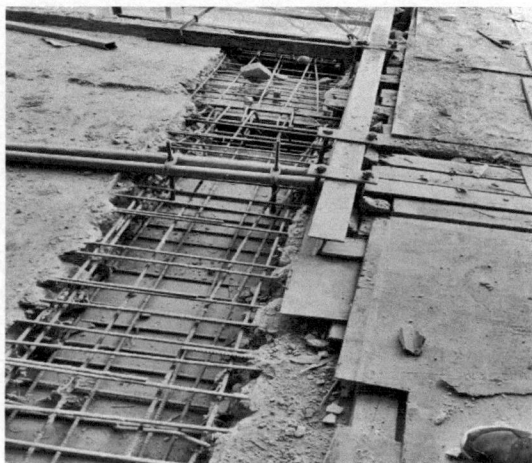

图 4　事故现场

（四）脚手架与结构外表面之间贯通未采取水平防护措施，或电梯井道内贯通未采取水平防护措施且电梯井口未设置防护门。

【解　读】

本条款为新修订的《判定标准》新增条款。

1. 脚手架与结构外表面之间的贯通间隙是高空作业中的"隐形杀手"，水平防护措施通过物理隔离和拦截，从根本上阻断人员坠落和物体打击的风险。

当脚手架与建筑外表面之间有间隙时，工人在此区域作业可能没有足够的支撑，在间隙处铺设脚手板、钢板网或设置水平安全平网，可形成连续作业面，消除"空洞"隐患，提供连续的工作平台，减少危险。另外，施工中若工具、建材（如螺栓、钢管、模板）从间隙处掉落，可能击中下方人员或设备，在间隙下方设置水平安全平网（或兜网），可拦截坠落物，减少物体打击风险。因此，脚手架作业层边缘与结构外表面的间隙若超过150mm，必须采取防护措施，应每3层或高度不超过10m设置一道水平防护层，确保多层作业时的整体安全。

2. 电梯井道作为垂直贯通的"高危陷阱"，其水平防护措施是阻断坠落链、保障生命安全的最后防线。

在电梯井道内施工或维护过程中，由于井道通常为垂直贯通的多层空间，且内部环境复杂（如未封闭的楼层开口、设备安装交叉作业等），采取水平防护措施是保障人员安全、防止坠落和物体打击的核心要求。因此，应在井道内每隔不超过10m设置一道水平安全平网（或硬质防护层），形成坠落拦截层，阻断自由落体路径。

【本条款主要依据】

1. 行业标准《建筑施工扣件式钢管脚手架安全技术规范》JGJ 130—2011

明确要求脚手架作业层脚手板应铺满、铺稳，离墙间隙≤150mm；大于150mm时需采取水平封闭措施。

2. 行业标准《建筑施工高处作业安全技术规范》JGJ 80—2016

第4.2.1条　洞口作业时，应采取防坠落措施，并应符合下列规定：（1）当竖向洞口短边边长小于500mm时，应采取封堵措施；当垂直洞口短边边长大于或等于500mm时，应在临空一侧设置高度不小于1.2m的防护栏杆，并应采用密目式安全立网或工具式栏板封闭，设置挡脚板。

第4.2.2条　电梯井口应设置防护门，其高度不应小于1.5m，防护门底端距地面高度不应大于50mm，并应设置挡脚板。

第4.2.3条　在电梯施工前，电梯井道内应每隔2层且不大于10m加设一道安全平网。电梯井内的施工层上部，应设置隔离防护设施。

3. 国家标准《电梯工程施工质量验收规范》GB 50310—2002

规定井道内施工时必须采取防坠落措施，未封闭的层门洞口需设置防护栏杆或盖板。

4. 行业标准《建筑施工安全检查标准》JGJ 59—2011

第3.3.4条　扣件式钢管脚手架一般项目的检查评定应符合下列规定：

（3）层间防护

1）作业层脚手板下应采用安全平网兜底，以下每隔10m应采用安全平网封闭；

2）作业层里排架体与建筑物之间应采用脚手板或安全平网封闭。

5. 国家标准《施工脚手架通用规范》GB 55023—2022

第4.4.4条　脚手架作业层应采取安全防护措施，并符合下列规定：（6）沿所施工建筑物每3层或高度不大于10m处应设置一层水平防护。

【判定方法】

在建筑施工中，判定脚手架与结构外表面之间贯通是否采取了水平防护措施，或电梯井道内贯通是否采取水平防护且井口是否设防护门，需通过以下方法进行判断：

1. 脚手架与结构外表面贯通是否采取水平防护的判定

（1）现场目视检查

观察间隙存在性：检查脚手架与建筑物外表面之间的垂直间隙是否贯通（通常间隙超过150mm即需防护）。

防护设施缺失：若间隙处未设置水平安全网、防护板或硬质封闭措施，则视为未采取防护。

（2）实测验证

测量间隙宽度：使用卷尺测量脚手架与结构外表面的实际间距，确认是否超过规范允许值。

检查防护材料：水平防护网应为阻燃材料，网眼不大于50mm；硬质防护板应固定牢固且无破损。

2. 电梯井道内贯通未采取水平防护且井口无防护门的判定

（1）水平防护的判定

逐层检查：电梯井道内是否每隔不大于10m设置一道水平硬质防护（如钢制平台或模板支撑）；防护层是否连续覆盖井道全断面，并与井壁可靠固定。

防护层缺失：若井道内存在未封闭的贯通洞口（如未设置水平防护层），则判定违规。

（2）井口防护门的判定

外观检查：电梯井口是否设置高度≥1.5m的定型化防护门，门扇网格间距≤150mm；防护门是否固定牢靠（如采用插销或螺栓），并标有"禁止拆除"警示标志。

功能验证：防护门应能上锁或设置联动装置，防止人员误开。

【整改措施】

针对施工现场发现的脚手架与结构外表面贯通未采取水平防护措施，或电梯井道内贯通未采取水平防护且未设置防护门的隐患，需依据规范要求采取整改措施，具体如下：

1. 脚手架与结构外表面贯通存在的隐患整改措施

（1）立即停工与风险隔离

停止相关区域作业，设置警戒区并封锁通道。

若脚手架已使用，需立即卸除荷载，避免超载或集中荷载加剧风险。

（2）水平防护补设

脚手架与结构间隙封闭：若间隙＞150mm，需满铺脚手板或张挂安全平网，网体与结构间隙≤25mm。

分层防护：沿建筑物高度每3层或不大于10m增设水平安全网，采用双层防护（上层密目网＋下层大眼平网），斜拉钢丝绳直径≥14mm，支撑杆间距≤3m。

节点加固：安全平网边绳与支撑结构靠紧，系绳间距≤750mm，断裂张力≥7kN。

（3）验收与动态监控

整改后需进行1.2倍荷载静载试验，观察24h，需无变形、松动。

悬挂限载标识（均布荷载≤5.5kN/m²，集中荷载≤15kN），建立每日巡查台账，重点检查网体连接和防护栏杆完整性。

2. 针对电梯井道内贯通存在的隐患整改措施

（1）紧急管控与防护门安装

停止电梯井周边作业，封闭井口并悬挂"禁止进入"警示牌。

井口安装工具式防护门（高度≥1.5m，网格间距≤15cm），门底部设200mm高挡脚板并涂刷红白警示漆。

（2）水平硬防护补强

井道内每隔2层或不大于10m设置一道水平安全网，网体与井壁间隙≤25mm。

采用悬挑式平网时，支撑钢丝绳直径≥9.3mm，预埋钢筋环或设置内外双横杆固定。

电梯井底层及悬挑架底部增设封闭式硬质防护层。

（3）结构修复与验收

对井道壁破损、预埋件松动等缺陷进行灌浆或焊接修复，必要时增设U形压板扩大锚固范围。

联合施工、监理、设计单位验收，重点检查防护门闭锁功能、平网张紧度及隐蔽工程记录。

（4）注意事项

随着建筑楼层升高或外立面变化，脚手架与结构间隙可能动态调整，需及时补充水平防护。

在施工过程中电梯井道往往需要临时贯通（如物料运输），一定要做好临时封闭，设置警示标识。

【事故案例】

案例：2021年河南省丹阳市"10·12"高处坠落事故

事故简介： 2021年10月12日13时30分左右，丹阳市丹北镇五星商业广场安装电梯时，芮某与石某在电梯井道作业，脚手架突然下坠，二人一同坠落至一楼井道坑底，芮某经抢救无效死亡。

事故原因： 安装公司未按施工方案在电梯井道口做好防护措施，脚手架安装不牢固。

芮某未正确佩戴安全带等劳动防护用品。同时，安装公司未对芮某进行安全技术交底和安全生产教育培训，未严格落实生产安全事故隐患排查治理制度。

（五）高处作业吊篮超载使用，或安全锁失效、安全绳（用于挂设安全带）未独立悬挂。

【解　　读】

本条款为新修订的《判定标准》新增条款。

近年来，高处作业吊篮在施工中使用量越来越大，发生事故的风险也不断加大。高处作业吊篮的超载、安全锁失效和安全绳未独立悬挂是典型的"三重致命违规"，轻则设备损坏，重则引发群死群伤。其本质是破坏高空作业的力学平衡与冗余保护原则。

1. 吊篮超载：吊篮设计荷载有限，超载会大幅增加钢丝绳拉力，超过其抗拉强度时瞬间断裂，导致吊篮坠落；超载可能破坏吊篮平衡，尤其在吊篮移动或受风力作用时，加剧晃动甚至倾翻；超载也可能导致支撑结构（屋面悬挂机构）发生塑性变形或焊缝开裂，进而引发倾覆；屋面悬挂配重不足时，超载可能导致悬挂支架被拉离原位，整体滑移坠落进而引发倾覆。

2. 安全锁失效：安全锁是吊篮钢丝绳断裂时的最后保护装置。若安全锁失效，单侧钢丝绳断裂后，吊篮将直接坠向地面。安全锁（如摆臂式或离心式安全锁）失效时，若吊篮因荷载不均或碰撞发生倾斜（通常倾斜角度≥8°），无法自动锁止钢丝绳，吊篮可能加速倾斜直至坠落。

3. 安全绳未独立悬挂：独立安全绳是高空作业"双绳保护"（工作绳＋安全绳）的核心要求。安全绳是作业人员安全带的独立悬挂锚点，若未单独固定在建筑主体结构上（如与吊篮共用悬挂点），一旦吊篮坠落，人员会随吊篮一同下坠，安全带形同虚设。

若上述三种情况同时存在，会导致吊篮风险叠加，即：超载引发钢丝绳断裂→安全锁失效无法锁止→安全绳随吊篮坠落→人员无逃生机会。单次事故可能造成吊篮施工作业人员群死群伤。

【本条款主要依据】

1. 国家标准《高处作业吊篮》GB/T 19155—2003

第5.2.4条　吊篮的每个吊点必须设置2根钢丝绳，安全钢丝绳必须装有安全锁或相同作用的独立安全装置。在正常运行时，安全钢丝绳应顺利通过安全锁或相同作用的独立安全装置。

第5.2.5条　吊篮宜设超载保护装置。

2. 行业标准《建筑施工易发生事故防治安全标准》JGJ/T 429—2018

第5.8.5条　（4）吊篮的安全锁应完好无损，不得使用超过有效标定期的安全锁。

3. 行业标准《建筑施工工具式脚手架安全技术规范》JGJ 202—2010

第5.5.7条　不得将吊篮作为垂直运输设备，不得采用吊篮运送物料。

第5.5.8条　吊篮内作业人员不应超过2个。

第5.5.9条　吊篮正常工作时，人员应从地面进入吊篮内，不得从建筑物顶部、窗口等处或其他孔洞处出入吊篮。

第5.5.10条　在吊篮内的作业人员应佩戴安全帽，系安全带，并应将安全锁扣正确挂置在独立设置的安全绳上。

第5.5.11条　吊篮平台内应保持荷载均衡，不得超载运行。

4. 行业标准《建筑施工易发事故防治安全标准》JGJ/T 429—2018

第5.8.5条　4.吊篮的安全锁应完好有效，不得使用超过有效标定期的安全锁。

【判定方法】

针对高处作业吊篮是否存在超载使用、安全锁失效及安全绳未独立悬挂的重大隐患，可通过以下方法进行判断：

1. 判断吊篮是否超载使用的方法

（1）核查额定荷载

铭牌信息：检查吊篮设备铭牌上的额定荷载（含人员、工具、材料总重量），通常标注为"最大工作荷载"。

荷载计算：核实现场实际荷载，公式为：

$$实际荷载＝人员重量（按每人75kg计）＋工具材料重量$$

若超过铭牌数值，则判定为超载。

（2）现场检查

目视观察：吊篮明显下沉、钢丝绳异常紧绷或提升机运行迟缓，可能为超载迹象。

称重验证：使用便携式称重设备测量吊篮总重，直接比对额定值。

（3）管理记录检查

查阅吊篮使用登记表，确认每次作业人数及载物重量是否超出限制。

2. 判断安全锁是否失效的方法

（1）功能测试

倾斜锁止测试：将悬吊平台一端提升至倾斜角度≥8°（参考国家标准《高处作业吊篮》GB/T 19155—2017），观察安全锁是否在5s内自动锁止钢丝绳。

手动触发测试：拉动安全锁手动释放手柄，检查是否能复位并重新锁紧。

（2）外观与有效期检查

锁体状态：安全锁表面应无锈蚀、变形，锁舌动作灵活。

检测标签：检查安全锁是否在有效标定期内（通常每半年需由专业机构检测）。

3. 判断安全绳是否未独立悬挂的方法

（1）固定方式检查

独立锚点：每根安全绳应单独固定在建筑主体结构（如混凝土梁、柱）的专用锚环上，严禁与工作钢丝绳共用锚点。

悬挂状态：安全绳应垂直悬挂，无打结、缠绕或与脚手架、管道等物体接触。

（2）绳体状态检查

材质与直径：安全绳应为高强度镀锌钢丝绳，直径≥8mm（依据国家标准《高处作业吊篮》GB/T 19155—2017）。

磨损与锈蚀：检查绳体是否有断丝、锈蚀、变形，若断丝数超过总丝数10%或直径磨损≥7%，需立即更换。

4. 其他注意事项

（1）吊篮的额定荷载要在明显位置标明，作业人数不超过两人。

作业人员＋工具＋材料总重不得超过额定荷载定值的80%，严禁集中堆放荷载。

（2）安全带的安全绳必须独立固定在建筑物主体结构上，必须独立悬挂，严禁与吊篮同时悬挂。

（3）安全锁在吊篮超速下滑时，能及时锁住吊篮。要注意的是安全锁的标定日期为一年。

（4）作业前检查设备，配备应急下降装置，开展防坠落演练。

【整改措施】

针对施工现场发现的高处作业吊篮超载使用、安全锁失效或安全绳未独立悬挂等隐患，必须立即采取以下措施消除事故隐患：

1. 立即停止使用并隔离危险区域

停止作业：立即暂停吊篮使用，撤离所有作业人员，禁止无关人员靠近隐患区域。

设置警戒标志：在吊篮周边设置警戒线、悬挂"禁止使用"警示牌，必要时安排专人值守。

2. 消除隐患的针对性具体措施

（1）吊篮超载使用

卸载超重荷载：移除吊篮内多余材料、工具或减少作业人员，确保总重量≤吊篮额定荷载（以铭牌标注为准）。

检查设备状态：观察吊篮结构、钢丝绳及提升机是否因超载产生变形或损伤，必要时应临时加固。

规范荷载管理：在吊篮内张贴额定荷载标志，明确限定作业人数及载物重量；配置称重装置或安排专人监督荷载，严禁超载。

（2）安全锁失效

停用并锁定设备：关闭吊篮电源，悬挂"故障停用"标志，防止误操作。

临时固定吊篮：使用独立安全绳或手动葫芦将吊篮固定至可靠锚点，防止意外滑移。

更换合格安全锁：采购符合国家标准《高处作业吊篮》GB/T 19155—2017的安全锁，由厂家或专业机构安装调试。

定期检测：建立安全锁检测台账，每半年委托第三方检测机构进行功能校验。

（3）安全绳未独立悬挂

增设临时锚点：将安全绳重新固定至混凝土梁、柱等承重结构上的专用锚环，确保与吊篮工作绳分离。

检查安全绳状态：若绳体存在断丝、锈蚀或磨损（直径减少≥7%），立即更换合格钢丝绳。

独立设置锚点：在建筑主体结构上增设专用锚环，确保每根安全绳单独固定且垂直悬挂。

更换安全绳：采用直径≥8mm的高强度镀锌钢丝绳，严禁使用报废或不合格绳索。

3. 全面检查与安全评估

（1）隐患溯源查找分析

核查吊篮的日常检查记录、安全锁检测报告及操作人员资质，追溯管理漏洞。

（2）设备功能测试

安全锁测试：按国家标准《高处作业吊篮》GB/T 19155—2017进行倾斜锁止试验（倾斜≥8°时是否自动锁止）。

超载保护测试：验证吊篮超载时能否自动切断电源并报警。

（3）结构安全性评估

由专业检测机构对吊篮主体结构、钢丝绳及悬挂装置进行全面检测，出具评估报告。

4. 联合验收

（1）整改完成后，由施工单位、监理单位、设备供应商及安全部门共同验收，重点检查安全锁触发灵敏度、安全绳锚固可靠性和荷载控制措施有效性。

（2）通过空载、额定荷载及超载模拟试验验证设备安全性。

结语：针对高处作业吊篮存在的重大事故隐患，应遵循"停用隔离→临时处置→专业评估→彻底整改→验收合格"的流程，系统性消除吊篮隐患，同时通过制度完善和人员培训构建长效预防机制，确保高处作业安全可控。

【事 故 案 例】

案例：2023年山东省菏泽市"8·15"较大高处坠落事故

事故简介： 2023年8月15日7时许，山东省菏泽市郓城县恒源锦绣城E区项目12号楼发生一起高处作业吊篮倾覆较大生产安全事故，造成5人高处坠落死亡，直接经济损失约726万元。

事故原因：

1. 高处作业吊篮工作钢丝绳断裂

东侧工作钢丝绳锈蚀、破损严重，呈现大量断丝，已达到报废标准，受力时达到极限承载力断裂（图1、图2）。

图1　东侧工作钢丝绳断口（俯视）

图2　东侧工作钢丝绳断口（侧视）

2. 安全锁未能有效锁住安全钢丝绳

安全钢丝绳在安全锁内于夹绳锁块外侧穿过，穿绳方法错误。安全锁无效，无法起到安全保护作用。东西两侧安全锁均被砂浆等杂物玷污，完全包裹安全锁表面（图3、图4），均未见安全锁出厂铭牌和标定标牌。其中，西侧安全锁呈锁紧状态，东侧安全锁未锁紧安全钢丝绳。

图3　西侧安全锁　　　　　图4　东侧安全锁

3. 违规超员搭乘高处作业吊篮

高处作业吊篮人数5人，超载且搭乘人员未佩戴使用安全带，吊篮平台倾覆过程中脱离吊篮坠落。涉事吊篮图如图5和图6所示。

图5　事故吊篮外观　　　　　图6　涉事吊篮图

【经验教训】　高处坠落事故专项分析（2017—2024年）

一、事故规律特征分析

1. 事故总体统计分析

2017—2022年，全国房屋市政工程共发生高处坠落较大事故7起、死亡27人；

2022—2024 年较大及以上事故起数为 0。未发生重大及以上事故。2017—2024 年房屋市政工程高处坠落事故总量变化趋势图如图 1 所示。具体事故明细见附录 6。

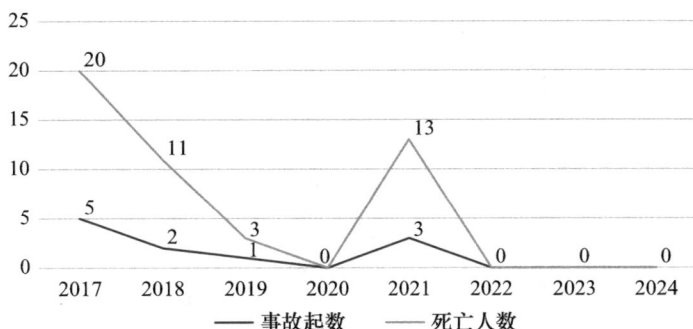

图1　2017—2024 年房屋市政工程高处坠落事故总量变化趋势图

2. 项目类型统计分析

从 2017—2024 年发生较大高处坠落事故项目类型来看，最多的为公共建筑项目，发生事故 4 起、死亡 17 人，分别占总数的 57.14% 和 62.96%，其次是住宅项目，发生事故 2 起、死亡 6 人，分别占总数的 28.57% 和 22.22%；市政基础设施项目发生事故 1 起、死亡 4 人，分别占总数的 14.29% 和 14.81%。2017—2024 年房屋市政工程高处坠落较大事故按项目类型分布图如图 2 所示。

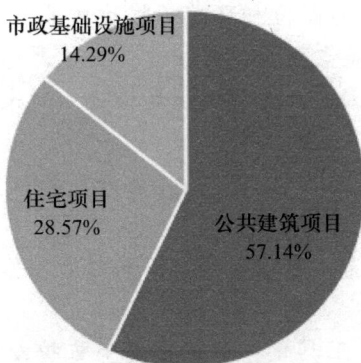

图2　2017—2024 年房屋市政工程高处坠落较大事故按项目类型分布图

3. 事故发生时间统计分析

2017—2024 年，单月发生高处坠落较大事故起数最多的为 7 月，发生事故 2 起、死亡 11 人，分别占总数的 28.57% 和 40.74%。其次是 3 月，发生事故 2 起、死亡 6 人，分别占总数的 28.57% 和 22.22%。1 月、2 月、4 月、5 月、8 月、10 月、11 月未发生高处坠落事故。2017—2024 年房屋市政工程高处坠落较大事故按月度分布图如图 3 所示。

从 2017—2024 年发生较大高处坠落事故时间来看，单季度发生高处坠落较大事故起数最多的为第三季度，单月发生高处坠落较大事故起数最多的为 7 月。每年第二季度和第三季度是房屋市政工程项目施工的高峰阶段，施工量大，作业人员连续工作时间长，易出现疲劳与操作失误，导致高处坠落事故发生。

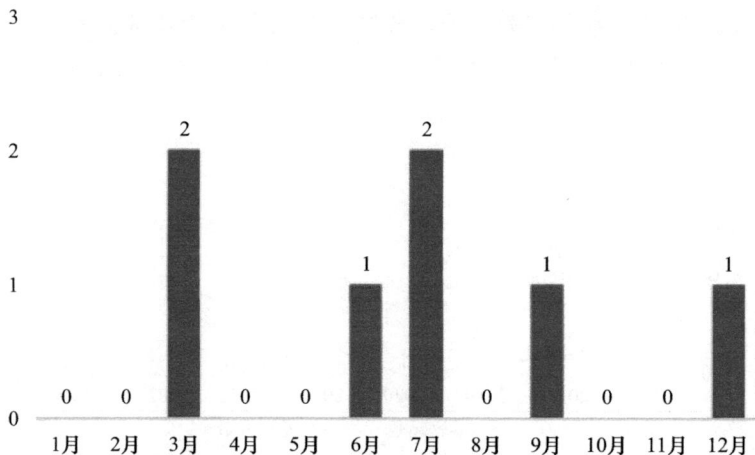

图3　2017—2024年房屋市政工程高处坠落较大事故按月度分布图

二、高处坠落事故预防措施建议

1. 督促施工总承包单位开展全员预防高坠事故的教育培训，尤其是一线作业人员、特种作业人员，安全培训教育要与风险辨识、施工方案、高坠事故警示等相结合，鼓励采用VR技术等新形式开展防高坠体验式教育培训，要组织开展事故应急演练，提升全员安全防护意识和操作技能。

2. 督促建筑施工企业加强对劳务人员预防高坠事故的安全技术交底，项目部、施工班组要对高坠事故多发、易发的部位和环节（临边作业、井道口、外脚手架和吊篮施工等）进行技术交底，内容进行重点提示，要求作业人员严格执行安全操作规程，杜绝违章作业，安全交底必须落实到人，并加强施工现场检查，对未按标准佩戴安全带、安全帽等防护用具的，要加大处罚力度。

3. 在高温、降雨、大风等天气进行高处作业时，应采取防滑、防雷、防暑措施，合理安排作业时间。每年第二季度、第三季度等重点时段，有针对性地加大高处作业隐患排查力度，尤其是10m以下高度范围和临边洞口，同时严控作业人员工作时间，防止人员疲劳作业导致坠落事故发生。

4. 积极推广应用定型化、工具化、标准化安全防护设施，鼓励使用临边红外线报警系统、智能安全门锁、机器换人、在线监测等新技术、新工艺，淘汰部分高处作业操作难度大、安全隐患较多的工艺和设备，全面提升预防高坠事故人防、物防和技防水平。

八、施工临时用电重大事故隐患判定标准

第十条 施工临时用电有下列情形之一的,应判定为重大事故隐患:

(一)特殊作业环境(通风不畅、高温、有导电灰尘、相对湿度长期超过 75%、泥泞、存在积水或其他导电液体等不利作业环境)照明未按规定使用安全电压。

【解　读】

未按规定使用安全电压的本质是"以普通环境标准应对特殊风险",其后果远超一般电气事故,可能演变为灾难性事件。

国家标准《建设工程施工现场供用电安全规范》GB 50194—2014 和行业标准《建筑与市政工程施工现场临时用电安全技术标准》JGJ 46—2024 规定了不同情况下使用安全电压的限值,分别有 36V、24V、12V 三种。特殊作业环境下未按规定使用安全电压可能造成的伤亡事故:

1. 高温环境:超压运行导致导线绝缘层加速老化,短路起火。

2. 潮湿环境(如隧道、井下):人体电阻降低,未采用 ≤ 36V 安全电压时,普通 220V 电压漏电可致心室颤动或心脏骤停,致死率极高。

3. 导电灰尘(粉尘)环境:高电压设备短路产生的电火花,可引燃悬浮粉尘,引发剧烈爆炸(如 2014 年昆山铝粉爆炸事故致 146 人死亡)。

【本条款主要依据】

1. 行业标准《建筑与市政工程施工现场临时用电安全技术标准》JGJ/T 46—2024

第 9.2.2 条　下列特殊场所应使用安全特低电压照明器:

(1)隧道、人防工程、高温、有导电灰尘、潮湿场所的照明,电源电压不应大于 AC 36V;

(2)灯具离地面高度小于 2.5m 场所的照明,电源电压不应大于 AC 36V;

(3)易触及带电体场所的照明,电源电压不应大于 AC 24V;

(4)导电良好的地面、锅炉或金属容器等受限空间作业的照明,电源电压不应大于 AC 12V。

第 9.2.5 条　照明变压器应使用双绕组型安全隔离变压器。

2. 国家标准《建设工程施工现场供用电安全规范》GB 50194—2014

第 10.2.5 条　下列特殊场所应使用安全特低电压系统(SELV)供电的照明装置,且电源电压应符合如下规定:

下列特殊场所的安全特低电压系统照明电源电压不应大于 24V：

（1）金属结构构架场所。

（2）隧道、人防等地下空间。

（3）有导电粉尘、腐蚀介质、蒸汽及高温炎热的场所。

3. 行业标准《建筑施工易发事故防治安全标准》JGJ/T 429—2018

第 8.0.8 条　施工照明应符合下列规定：

（1）隧道、人防工程、高温、有导电灰尘、比较潮湿或灯具离地面高度低于 2.5m 等场所的照明，电源电压不应大于 36V。

（2）潮湿和易触及带电体场所的照明，电源电压不得大于 24V。

（3）特别潮湿场所、导电良好的地面、锅炉或金属容器内的照明，电源电压不得大于 12V。

4. 国家标准《建筑与市政施工现场安全卫生与职业健康通用规范》GB 55034—2022

第 3.10.4 条　施工现场的特殊场所照明应符合下列规定：

（1）手持式灯具应采用供电电压不大于 36V 的安全特低电压（SELV）供电。

（2）照明变压器应使用双绕组型安全隔离变压器，严禁采用自耦变压器。

（3）安全隔离变压器严禁带入金属容器或金属管道内使用。

【判 定 方 法】

在特殊作业环境中，若照明未按规定使用安全电压，需通过以下方法发现这些隐患：

1. 现场勘察与隐患识别

环境特征确认：检查以下环境条件下地面是否有水、设备表面是否凝露、空气中粉尘浓度是否超标。

（1）通风不畅（如密闭地下室、隧道）

（2）高温（如冶炼车间、锅炉房）

（3）导电灰尘（如煤粉、金属粉尘车间）

（4）相对湿度 ≥ 75%（如食品加工厂、水处理池）

（5）泥泞 / 积水（如建筑基坑、矿山巷道）

2. 照明设备检查

（1）直接证据

查看灯具铭牌或标签，确认额定电压（若标注 220V/380V 则违规）。检查电源线接线方式：

违规现象：未使用隔离变压器、未接地、无漏电保护装置。

合规要求：应采用双重绝缘、安全隔离变压器供电（输出电压不大于 36V）

（2）间接证据

线路老化、绝缘层破损、接头裸露，易导致漏电。

灯具外壳无防水防尘等级标志（如 IP65）。

3. 检测与验证

（1）电压测量

工具：万用表（量程调至 AC 0～250V）。

方法：断电状态下，确认线路连接方式（是否经隔离变压器降压）。通电后测量灯具输入端电压。

安全电压：≤36V（干燥环境）或≤12V（极度潮湿／金属容器内）。

危险电压：若测得≥50V，则判定违规。

（2）绝缘性能测试

工具：绝缘电阻测试仪（500V档）。

标准：照明线路对地绝缘电阻≥0.5MΩ（潮湿环境需≥1MΩ），若电阻值过低，说明绝缘失效，易引发漏电。

4. 漏电保护验证

（1）检查配电箱是否安装漏电保护器（动作电流≤30mA，动作时间≤0.1s）。

（2）按下测试按钮，验证保护器是否正常跳闸。

5. 文件与管理记录审查

（1）关键资料

临时用电施工组织设计：是否明确特殊环境照明电压要求。

安全技术交底记录：是否告知作业人员安全电压使用规定。

电工巡检记录：是否有线路绝缘检测、漏电保护器测试记录。

（2）人员访谈

通过询问电工、作业人员、安全员等以下核心问题：

1）此区域照明电压是多少？是否使用降压设备？

2）是否接受过潮湿环境用电安全培训？

3）发现灯具漏电时如何处理？

总结：发现此类隐患需"环境观察＋技术检测＋管理追溯"进行处理：

（1）通过环境特征判定风险等级。

（2）用万用表、绝缘测试仪验证电压合规性。

（3）从文件记录中追溯管理漏洞。

【整改措施】

在特殊作业环境中发现照明未按规定使用安全电压的隐患时，需立即采取措施消除风险，确保作业安全。以下是具体整改步骤及要求：

1. 立即控制风险

（1）切断电源

停止使用违规照明设备，断开供电线路，设置"禁止合闸"警示牌，防止误操作。

对积水、泥泞区域进行临时排水处理，确保断电环境安全。

（2）隔离危险区域

设置警戒线或围挡，禁止无关人员进入危险区域。

对潮湿、导电环境进行通风除湿（如使用鼓风机），降低触电风险。

2. 技术整改措施

（1）更换配有安全电压的照明设备

普通潮湿环境（相对湿度≥75%）：使用≤36V安全电压。

极度潮湿环境（积水）：使用≤12V安全电压。

（2）更换防爆防潮灯具

防爆防水型LED灯（IP等级≥IP67，如IP68适用于水下环境）。

防尘型灯具（适用于导电粉尘环境，如煤粉车间）。

（3）完善供电系统

加装隔离变压器：将220V/380V市电降压至安全电压（12V/24V/36V）。

配置漏电保护装置：使用双重绝缘电缆（如橡胶护套电缆），避免线路破损漏电。

1）漏电保护器（动作电流≤30mA，动作时间≤0.1s）。

2）接地保护系统（接地电阻≤4Ω）。

3）使用双重绝缘电缆（如橡胶护套电缆），避免线路破损漏电。

（4）优化线路敷设

电缆架空敷设（距地面≥2.5m），避免浸泡水中或接触泥泞地面。

接头处采用防水接线盒，并做绝缘处理（如热缩套管包裹）。

3. 整改验收与验证

（1）功能测试

使用万用表测量照明线路电压，确认符合安全电压标准。

模拟漏电故障，验证漏电保护器是否及时跳闸（动作时间≤0.1s）。

（2）环境复测

对整改后的湿度、积水等环境指标进行复核，确保符合安全条件。

4. 培训与应急措施

（1）加强人员培训

岗前培训：作业人员需通过"安全电压使用"实操考核（如正确接线、应急断电）。

班前交底：强调"禁止私拉乱接""湿手操作"等禁令，签署风险告知书。

（2）应急物资配备

现场配置绝缘手套、绝缘靴、高压验电笔、干粉灭火器等应急器材。储备备用安全电压灯具及隔离变压器，确保故障时快速更换。

【事 故 案 例】

案例：2022年四川省泸州市"6·8"触电事故

事故简介： 2022年6月8日17时30分许，在四川省泸州市某浆纸有限责任公司碱电车间发生了一起触电事故，导致1人受伤，1人死亡。

事故原因： 事发环境潮湿，水汽、作业人员湿手套上的水渍向临时照明灯灯头与灯座结合部渗透，使其成为带电体，电流经作业人员身体到大地形成回路致其触电。电工将检修作业现场手持式砂轮机和220V临时照明灯线路接入无剩余电流动作保护功能的断路器，违反公司《作业安全管理制度》中"行灯电压不应超36V，在特别潮湿场所等装设的临时照明行灯电压不应超过12V"的规定。该公司未落实隐患排查治理制度，未及时发现并消除使用220V临时照明灯等隐患。

（二）在建工程及脚手架、机械设备、场内机动车道与外电架空线路之间的安全距离不符合规范要求且未采取防护措施。

【解　　读】

外电架空线路通常为高压电（如10kV、35kV或更高），若施工设备（如塔式起重机、泵车）或脚手架在操作中意外触碰线路，会导致电弧放电或直接导电，造成作业人员伤亡。即使没有直接接触，也可能导致电击事故。特别是工地上有很多金属设备，比如脚手架、起重机，这些都可能导电，增加风险。另外，在特殊情况下即使保持了一定距离，还是需要设置屏障或者绝缘材料，因为施工现场环境复杂，可能有不可预见的情况，比如机械操作失误或者天气因素导致距离缩短。

【本条款主要依据】

1. 行业标准《建筑与市政工程施工现场临时用电安全技术标准》JGJ/T 46—2024

第8.1.2条　在施工程（含脚手架）的周边与外电架空线路的边线之间的最小安全操作距离应符合表8.1.2规定。

外电线路电压等级（kV）	＜1	1～10	35～110	220	330～500
最小安全操作距离（m）	7.0	8.0	8.0	10.0	15.0

第8.1.3条　施工现场的机动车道与外电架空线路交叉时，架空线路的最低点至路面的最小垂直距离应符合表8.1.3规定。

外电线路电压等级（kV）	＜1	1～10	35
最小垂直距离（m）	6.0	7.0	7.0

第8.1.4条　起重机不得越过无防护设施的外电架空线路作业。在外电架空线路附近吊装时，塔式起重机的吊具或被吊物体端部与架空线路边线之间的最小安全距离应符合表8.1.4规定。

电压（kV）	＜1	10	35	110	220	330	500
沿垂直方向（m）	1.5	3.0	4.0	5.0	6.0	7.0	8.5
沿水平方向（m）	1.5	2.0	3.5	4.0	6.0	7.0	8.5

2. 行业标准《建筑施工升降机安装、使用、拆卸安全技术规程》JGJ 215—2010

第4.2.22条　施工升降机最外侧边缘与外面架空输电线路的边线之间，应保持安全操作距离。最小安全操作距离应符合表4.2.22的规定。

外电线路电压等级（kV）	＜1	1～10	35～110	220	330～500
最小安全操作距离（m）	4.0	6.0	8.0	10.0	15.0

【判 定 方 法】

判断在建工程及脚手架、机械设备、场内机动车道与外电架空线路之间的安全距离是否符合规范且是否采取防护措施时，需通过现场勘察、技术测量、管理审查等多维度方法综合验证。以下是具体判定方法与流程：

1. 现场勘察与目视检查

（1）通过观察环境初步识别风险

确认外电线路电压等级（通过线路标识或供电部门资料）。

检查架空线路与施工区域的水平及垂直相对位置（如是否位于塔式起重机回转半径内）。

（2）隐患表现

脚手架钢管、机械臂与电线距离明显过近（目测不足 1～2m）。

无绝缘隔离网、限高标识或防护挡板。

防护设施破损、缺失。

无"高压危险"警示标志或警戒线。

2. 技术测量与数据分析

（1）安全距离测量

测量工具：

1）激光测距仪：适用于低空、无障碍物遮挡的直线距离测量。

2）全站仪：复杂地形或高空线路的精确定位（精度 ±2cm）。

测量方法：

1）水平距离：线路与施工区域最近点之间的水平投影距离。

2）垂直距离：线路最低点与下方机械／脚手架顶部的垂直间距。

（2）通过规范对照（以 10kV 线路为例）

1）无防护措施最小安全距离：水平≥2m，垂直≥3m。

2）有绝缘隔离措施最小安全距离：水平≥1m，垂直≥1.5m。

3. 管理审查与记录追溯

（1）方案与交底审查

施工组织设计中是否包含外电线路防护专项方案（如方案中是否标注架空线路位置）。

安全技术交底记录是否明确安全距离要求及防护措施（如交底是否未覆盖机械操作人员）。

（2）监理与巡检记录

检查监理日志、安全员巡查记录，查看是否定期检查安全距离及防护措施，或发现隐患后是否下发整改通知并形成闭环。

【整改措施】

施工现场环境复杂，存在机械振动、大风天气等不可控因素，可能导致临时结构或设备位移超出安全距离。施工前需根据现场电压等级、设备类型及环境条件，制定专项防护方案，并通过技术交底和实时监控确保执行，以保障人员生命安全和工程顺利推进。施工中应采取多层防护措施：

物理隔离：设置绝缘隔离围栏、防护网，或调整施工布局。

绝缘覆盖：对脚手架等金属结构加装绝缘材料（如橡胶套管）。

限位装置：对起重机等设备的活动范围设置电子限位报警系统。

夜间警示：在高压线附近设置反光标识或警示灯，避免夜间操作误判距离。

【事故案例】

案例1：2011年内蒙古自治区鄂托克旗"5·21"触电伤亡事故

事故简介： 2011年5月21日鄂托克旗某建筑工程有限责任公司上海庙项目租赁了一辆吊车卸钢筋，碰到外电线路，发生触电事故。

事故原因： 吊车操作员违章作业。在未经电力部门批准和未采取任何安全保护措施的情况下，操作超重机械进入11kV架空高压线的保护区进行违章作业，致使超重机械设备与高压线接触，致超重吊物带电造成事故（图1）。

图1　吊车触碰高压线

案例2：2020年陕西省泾河新城"8·1"较大触电事故

事故简介： 2020年8月1日8时26分许，位于陕西省泾河新城高庄镇陕西明珠家居产业有限公司管业北区钢结构库房项目施工现场，3名作业人员在移动脚手架过程中，脚手架顶部不慎触碰上方架空高压电线，引发触电事故，致使3人当场死亡。

事故原因： 通过现场勘察和调查核实，该项目建设、施工单位违规在高压线保护区范围内组织施工，3名作业人员在未接受任何安全教育培训、无现场风险辨识能力情况下冒险、违章进入10kV高压线危险区域内进行特种作业，且现场无安全管理人员，3人在推动脚手架过程中，脚手架顶部不慎触碰高压线单相线，形成强大的瞬间接地电流，致使3人被电击死亡（图1）。

图1 施工现场高压电线下违章作业

九、有限空间作业重大事故隐患判定标准

第十一条 有限空间作业有下列情形之一的，应判定为重大事故隐患：

（一）未辨识施工现场有限空间，且未在显著位置设置警示标志。

【解　读】

建筑施工有限空间，一般为封闭或部分封闭，与外界相对隔离，出入口较为狭窄。常见的建筑施工有限空间有隧道、涵洞、地下管沟（道）、水池、水井、人工挖孔桩、地下室等。由于自然通风不良，有限空间可能存在缺氧、有毒气体、易燃物质等危险，如果不辨识，工人进入时可能发生意外。此外，如果没有警示标志，其他人员可能无意中进入危险区域，增大事故风险。

有限空间的高危险性（致命特征和物理危害）体现在以下几个方面：

1. 缺氧风险：有限空间（如管道、储罐、地下井、化粪池）通风不畅，氧气含量可能低于19.5%（正常为20.9%），工人进入后数分钟内即可窒息昏迷。

2. 有毒气体积聚：硫化氢（H_2S）、一氧化碳（CO）、甲烷（CH_4）等气体易在封闭空间内积聚，极低浓度即可致命（如 H_2S 浓度达 500×10^{-6} 可致瞬间死亡）。

3. 可燃性气体爆炸：若空间内可燃气体浓度达到爆炸极限（如甲烷爆炸极限为5%～15%），遇火花可能引发爆炸。

4. 坍塌风险：土方开挖形成的坑道或老旧储罐可能因结构失稳坍塌

【本条款主要依据】

日前，住房和城乡建设部颁布了《房屋市政工程有限空间识别及施工安全作业指南》（征求意见稿），鉴于正在征求意见中，本条款的参考依据若与该征求意见稿的正式版有变化，最终以正式稿为准。目前主要参考的依据：

1.《建设工程安全生产管理条例》

明确要求施工单位对危险部位设置警示标志。

2. 国家标准《安全标志及其使用导则》GB 2894—2008

规定有限空间入口处需悬挂"当心中毒""禁止入内"等标志，字体尺寸需满足可视距离要求（如20m内标志高度≥15cm）。

3.《工贸企业有限空间作业安全规定》（应急管理部第13号令）

4.《房屋市政工程有限空间识别及施工安全作业指南》（征求意见稿）

5.《中华人民共和国安全生产法》

第二十五条 生产经营单位的安全生产管理机构以及安全生产管理人员履行下列职责：（三）组织开展危险源辨识和评估，督促落实本单位重大危险源的安全管理措施。

6.《建设工程安全生产管理条例》

第二十八条 施工单位应当在施工现场入口处、施工起重机械、临时用电设施、脚手架、出入通道口、楼梯口、电梯井口、孔洞口、桥梁口、隧道口、基坑边沿、爆破物及有害危险气体和液体存放处等危险部位，设置明显的安全警示标志。安全警示标志必须符合国家标准。

【判 定 方 法】

1. 有限空间作业场景的判定，应同时满足 3 个物理条件和至少 1 个危险特征。

同时满足 3 个物理条件：（1）封闭或部分封闭的空间，且通风不良。（2）空间内有人员进出的需求和可能。（3）进出口或空间内活动存在限制。

至少存在 1 个危险特征：（1）存在或可能出现氧气含量不足。（2）存在或可能出现有毒有害气体。（3）存在或可能出现易燃易爆物质。

2. 施工现场环境复杂，有限空间可能被临时设施、材料堆放掩盖（如覆盖的检查井、隐蔽的电缆沟），识别时应引起足够警惕。

3. 施工单位应对辨识出的有限空间作业场所进行有效防护，在醒目处设置有限空间警示标志，在有限空间作业出入口设置危险有害因素告知牌。

【整 改 措 施】

在施工现场发现未辨识有限空间作业场且未设置警示标志的隐患时，需立即采取整改措施，防止人员误入或作业引发事故。以下是分阶段、多维度的整改方案：

1. 立即采取紧急措施

（1）全面停工与警戒

立即停止涉及区域的施工，疏散周边人员，划定临时警戒区，拉设警戒带并安排专人值守。对疑似有限空间（如未标识的坑道、窖井、管道等）进行初步封锁，禁止无关人员靠近。

（2）强制通风与初步检测

对未辨识的有限空间进行强制机械通风（≥30min），使用多气体检测仪（检测氧气、可燃气体、硫化氢、一氧化碳等），确认环境安全后开展后续排查。

2. 系统性隐患整改

（1）开展有限空间专项排查

组织安全、技术、施工等部门对全场地开展地毯式排查，重点核查：隐蔽区域（地下管道、储罐、暗沟等）；临时性设施（施工基坑、竖井、设备夹层）。

建立《有限空间动态管理台账》，记录位置、危险源、管控措施等信息，并上传至企业安全管理平台。

（2）强化技术防控措施

在有限空间集中区域安装智能监控系统，需具备以下功能：红外感应报警（人员靠近时触发声光警示）；电子围栏（与门禁联动，未经授权人员闯入自动锁闭入口）。

【事故案例】

案例：2021年四川省成都市"6·13"较大中毒和窒息事故

事故简介： 2021年6月13日，四川省成都市某公司在准备抽排污水处理站污水作业时，3名劳务员工在污水处理站接触氧化间进行抽排污水作业准备时，吸入硫化氢等有毒有害气体后中毒，坠入曝气池内，3名施救人员盲目入池施救导致事故伤亡扩大，最终造成6人死亡。

事故原因： 四川省成都市某公司未建立有限空间管理台账和有限空间作业台账，未落实有限空间作业安全审批制度，未对接触氧化间的有限空间进行安全风险辨识，未设置明显的安全警示标志，现场未配备个人防护用品。作业人员未遵守有限空间作业"先通风、再检测、后作业"的原则，未安排相关管理人员进行现场监护作业，在未采取个体防护措施的情况下，违规进入硫化氢等有毒有害气体溢出积聚的相对密闭空间作业，造成事故发生。

（二）有限空间作业未履行"作业审批制度"，未对施工人员进行专项安全教育培训，未执行"先通风、再检测、后作业"原则。

【解　　读】

有限空间通常存在空气流通不畅的问题，而作业人员在有限空间中工作时，容易出现中毒和窒息的风险。有限空间作业审批制度和"通风—检测—作业"流程，是阻断"无知、无畏、无序"作业的关键。通过审批强制风险评估、通风消除危险源、作业中动态监控，可以有效避免事故发生。任何环节的疏漏都可能引发连锁事故，唯有严格执行规范，才能守住"最后一道防线"。

1. 有限空间作业审批制度要求

有限空间作业必须执行作业前审批制度，施工单位签发作业票证，方可开展有限空间作业。

有限空间作业票证应包括有限空间作业班组、作业地点、作业内容、主要危险有害因素、作业人员、监护人员、作业时间、主要安全措施、审核与审批栏、完工确认栏等。

有限空间作业票证应由作业班组现场负责人申请，由施工单位现场管理人员核准确认。作业票证一式两份，作业班组、施工单位各一份，保存一年。

有限空间作业场景内存在动火作业等其他危险作业的，应同时办理相应作业审批手续。

有限空间作业票证有效时间为当班作业结束时间，且最长不得超过12h。当发生下列情形之一时，应重新办理作业票证。

（1）超出作业审批时间。（2）作业部位变化或作业范围扩大。（3）作业人员与监护人员发生变化。（4）作业内容或施工工艺发生变化。（5）作业环境条件发生较大变化。（6）当次作业结束后，施工单位现场管理人员应在作业票证上进行完工确认签字。

2. "先通风、再检测、后作业"原则要求

（1）作业前，必须采取通风措施，且保持空气流通30min以上。采用自然通风时，应充分利用上下游井口、人孔等孔洞，促进空气流动。对存在人员坠落风险的井口、洞口，作业时可使用透气式格栅盖板进行通风。

（2）检测时，初次使用气体检测报警仪前，应按照气体浓度判定限值设置报警参数，并测试声、光以及振动报警系统。气体检测报警仪检测时的停留时间，应大于仪器响应时间，一般不少于60s。气体检测包含准入检测和过程检测，分别指进入有限空间作业前和作业过程中，对有限空间内的气体成分和浓度进行的检测活动。

（3）作业进出有限空间前，应检查爬梯、踏步、安全梯等设备的牢固性和安全性。有限空间内作业人员不宜超过2人。作业人员进入有限空间，应正确佩戴劳动防护用品且不得随意脱卸，正确使用通信装置，作业过程与监护人员保持沟通。有限空间作业应避免交叉作业，确需交叉作业的，应做好防护措施。有限空间作业人员持续作业时间不宜超过2h，应通过轮换作业等方式，避免人员长时间在有限空间内工作。

（4）作业班组应在有限空间外，配备专职监护人员，不得擅离职守。

【本条款主要依据】

1. 地方标准《有限空间作业安全操作规范》DB32 /T 3848—2020

第5.3.3条　作业前，应采取通风措施，保持空气流通。

2.《房屋市政工程有限空间识别及施工安全作业指南》（征求意见稿）。

3. 国家标准《建筑与市政施工现场安全卫生与职业健康通用规范》GB 55034—2022

第3.9.2条　施工单位应根据施工环境设置通风、换气和照明等设备。

第3.9.3条　受限或密闭空间作业前，应按照氧气、可燃性气体、有毒有害气体的顺序进行气体检测。当气体浓度超过安全允许值时，严禁作业。

【判 定 方 法】

在有限空间作业时，判断是否未履行"作业审批制度"、未开展"专项安全教育培训"或未执行"先通风、再检测、后作业"原则时，需通过文件核查、现场查验、人员访谈等多维度进行验证。以下是具体判断方法及依据：

1. 判断是否未履行"作业审批制度"

（1）查作业票证

检查作业现场是否公示《有限空间作业票证》（或电子审批记录）。若未张贴或系统无记录，直接判定违规。

（2）流程验证

登录企业安全管理平台，查看作业票证的申请时间、审批时间、作业时间是否逻辑一致。若作业开始时间早于审批时间，视为"先作业后补票证"。

现场比对核对票证中填写的作业人员名单与实际进入人员是否一致，不一致则属违规。

2. 判断是否未开展"专项安全教育培训"

（1）培训记录审查

要求企业提供《有限空间作业人员培训档案》，确认所有作业人员及监护人是否完成年度专项培训（至少8学时），重点检查：

1）培训内容是否包含气体检测方法、应急救援、防护设备使用。

2）考核记录（需有试卷或实操评分，80分以上为合格）。

（2）现场能力测试

1）随机询问作业人员以下问题

"有限空间常见危险气体有哪些？"（标准答案：硫化氢、一氧化碳、甲烷等）；

"三脚架救援设备如何正确架设？"（需描述锚点固定、防坠器连接步骤）。

若回答错误率超过30%，判定培训未落实。

2）外包人员管理

查合同与资质：外包施工单位需提供《安全协议》，明确培训责任；外包人员须持有原单位培训证明或本企业入场培训记录，否则视为未培训。

3. 判断是否未执行"先通风、再检测、后作业"

（1）通风环节验证

检查设备与记录：检查是否配置强制通风设备（如防爆风机），且通风管延伸至作业区域底部；查看《通风记录》，确认通风时间≥30min（依据国家标准《缺氧危险作业安全规程》GB 8958—2006）。

（2）检测环节核查

查检测数据：检测报告需包含作业前、作业中、作业后的气体浓度数据（如氧气含量19.5%～23.5%，硫化氢＜10×10^{-6}）。

使用多气体检测仪现场复测，若结果与记录差异超过10%，判定数据造假。

（3）作业流程逻辑

时间轴比对：调取监控录像，确认"通风→检测→作业"的时间顺序。若检测时间晚于人员进入时间，直接违规。

防护装备检查：作业人员未佩戴长管呼吸器或安全带＋救生绳，视为未落实安全措施。

【整改措施】

在检查中发现有限空间作业存在"未履行作业审批制度""未开展专项安全培训""未执行'先通风、再检测、后作业'原则"等隐患时，必须立即采取整改措施，彻底消除风险。以下是分阶段、多维度的整改方案：

1. 立即停止作业，消除直接风险

（1）强制停工与撤离

立即下达停工指令，所有作业人员撤出有限空间，封锁入口并悬挂"禁止作业"警示牌。

切断作业区域电源、气源，防止意外启动设备（如搅拌机、泵等）。

（2）现场应急处置

对未通风、未检测的有限空间进行强制通风（≥30min），使用多气体检测仪重新检测（氧气、可燃气体、硫化氢等），确认达标后方可允许人员靠近。

若已发生人员暴露风险，立即启动中毒窒息应急预案（如心肺复苏、送医）。

2. 追溯根源，制定针对性整改措施

（1）补全作业审批制度

补办《有限空间作业票证》，明确风险类型、安全措施、检测数据、并请审批人签字。

（2）违规作业追溯

调取监控录像、作业日志，追溯未审批作业的直接责任人（如班组长、安全员），按企业制度追责。

3. 严格执行"通风—检测—作业"流程

有限空间入口安装智能门禁系统，与气体检测仪联动：未通风或检测不达标时，门禁自动锁闭；作业超时（如超过1h）触发声光报警。

4. 采取技术与管理协同防控

技术手段：采用智能监测系统，通过无线气体传感器＋物联网平台，实时传输数据至监控中心，超限自动报警；采用机械化替人手段，使用机器人或无人机进入高风险有限空间作业，减少人员暴露。

管理手段：实施"双人互保"制度，作业人员与监护人员结成对子，互相监督防护措施的执行；创新培训考核模式，作业人员需通过模拟场景考核（如VR中毒应急处置），合格后方可上岗。

【事 故 案 例】

案例1：2023年广西壮族自治区贵港市"8·5"较大中毒和窒息事故

事故简介： 2023年8月5日08时30分许，广西壮族自治区贵港市城区饮用水泸湾江取水口迁移工程施工现场发生一起较大中毒和窒息事故，造成3人死亡，直接经济损失336.23万元。

事故原因： 作业人员安全意识淡薄，在未履行有限空间作业审批手续且未通风、未检测、未佩戴必要劳动保护用品的情况下，进入管道阀门井内进行防腐刷漆作业，作业期间由于防腐漆挥发出苯系物（甲苯、二甲苯、乙苯等）有毒气体在阀门井内积聚，有毒气体浓度很快超过规定的最高容许浓度，导致2名作业人员和1名救援人员在井下吸入有毒气体造成急性中毒死亡（图1、图2）。

图 1　事故阀门井现场实景图

图 2　事故阀门井内部实景图

案例 2：2018 年四川省成都市"1·29"中毒窒息较大事故

事故简介： 2018 年 1 月 29 日 10 时 40 分左右，四川省成都市某环卫服务有限公司作业人员在三环路石羊立交外侧辅道拆除污水管道堵头过程中，先后被管内污水冲走，事故造成 2 人死亡、1 人下落不明，直接经济损失约 400 万元。

事故原因： 现场作业人员违章作业，进入污水井下作业未落实"先通风、再检测、后作业"的操作规程，个人防护措施不到位，是造成事故的主要原因（图 1）。

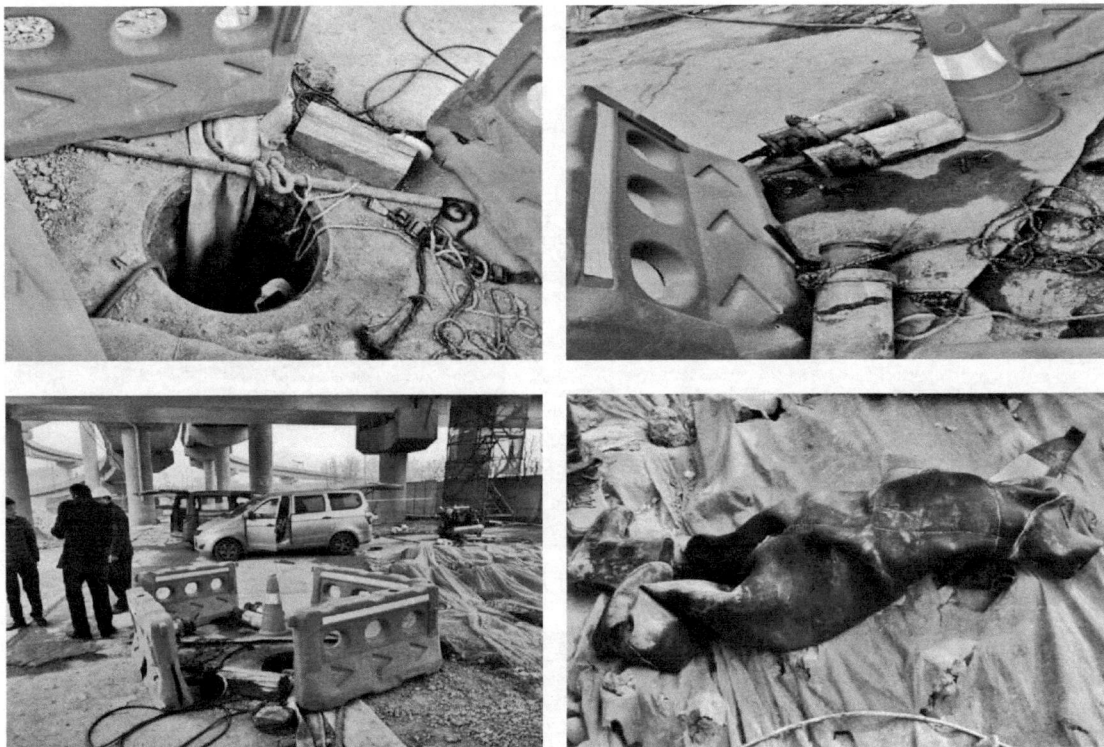

图 1　事故现场照片

案例 3：2018 年河北省保定市工业园区"6·19"较大中毒窒息

事故简介：2018 年 6 月 19 日 10 时 30 分左右，河北省保定市莲池区凤栖街南延污水管道检查井与龙翔路污水管道进行连通施工作业时，发生一起较大中毒窒息事故，造成 3 人死亡，直接经济损失 250 万元左右。

事故原因：作业人员在进入受限空间作业前未履行"先通风、再检测、后作业"的程序，且无任何防护措施的情况下，冒险进入污水检查井（属于典型的受限空间）内，将在用污水管道凿开，致使污水管道内有毒有害气体溢出，未按规定设置现场指挥、监护和救援人员，有限空间作业未采取任何防范措施（图1）。

图 1　有限空间作业现场照片

案例4：2021年安徽省淮北市"5·25"较大中毒和窒息事故

事故简介：2021年5月25日上午9时许，安徽省淮北市相山区人民西路工程施工工地发生一起中毒和窒息事故，造成4人死亡，直接经济损失313.9万元。

事故原因：在未履行审批手续且未通风、未检测、未做好个人防护的情况下，擅自进入事故井内，由于井内存在较高浓度的硫化氢等有毒气体，导致施工人员在下井取工具时发生中毒后坠落污水中溺水身亡，其他人员在未做好安全防护情况下，盲目救人，导致事故伤亡扩大（图1、图2）。

图1　污水泄漏区域现场图　　　　图2　事故井现场图

（三）有限空间作业时现场无专人负责监护工作，或无专职安全生产管理人员现场监督。

【解　读】

监护缺失是有限空间作业的"致命盲区"，没有监护人员可能导致人员昏迷未能及时施救，或者盲目施救。有限空间作业必须设置专人监护或专职安全管理人员现场监督，是防范事故扩大的关键措施。其核心作用体现在动态风险管控、应急响应和程序执行监督三个方面：

1. 实时监测动态风险，阻断事故触发条件。

有限空间内可能因作业扰动（如清理淤泥、焊接）突然释放有毒气体（如 H_2S、CO），或氧气含量快速下降。监护人需持续监测气体浓度（如使用四合一检测仪，每15min记录一次数据），一旦超标立即叫停作业。如地下管道作业时，周边土体渗水可能导致坍塌，监护人需观察结构稳定性。此外，当有限空间作业过程中通风系统意外停机、检测仪器失灵、作业人员出现头晕和呼吸困难等中毒症状时，监护人需立即启动备用设备并启动救援。

2. 强制落实安全程序，防止违规操作。

一是作业流程监督，监督是否按照"先通风、再检测、后作业"原则作业，以及防护装备是否佩戴齐全。

二是动态监督作业，监督单次连续作业时间是否超过30min，监督是否有危险作业行为，如是否有携带非防爆工具（如普通手电筒）、随意摘除防护装备等行为。

3. 快速启动应急救援，降低伤亡损失。

事故发生的第一时间快速启动应急响应，监护人应优先使用救援三脚架、速差器等设备从外部拖拽作业人员，避免盲目进入扩大伤亡，并立即开展紧急联络，通过专用频道通知医疗、消防等外部救援力量。

该条对监护人员与专职安全监督管理人员职责与技术能力提出了要求，监护人员与专职安全监督管理人员的核心职责清单应包括：

（1）作业前：核对审批单、检查设备、设置警戒区。

（2）作业中：持续监测环境、记录数据、制止违规行为。

（3）事故时：启动应急预案、指挥救援、保护现场。

技能与装备要求包括：

（1）资质：需通过有限空间监护专项培训并考核合格（如40学时课程＋实操演练）。

（2）装备：配备防爆对讲机、气体检测仪、救援三脚架、正压式呼吸器（备用）。

（3）知识：熟知有限空间类型（如密闭、半密闭）、气体特性及应急预案。

【本条款主要依据】

1.《中华人民共和国安全生产法》

第四十三条　生产经营单位进行爆破、吊装、动火、临时用电以及国务院应急管理部门会同国务院有关部门规定的其他危险作业，应当安排专门人员进行现场安全管理，确保操作规程的遵守和安全措施的落实。

2.《房屋市政工程有限空间识别及施工安全作业指南》（征求意见稿）

【判定方法】

在有限空间作业中，判断现场是否有专人监护或专职安全管理人员监督，需结合以下关键依据和步骤进行确认：

1. 直接观察与标识判断

（1）人员标识与定位

监护人应佩戴醒目标识（如"安全监护"袖标、反光背心等），并在入口处全程值守，不得擅自离岗。

专职安全管理人员通常携带安全检查记录本或手持终端设备，现场巡查时会对作业流程、设备、气体检测等进行记录。

（2）作业许可公示

检查作业区域是否张贴《有限空间作业票证》，票证中需明确填写监护人姓名、资质编号及安全管理人员签字，未公示则视为违规。

2. 文件与资质核查

（1）作业票证审查

作业票证需包含风险分析、安全措施、检测数据、人员签名等要素，缺少监护人或安全员签批的票证无效。

通过企业安全管理系统（如"双控"平台）实时核验电子作业票证状态，确认审批流程合规。

（2）人员资质验证

监护人需持有有限空间专项培训证书（有效期通常为3年），必要时可要求现场出示电子或纸质证明。

专职安全管理人员应具备"三类人员"证书（一般C本）或企业安全岗位任命文件。

3. 作业流程与沟通验证

（1）安全交底确认

作业前，监护人需组织全员交底，明确逃生路线、联络信号，未参与交底或无法回答关键问题的人员可能未履行监护职责。

（2）通信设备检测

监护人必须配备防爆对讲机或声光报警器，与作业人员约定定时联络机制（如每10min通话一次），中断联络需立即启动应急程序。

4. 应急准备与设备检查

（1）救援装备就位

现场需配置三脚架、呼吸器、救生绳、气体检测仪等设备，监护人应能熟练演示使用方法，设备缺失或操作生疏可能表明监护缺失。

（2）应急预案响应

询问监护人针对性应急预案内容（如硫化氢超限的处置步骤），回答模糊或与预案不符时需警惕。

5. 记录与监督追溯

过程记录留存：监护人需填写《监护日志》，记录气体检测数值、人员进出时间、异常情况等，无实时记录可视为监护缺位；专职安全管理人员应留存巡查影像记录（如执法记录仪视频），通过时间戳确认其实际到场情况。

6. 特殊情况处理

夜间/隐蔽作业：需增加监护人员轮班（至少2人），使用GPS定位设备跟踪管理人员巡查轨迹。

第三方协作：外包作业时，需查验外部监护人与本企业安全员的联合签字确认单，避免责任真空。

【整改措施】

在有限空间作业中发现无专人监护或无专职安全管理人员监督的情况时，必须立即采取整改措施消除隐患。以下是分阶段的具体行动方案：

1. 立即停止作业，启动应急响应

（1）紧急停工

立即下达停工指令，撤出有限空间内所有作业人员，封锁入口并悬挂"禁止入内"警示牌。

报告企业安全管理部门及主要负责人，启动《有限空间作业应急预案》。

（2）隐患初步分析

记录违规时间、地点、作业内容及责任人，调取作业审批记录、监控视频等证据。

初步判断原因（如人员脱岗、未审批作业、培训缺失等）。

2. 针对性整改措施

补充监护与监督资源。

强制监护到岗。

重新安排持证监护人（需有有限空间作业专项培训证书）全程值守，同步配置后由监护人员轮岗。

专职安全管理人员到场后，需在《整改确认单》签字并留存影像记录。

（2）升级监督层级

高风险作业（如涉及硫化氢的污水池清理）需由安全总监或分管副总现场带班监督，直至作业结束。

3. 升级防控技术

有限空间入口安装智能门禁系统，与气体检测仪联动，无监护人在场时自动锁闭。应用 AI 视频监控，自动识别未佩戴防护设备人员进入作业区域并触发警报。

【事 故 案 例】

案例1：2023年云南省德宏"7·9"较大淹溺事故

事故简介： 2023年7月9日9时左右，瑞丽国际文体中心建设项目西北门右转50m在建地下车库水位降水井发生淹溺事故，造成3人死亡，直接经济损失414.5244万元（图1、图2）。

事故原因： 作业人员违反有限空间作业操作规程（"先通风、后检测、再作业"），未佩戴安全绳等防护措施、未有专人监护的情况下违规进入降水井作业，在空气缺氧情况下丧失行为能力落水溺亡，项目部经理发现后盲目入井施救溺亡，终致事故等级扩大。

降水井井口

降水井内部

降水井内水面漂浮的安全帽

图 1　降水井（有限空间）内部图　　图 2　死亡工人遗落现场的安全帽

案例 2：2018 年上海市浦东新区"9·10"中毒窒息较大事故

事故简介： 2018 年 9 月 10 日 13 时 20 分左右，位于康南路 179 号在建的上海科技大学配套附属学校新建工程项目工地，发生一起中毒和窒息较大事故，事故造成 3 人死亡，1 人受伤。

事故原因： 2018 年 10 月 12 日，专家组出具《上海某劳务建筑有限公司"9·10"中毒和窒息较大事故专家组技术分析报告》，分析意见为：

1. 雨水集水池土建施工于当年 6 月初完工，未设置透气管孔，人孔盖板密闭程度较高，预留的进出水管孔均被模板封死，雨水集水池处于密闭程度较严实状态。经过近 3 个月高温密闭，池内氧气消耗严重，有毒有害气体富集程度较高，导致雨水集水池内处于严重缺氧状态。

2. 雨水集水池内密布钢管支撑和模板，模板材质是胶合板。通过模拟检测，现场胶合板在高温密闭条件下，会释放出甲醛等有毒有害物质。

综上所述，从业人员进入存在缺氧状况的有限空间进行作业，导致事故发生。其他人员在现场状况不明、未采取有效防护措施的情况下施救，导致事故扩大。

案例 3：2022 年重庆市荣昌污水处理厂"3·19"较大中毒事故

事故简介： 2022 年 3 月 19 日 13 时 28 分许，重庆某建设工程有限公司承建的荣昌污水处理厂三期扩建项目厂外管网工程（西南大学荣昌校区段）15 号污水检查井进行抽水作业时，发生一起较大中毒事故，造成 3 人死亡，直接经济损失 436 万元。

事故原因： 15 号检查井内存在有毒有害气体，在未有专人监督下下井人员进入井内作业和救援前未进行通风和气体检测，且救援人员未按规定佩戴隔离式呼吸保护器具是本次中毒事故的直接原因。

（四）有限空间作业现场未配备必要的气体检测、机械通风、呼吸防护及应急救援设备设施。

【解　读】

有限空间作业现场配备气体检测、机械通风、呼吸防护及应急救援设备设施，是预防窒息、中毒、爆炸等事故的核心技术保障。这些设备的科学配置和规范使用，直接关系到作业人员的生命安全，从技术防控（量化风险）到应急保障（快速救援），每一环节都在阻断事故链。

1. 气体检测设备

有限空间内气体环境复杂，氧气浓度可能骤降（＜19.5%导致窒息），或积聚硫化氢（H_2S）、一氧化碳（CO）、甲烷（CH_4）等有毒/可燃气体。通过检测数据可以科学判断是否允许作业人员进入有限空间作业。检测仪器，主要用来检测氧浓度、易燃易爆物质浓度、有毒有害气体浓度，要注意气体检测设备应具备实时监测、声光报警功能，量程应覆盖所有潜在危险气体。

2. 机械通风设备

有限空间自然通风极差，仅靠扩散无法排出危险气体，通过机械设备可以强制置换有害气体，注入新鲜空气稀释残留有害气体至安全浓度。机械通风一般采用"送风＋排风"双路系统，有限空间仅有1个进出口时，应将通风设备出风口置于作业区域底部进行送风。有限空间有2个或2个以上进出口、通风口时，应在邻近作业人员处进行送风，远离作业人员处进行排风。

3. 呼吸防护装备

当检测设备失效或突发泄漏时，呼吸防护装备可隔绝有毒气体，为逃生争取时间。在缺氧环境（如密闭储罐）或高毒环境（如 $H_2S > 100 \times 10^{-6}$）下作业时，必须依赖呼吸防护装备。呼吸防护装备要按现场实际配备全面罩正压式空气呼吸器或长管面具等隔离式呼吸保护器具，呼吸防护用品使用前应确保其完好。

4. 应急救援设备实施

从目前有限空间作业伤亡事故统计来看，60%有限空间事故死亡者为盲目施救人员，必须通过外部设备快速救援。应急救援设施包括三脚架、安全绳、速差自控器、呼吸器、通信工具、医疗急救箱等应急救援设备。

【本条款主要依据】

1. 国家标准《个体防护装备配备规范》GB 39800—2020规定，对存在缺氧或高浓度毒气环境（如有限空间作业），要求必须配备长管呼吸器或自给式呼吸器，且需每年强制检测。

2. 《房屋市政工程有限空间识别及施工安全作业指南》（征求意见稿）。

3.《建筑与市政施工现场安全卫生与职业健康通用规范》GB 55034—2022

第 3.9.2 条　施工单位应根据施工环境设置通风、换气和照明等设备。

【判定方法】

上述有限空间作业的设备设施及人员必须满足以下要求：

1. 定期校准与维护：气体检测仪每半年校准一次，风机电机每月检查绝缘性能。

2. 现场布局优化：救援设备（如三脚架）应置于入口 1m 内，确保 5s 内可取用。

3. 人员培训：作业人员需掌握呼吸器佩戴（30s 内完成）、检测仪操作及心肺复苏技能。

【整改措施】

在有限空间作业中发现未配备必要的气体检测、机械通风、呼吸防护及应急救援设备设施的情况时，必须立即采取整改措施消除隐患。以下是分阶段的具体行动方案：

1. 紧急响应阶段

（1）全面停工与物理隔离

立即停止隐患区域所有作业，疏散半径 50m 内无关人员，使用硬质围挡封闭疑似有限空间（如未标识的坑道、储罐），悬挂"禁止进入""危险区域"警示标牌。

（2）环境安全评估与初步处置

使用防爆型轴流风机对空间进行强制通风（持续≥30min），同步采用泵吸式气体检测仪检测氧气（19.5%～23.5%）、可燃气（≤10%LEL）、硫化氢（$< 10 \times 10^{-6}$）、一氧化碳（$< 25 \times 10^{-6}$）浓度。若检测超标，立即启动应急排险预案：穿戴正压式呼吸器进入空间排查污染源，采取吸附剂中和或水雾稀释等措施。

2. 系统性整改阶段

（1）全域风险辨识与台账建设

组建专项排查组，采用"三维建模＋人工勘验"方式对隐蔽区域（地下管廊、暗沟）、临时设施（基坑、设备夹层）进行测绘标注，绘制《有限空间分布图》。

建立动态管理台账，包含空间编号、位置坐标、危险源类型（缺氧／有毒／易燃）、管控责任人、检测周期等字段，接入企业 EHS 管理系统实现数据联动。

（2）智能化防控系统部署

在有限空间集中区域安装红外感应报警装置（感应距离 5m 触发声光警报）、电子围栏（与门禁系统联动，非法闯入自动闭锁入口）。

高风险区域增设固定式气体监测仪，实时上传数据至监控平台，超标时自动启动排风设备并推送预警信息至负责人手机端。

3. 制度强化阶段

（1）标准化作业流程重构

制定《有限空间作业审批单》，明确"申请—勘察—检测—审批—监护—验收"六步流程，要求作业前提供空间结构图、气体检测报告、应急预案。

推行"双监护"制度：作业点配置 1 名持证专职监护员（携带四合一检测仪），区域外围设置流动巡查岗（每 2h 巡检一次）。

（2）分级培训与应急演练

分岗位开展培训：管理人员学习《有限空间作业安全规定》条款及事故追责案例；作业人员实操演练正压呼吸器佩戴、三脚架救援系统使用、紧急撤离手势信号。

组织盲演与实战演练：模拟硫化氢泄漏、人员昏迷等场景，测试是否能在 30min 内完成警戒封锁、气体稀释、伤员转运的全流程响应。

【事故案例】

案例：陕西省榆林市高新区"7·27"较大中毒事故

事故简介： 2024 年 7 月 27 日，陕西省榆林市高新区东环路改造工程施工过程中，发生一起人员中毒事故，造成 4 人死亡。

事故原因： 作业公司在有限空间作业前准备不足，现场未对有毒有害气体进行检测，未采取强制通风措施，进入有限空间时未佩戴防毒面具、安全绳和安全带。进入污水检查井进行建筑垃圾清理作业，安全防护措施不到位，导致硫化氢外溢中毒，形成硫化氢中毒致死环境（图1）。

图 1　污水井与相连的化粪池排污管

【经验教训】 有限空间重大事故隐患判定及预防措施建议

1. 近年来，随着大量传统房建企业业务向基础设施、市政工程拓展，越来越多单位涉及有限空间作业，而传统房建主管部门、管理人员由于管理经验所限，重视程度不足，管控措施力度不够，近期以来事故发生起数有明显上升趋势。

2. 有限空间是指"仅有1、2个人孔及进出口，受到限制的密闭、狭窄、通风不良的分隔间，或者深度大于1.2m封闭或敞口的通风不良空间"。其特点为作业人员不能长时间在内工作，易造成有毒有害、易燃易爆物质积聚或者含氧量不足。

3. 建筑施工有限空间作业，是指作业人员进入有限空间实施的施工作业活动，如人工挖孔桩、隧道、暗挖、顶管作业，钢箱梁、管道、容器内的焊接、涂装、防水防腐、清淤作业等。

4. 要高度重视有限空间作业层层转包、发包管理失位等问题，督促指导发包单位严格审查作业单位的安全生产条件，签订专门的安全生产管理协议，或在合同中约定各自的安全生产职责，对作业单位的安全生产工作进行统一协调、管理，开展作业审批和现场监督，坚决杜绝"一包了之"现象发生。

5. 要督促指导企业规范有限空间作业行为，坚持"先通风、再检测、后作业"原则，落实作业方案制定、作业审批、安全交底、气体检测等要求，监护人员持证上岗并全程监护，为从业人员配备合格有效的气体检测设备、呼吸防护用品、通风照明通信设备、应急救援装备等安全防护和应急救援设备设施，并监督正确使用，发生异常时应紧急撤离作业人员。

6. 要督促指导企业加强有限空间安全教育培训，紧盯有限空间作业安全管理人员、作业负责人、监护人员、作业人员和应急救援人员等关键群体，重点突出身边典型案例、作业危害因素和安全防范措施、安全操作规程、劳动防护用品及应急救援设备的正确使用、应急处置措施等培训内容；制定有针对性的应急预案并开展演练，增强演练实战性、可操作性，克服盲目施救的惯性行为，提升风险意识，切实提升突发事件应急处置能力。

十、拆除工程事故隐患判定标准

第十二条　拆除工程有下列情形之一的，应判定为重大事故隐患：

（一）装饰装修工程拆除承重结构未经原设计单位或具有相应资质条件的设计单位进行结构复合。

【解　读】

本条款为新修订的《判定标准》新增条款。

拆除承重结构绝非简单的"敲墙"工程，而是涉及结构安全的重大变更，而结构复核是防范风险、保障生命财产安全的必要步骤，必须严格遵守规范要求执行。

在装饰装修工程中拆除承重结构（如承重墙、梁、柱等）必须进行结构复核，主要原因是确保结构安全：

1. 承重结构的作用：承重结构是建筑物抵抗重力、风荷载、地震作用等外力的核心组成部分，直接关系到整体建筑的稳定性。

2. 拆除后的影响：随意拆除可能导致局部或整体结构承载力不足，引发墙体开裂、楼板变形甚至坍塌等严重后果。

3. 复核目的：通过专业计算和验算，确认剩余结构的承载力是否仍能满足设计规范的安全要求，必要时需提出加固方案。

此外，拆除承重结构可能改变原有荷载传递路径，导致相邻构件超负荷（如楼板下沉、梁柱开裂）。可能短期内无明显问题，但长期受振动、沉降等影响后，隐患会逐渐暴露（如地震时局部倒塌）。

【本条款主要依据】

1. 《中华人民共和国建筑法》

第四十九条　涉及建筑主体和承重结构变动的装修工程，建设单位应当在施工前委托原设计单位或者具有相应资质条件的设计单位提出设计方案；没有设计方案的，不得施工。

2. 《住宅室内装饰装修管理办法》（建设部令第110号）

第五条　住宅室内装饰装修活动，禁止下列行为：（一）未经原设计单位或者具有相应资质等级的设计单位提出设计方案，变动建筑主体和承重结构。

第七条　住宅室内装饰装修超过设计标准或者规范增加楼面荷载的，应当经原设计单位或者具有相应资质等级的设计单位提出设计方案。

第九条 装修人经原设计单位或者具有相应资质等级的设计单位提出设计方案变动建筑主体和承重结构的，或者装修活动涉及本办法第六条、第七条、第八条内容的，必须委托具有相应资质的装饰装修企业承担。

3.《建筑与市政工程施工质量控制通用规范》GB 55032—2022

第3.3.7条 装饰装修工程施工应符合下列规定：当既有建筑装饰装修工程设计涉及主体结构和承重结构变动时，应在施工前委托原结构设计单位或具有相应资质等级的设计单位提出设计方案，或由鉴定单位对建筑结构的安全性进行鉴定，依据鉴定结果确定设计方案。

【判定方法】

1. 委托专业机构：由注册结构工程师或原设计单位对拟拆除部分进行评估。
2. 建模与验算：利用结构分析软件（如PKPM、ETABS）模拟拆除后的受力状态。
3. 加固设计：如需加固，需出具正式设计文件并报主管部门审批。
4. 施工监管：拆除和加固过程需严格按方案执行，避免野蛮施工。

【整改措施】

在装饰装修工程拆除承重结构未经原设计单位或具有相应资质条件的设计单位进行结构复合的情况时，必须立即采取整改措施消除隐患。以下是分阶段的具体行动方案：

1. 紧急响应阶段

（1）全面停工与现场封锁

立即停止所有施工活动，在隐患区域设置硬质围挡，悬挂"结构危险—禁止进入"警示标志，疏散半径50m内人员。

建立《现场封锁记录表》，安排双人值守岗（配备对讲机、应急照明设备），禁止非授权人员进入。

（2）结构安全初步评估

委托第三方检测机构对拆除区域进行紧急检测，通过激光扫描、裂缝观测仪等手段量化评估结构损伤程度，重点核查：承重墙拆除面积及剩余截面承载力；相邻楼板／梁柱变形数据；整体建筑倾斜率变化。

若检测发现楼体倾斜率≥0.5%或裂缝宽度≥2mm，立即启动应急支撑系统（如钢管柱＋千斤顶组合支撑），防止结构进一步失稳。

2. 系统性整改阶段

（1）法律合规性回溯与责任认定

调取施工图纸、监理日志及拆除作业记录，核查是否存在伪造设计单位签章、未履行审批手续等违规行为。

向住房和城乡建设部门提交《违规行为说明报告》，配合行政执法调查，同步通知受影响业主并协商临时安置方案。

（2）专业修复方案制定

由甲级资质设计院根据检测数据编制加固方案，优先选择以下技术。

1）原位恢复：对部分拆除的承重墙，采用同标号混凝土＋植筋技术恢复截面，植入钢筋直径不小于 12mm，锚固深度 ≥ 15d（d 为钢筋直径）。

2）替代加固：对完全拆除的承重墙，采用型钢混凝土组合梁（如 H 型钢＋外包混凝土）或碳纤维布多层粘贴加固，碳纤维布抗拉强度 ≥ 3400MPa。

整体补强：在相邻区域增设剪力墙或钢支撑框架，提升建筑抗震等级至原设计标准。

3. 加固实施阶段

（1）分步施工与动态监测

按"支撑→拆除残余墙体→植筋／焊接→浇筑→养护"顺序作业，每日施工前后采集结构应变数据，控制混凝土浇筑温度在 5～35℃。

（2）修复效果验证

加固完成后，委托第三方机构进行：静载试验（模拟设计荷载的 1.5 倍）；动力特性测试（对比加固前后自振频率偏差 ≤ 5%）；红外热成像检测（排查隐性裂缝）。将《加固验收报告》提交住房和城乡建设部门备案，解除施工限制。

【事故案例】

案例 1：2023 年黑龙江省哈尔滨市"4·28"居民楼拆除承重墙事故

事故简介： 2023 年 4 月 28 日，位于黑龙江省哈尔滨市松北区裕民街道的利民学苑小区 B 栋 2 单元，发生一起私自拆除承重墙事故，造成该栋 4～21 楼不同程度墙壁开裂，200 多户居民被紧急疏散，直接经济损失超 1.6 亿元。

事故原因： 利民学苑 B 栋 3 楼住户将房屋作为台球厅装修，在未取得原设计单位或有资质设计单位设计方案的情况下，违规使用大型设备拆除多面墙体，其中包含承重墙，严重破坏楼体原有承重结构。物业在业主反馈拆除承重墙问题时，仅电话询问涉事业主，未深入核查制止，安全管理与监督存在明显漏洞，间接促使事故发生并扩大影响（图 1、图 2）。

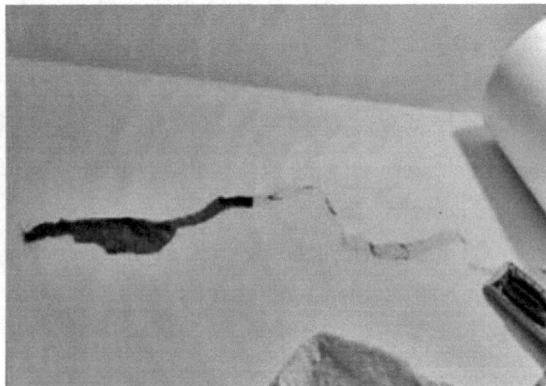

| 图 1　拆除现场图 | 图 2　业主墙体开裂图 |

案例2：2021年江苏省苏州市"7.12"坍塌事故

事故简介： 2021年7月12日，位于苏州市吴江区松陵街道油车路188号的苏州市某餐饮管理服务有限公司辅房发生坍塌事故，造成17人死亡、5人受伤，直接经济损失约2615万元。

事故原因： 经查，这是一起涉事酒店在未办理施工许可情况下违法装修野蛮施工造成的重大生产安全责任事故。在无任何加固及安全措施情况下，盲目拆除了底层六开间的全部承重横墙和绝大部分内纵墙，致使上部结构传力路径中断，二层楼面圈梁不足以承受上部二、三层墙体及二层楼面传来的荷载，导致该辅房自下而上连续坍塌（图1、图2）。

| 图1 酒店坍塌前航拍全景图 | 图2 坍塌后事故现场图 |

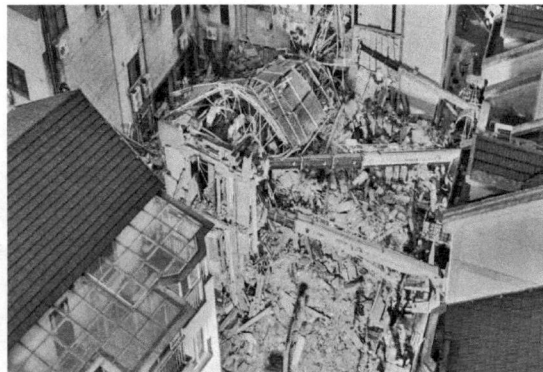

案例3：2020年福建省泉州市"3·7"坍塌事故

事故简介： 2020年3月7日19时14分，位于福建省泉州市鲤城区的欣佳酒店所在建筑物发生坍塌事故，造成29人死亡、42人受伤，直接经济损失5794万元。事发时，该酒店为泉州市鲤城区新冠肺炎疫情防控外来人员集中隔离健康观察点。

事故原因： 事故调查组通过深入调查和综合分析，认定事故的直接原因是事故单位将欣佳酒店建筑物由原四层违法增加夹层改建成七层，达到极限承载能力并处于坍塌临界状态，加之事发前对底层支承钢柱违规加固焊接作业引发钢柱失稳破坏，导致建筑物整体坍塌（图1～图3）。

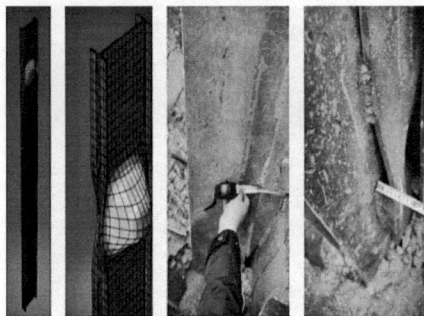

(a)模型　(b)局部放大(4倍)　(c)现场照片①　(d)现场照片②　　　　(a)正面　　　　(b)背面

| 图1 钢柱板件局部鼓曲缺陷 | 图2 钢柱屈曲变形与加固焊接情况 |

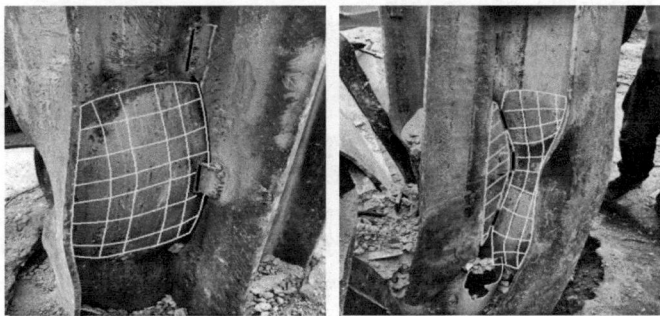

图3 建筑物坍塌后现场航拍照片

（二）拆除施工作业顺序不符合规范和施工方案要求。

【解 读】

随着城市更新的加速，城市老旧建筑的拆除、改造工程越来越多，而这类工程涉及的安全问题也愈加突出，本条款旨在加强建筑拆除工程的安全管理，规范建筑拆除工程施工行为和管理。

拆除施工作业顺序的本质是对风险的系统性控制。规范和施工方案是大量工程经验的总结，违反顺序等同于"蒙眼走钢丝"，可能引发灾难性后果。只有严格按序作业，才能实现安全、高效、合规的拆除目标。

1. 确保施工作业安全

结构稳定性：拆除顺序直接影响建筑受力状态。若顺序错误（如先拆下层支撑后拆上层结构），可能导致局部或整体失稳，引发坍塌事故。

人员安全：无序拆除可能造成高空坠落、物体打击等风险。例如，未预先拆除悬挂构件，可能导致后续施工中构件意外掉落。

2. 保护剩余结构和周边环境

避免连锁破坏：错误顺序可能导致非拆除区域的意外损坏。例如，先拆墙体后拆楼板，可能因应力突变导致相邻墙体开裂。

管线与隐蔽工程：施工方案会明确水电、燃气等管线的关闭和拆除顺序，若颠倒可能引发泄漏、触电等次生灾害。

减少振动与污染：按顺序控制拆除范围和方式（如先降尘后破碎），可减少对周边建筑、居民的影响。

【本条款主要依据】

1. 行业标准《建筑拆除工程安全技术规范》JGJ 147—2016

第5.1.1条 人工拆除施工应从上至下逐层拆除，并应分段进行，不得垂直交叉作业。当框架结构采用人工拆除施工时，应按楼板、次梁、主梁、结构柱的顺序依次进行。

第5.1.2条 当进行人工拆除作业时，水平构件上严禁人员聚集或集中堆放物料，作业人员应在稳定的结构或脚手架上操作。

第5.1.3条　当人工拆除建筑墙体时，严禁采用底部掏掘或推倒的方法。

第5.1.4条　当拆除建筑的栏杆、楼梯、楼板等构件时，应与建筑结构整体拆除进度相配合，不得先行拆除。建筑的承重梁柱，应在其所承载的全部构件拆除后，再进行拆除。

第5.1.5条　当拆除梁或悬挑构件时，应采取有效的控制下落措施。

第5.1.6条　当采用牵引方式拆除结构柱时，应沿结构柱底部剔凿出钢筋，定向牵引后，保留牵引方向同侧的钢筋，切断结构柱其他钢筋后再进行后续作业。

第5.2.2条　当采用机械拆除建筑时，应从上至下逐层拆除，并应分段进行；应先拆除非承重结构，再拆除承重结构。

第5.2.6条　当拆除作业采用双机同时起吊同一构件时，每台起重机荷载不得超过允许荷载的80%，且应对第一吊次进行试吊作业，施工中两台起重机应同步作业。

第5.2.7条　当拆除屋架等大型构件时，必须采用吊索具将构件锁定牢固，待起重机吊稳后，方可进行切割作业。吊运过程中，应采用辅助措施使被吊物处于稳定状态。

第5.2.8条　当拆除桥梁时，应先拆除桥面系及附属结构，再拆除主体。

第6.0.1条　拆除工程施工组织设计和安全专项施工方案，应经审批后实施；当施工过程中发生变更情况时，应履行相应的审批和论证程序。

第6.0.4条　拆除工程施工必须按施工组织设计、安全专项施工方案实施；在拆除施工现场划定危险区域，设置警戒线和相关的安全警示标志，并应由专人监护。

2. 国家标准《建筑与市政施工现场安全卫生与职业健康通用规范》GB 55034—2022

第3.5.14条　拆除作业应符合下列规定：

（1）拆除作业应从上至下逐层拆除，并应分段进行，不得垂直交叉作业。

（2）人工拆除作业时，作业人员应在稳定的结构或专用设备上操作，水平构件上严禁人员聚集或物料集中堆放；拆除建筑墙体时，严禁采用底部掏掘或推倒的方法。

（3）拆除建筑时应先拆除非承重结构，再拆除承重结构。

（4）上部结构拆除过程中应保证剩余结构的稳定。

3. 行业标准《建筑施工易发事故防治安全标准》JGJ/T 429—2018

第4.11.1条　对建筑物实施人工拆除作业时，楼板上严禁人员聚集或堆放材料。人工拆除建筑墙体时，严禁采用掏掘或推倒的方法。

第4.11.2条　大型破碎机械不得上结构物进行拆除，应在结构物侧面进行拆除作业。当起重机械需在桥面或楼（屋）面上进行吊装作业时，应对承载结构进行承载力计算。

第4.11.3条　当机械拆除建筑时，应从上至下、逐层分段进行；应先拆除非承重结构，再拆除承重结构。框架结构应按楼板、次梁、主梁、柱子的顺序进行拆除。对只进行部分拆除的建筑，应先将保留部分加固，再进行分离拆除。

【判定方法】

1. 违反分层分段拆除原则

未执行"从上至下逐层拆除"要求，出现垂直交叉作业（如上下楼层同时拆除）或逆向拆除（如先拆下层后拆上层）。

未按规范顺序对框架结构执行拆除：楼板→次梁→主梁→柱子（人工拆除）或先非承重结构→后承重结构（机械拆除）。

2. 承重结构拆除顺序错误

未对保留部分进行加固即拆除相邻构件，导致剩余结构失稳。

拆除墙体时违规采用底部掏掘或推倒法，未按牵引方向同侧保留钢筋的规定操作。

3. 临时支撑与防护缺失

未在拆除前设置临时支撑替代支撑体系，或支撑验收不合格仍继续作业。

未封闭作业面孔洞，未对危险外挑构件（如屋檐、广告牌）优先拆除。

【整改措施】

1. 紧急处置阶段

（1）立即停工与现场管控

停止所有拆除作业，在隐患区域设置硬质围挡及"危险区域"警示标志，疏散半径50m内人员。

安排双人值守岗（配备对讲机、应急照明），建立《施工中断记录表》登记现场状态，禁止非授权人员进入。

（2）结构稳定性评估

委托第三方检测机构对已拆除区域进行激光扫描和荷载分析，重点核查：拆除部位剩余承重构件的应力分布；相邻结构变形量（裂缝宽度超过2mm或倾斜率≥0.5%需立即加固）。

若检测发现结构具有失稳风险，采用钢管支撑＋千斤顶组合对关键节点进行临时加固。

2. 系统性整改阶段

（1）施工方案重构与审批

重新编制专项施工方案，明确分层分段拆除顺序：

框架结构执行"楼板→次梁→主梁→立柱"拆除顺序，禁止上下交叉作业。

墙体拆除采用"分段切割→牵引固定→逐块吊离"工艺，严禁采用底部掏掘或推倒法。

方案需经总工程师签字、专家论证（涉及特殊结构），并报住房和城乡建设部门备案。

（2）作业流程标准化

交底：作业前进行三维动画模拟交底，重点讲解拆除顺序逻辑。

标记：用红色警戒线标注当日拆除边界，黄色标线标示保留结构。

监护：配置双监护岗（1名注册安全工程师＋1名专职监护员），佩戴记录仪全程监督。

验收：每完成一个拆除单元后，检测剩余结构承载力并签字确认。

【事故案例】

案例1：2019年广东省深圳市"7·8"较大坍塌事故

事故简介： 2019年7月8日11时28分许，位于广东省深圳市福田区深圳市体育中心内的深圳市体育中心改造提升拆除工程工地发生一起坍塌事故，造成3人死亡，3人受伤。

事故调查组依据国家标准《企业职工伤亡事故经济损失统计标准》GB 6721—1986，核定事故造成直接经济损失为 5935000 元人民币。

事故原因：体育馆拆除施工未按照《专项施工方案》要求用卷扬机牵引，而采用炮机牵引，牵引力不足，导致西侧两根格构柱中间切割段钢管未能全部拉出，网架未按预期倾倒，此时经 7 月 6 日和 7 月 7 日切割和牵引，现场网架结构体系已被破坏，处于高危状态。在此情况下，相关单位未按《专项施工方案》从西侧正面进行水平牵引，而是经 7 月 7 日晚会议研究，继续违背施工方案，在未经安全评估论证，也未采取安全措施情况下，盲目安排工人进入网架区域进行人工氧割、加挂钢丝绳作业。7 月 8 日 11 时 28 分许，西南侧格构柱在人工氧割过程中发生结构失稳，导致整个网架倒塌，造成了本次坍塌事故（图 1～图 5）。

图 1　体育馆拆除坍塌后的事故现场照片

图 2　西南侧发生坍塌时人员所在位置

图 3　体育馆由西往东呈夹角状坍塌

图 4　坍塌后东侧现状

图 5　坍塌后屋架下现状

案例 2：2021 年江苏省苏州市"12·22"拆除高处坠落较大事故

事故简介：2021 年 12 月 22 日 9 时 15 分，位于相城区采莲路 2850 号富元家园小区外立面改造项目 7 号楼东北侧，附着式电动施工平台（以下简称施工平台）拆除过程中，3 名工人从高处坠落，经抢救无效死亡，直接经济损失 613 万元。

事故原因：该起事故发生在附着式电动施工平台（MC-36/15）拆除作业过程中。根据《MC-36/15电动施工平台使用手册》中双柱型电动施工平台荷载分布图所示及《富元家园老旧小区改造提升工程附着式电动施工平台专项施工方案》要求，该平台组合使用过程中总荷载应不超过2000kg。而经现场勘察，共收集到从平台坠落的零部件有41节立柱、9套附墙件及部分平台伸缩面脚手板。对这些坠落零部件进行称重，总重量为2442.05kg（不包含平台自重和3名坠落工人），超过施工平台在拆除时规定的最大荷载1000kg，加上拆下的标准节放置不符合规范要求，造成超载、偏载，导致施工平台坠落（图1～图4）。

图1　附着式电动施工平台坠落现场

图2　第3、4节平台横梁右上断开连接头外观图

图3　东侧立柱第26节上端实图

图4　东侧立柱第27节下端实图（坠落段）

【经验教训】 拆除工程重大事故隐患判定及预防措施建议

1. 城市更新带来大量房屋拆除和改造工程，而目前对于拆除工程单位资质和政府监管相对处于盲区，拆除工程未来将面临重大事故风险。

2. 建筑拆除应由具备保证安全条件的施工单位承担，由施工单位负责人对安全负责。施工单位应在其资质等级许可的范围内承揽工程，不得转包或者违法分包工程。施工单位必须制订有针对性的拆除方案及安全措施，并经监理单位的审查，从制度上和程序上保证拆除方案正确实施。拆除方案落实逐级、逐项技术交底制度，拆除过程必须有技术人员现场指挥。

3. 业主必须对建筑拆除安全负责，与施工方共同承担安全风险，提高业主方与拆除方的安全成本，根据其获益情况，分摊安全风险，确保拆除安全。

4. 房屋拆除必须顾及周边环境及安全。拆除前，施工单位应对被拆建筑物及周围的安全环境进行评估。

十一、隧道工程重大事故隐患判定标准

第十三条 隧道工程有下列情形之一的，应判定为重大事故隐患：

（一）作业面带水施工未采取相关措施，或地下水控制措施失效且继续施工。

【解　读】

目前隧道施工多采取暗挖法，即不挖开地面，采用在地下挖洞的方式施工。矿山法和盾构法等均属暗挖法。尽管浅埋暗挖法城市隧道及地下工程施工技术已较为成熟，但由于工程水文地质条件的不确定性和施工环境的复杂性，使得在浅埋暗挖法地下工程施工过程中，仍存在许多施工风险，也发生过许多风险事故。

水是地下暗挖工程最大的威胁，土层含水量增加就会降低土的力学性能，增加滑坡风险。根据有关文献研究，土质经自然浸水后，黏聚力 c、内摩擦角 φ 可降低50%甚至更多，粘聚力和内摩擦角指标的降低会显著影响边坡的稳定性。另外在持续降雨、基坑已出现安全风险的情况下，必须引起高度重视。

在隧道施工过程中，若作业面出现渗水，且未采取有效的地下水控制措施（如排水、注浆堵水、井点降水等）或既有措施失效后仍强行施工，可能引发以下严重风险：

1. 支护结构失效：水压可能冲垮初期支护（如钢拱架、喷射混凝土），导致二次衬砌无法有效施作，整体结构安全丧失。

2. 围岩软化塌方：地下水渗入会降低围岩强度（尤其是软弱岩层或土体），导致围岩自稳能力下降，引发局部塌方甚至大范围冒顶。

3. 突水突泥灾害：高压地下水或富水断层带可能突然冲破围岩，形成大规模涌水或泥石流，淹没隧道、冲毁设备，威胁人员安全。

4. 地面沉降与塌陷：过量排水或地下水流失可能导致地表沉降，引发周边建筑物开裂、道路塌陷或管道破裂等次生灾害。

5. 滑坡或山体失稳：在山区隧道中，地下水活动可能加剧山体滑动风险，破坏整体地质稳定性。

【本条款主要依据】

1. 国家标准《地下铁道工程施工标准》GB/T 51310—2018

第10.1.4条　矿山法施工应在无水条件下进行，需要采取降水或止水措施时，应符合本标准第7章的规定。

第10.7.5条 洞内宜采用顺坡排水，排水设施应满足隧道中渗漏水排出的需要。在膨胀岩、围岩松软地段，排水设施应采用具有防渗漏性能的沟、管或槽。

2.《地下水管理条例》（国务院令第748号）

第二十六条 对开挖达到一定深度或者达到一定排水规模的地下工程，建设单位和个人应当于工程开工前，将工程建设方案和防止对地下水产生不利影响的措施方案报有管理权限的水行政主管部门备案。

3. 行业标准《建筑与市政工程地下水控制技术规范》JGJ 111—2016

降水井施工严格按照设计及施工方案进行。降水井应沿基坑或暗挖隧道布设，并应形成封闭形。暗挖隧道如地面无条件布设井点时，宜在隧道内设置水平井点或采取其他隔水措施。

4.《城市轨道交通工程建设安全生产标准化管理技术指南》（建办质〔2020〕27号）

第7.2.2条 洞内排水：

（1）矿山法隧道施工有地下水时，按照设计文件、周边环境及地质条件，采取相应的防排水措施。

（2）隧道开挖掌子面应保持无水作业。若有渗漏水时，根据现场实际情况，采取相应的防排水措施。水量较大时，宜采取超前地层注浆止水措施，地表加固注浆效果应进行试验检测，效果满足设计要求后，方可进行开挖。

（3）洞内排水设施应满足隧道中渗漏水排出的需要，在膨胀岩、围岩松软地段，应采用具有防渗漏的沟、管或槽。

（4）洞内反坡排水：宜采用集中抽排，可一次或分段接力将水排出洞外。

（5）盲沟（管）排水：布设两排时，盲沟（管）距拱（墙）脚不宜小于500mm，单排时宜在隧道最低处；盲沟（管）应顺直，不得起伏不平；接口和埋设应牢固，滤料清洗干净；沟（管）顶应有保护措施，防止被施工设备损坏影响排水。

（6）明沟排水：明沟距拱墙脚不得小于500mm，排水沟应及时清理，避免堵塞。

【判定方法】

地下水失控是隧道施工中的重大危险源，强行施工可能导致灾难性后果。需坚持"先治水、后掘进"原则，结合地质条件选择科学治理方案，确保施工安全与工程耐久性。

立即停工评估：发现渗水异常时，应暂停施工，分析水源、水量及地质条件。

动态监测与预警：采用超前地质预报（隧道地震波法、地质雷达等）、水文监测设备实时监控。

分级治理：根据水量和压力选择排水、注浆堵水（如化学注浆、帷幕注浆）或冻结法等控制措施。

应急预案：配备抽水设备、防突水挡墙、逃生通道等，定期演练应急响应流程。

【整改措施】

1. 紧急处置阶段

（1）全面停工与风险隔离

立即停止所有施工，对带水作业面设置硬质围挡及"涌水危险"警示标志，疏散半径50m内人员。

启动应急排水系统，采用大功率潜水泵（流量≥100m³/h）强制抽排积水，优先降低作业面水位至安全线（距基底0.5m以下）。

（2）临时支护与渗漏封堵

对已暴露的渗漏点采用速凝水泥（如硫铝酸盐水泥）或聚氨酯注浆进行临时封堵，注浆压力控制在0.3～0.5MPa。

在涌水严重区域架设型钢支撑（如I20工字钢间距0.8m）配合木模板形成临时挡水墙，防止结构进一步失稳。

2. 系统性修复阶段

（1）地质复核与排水系统重构

采用地质雷达扫描＋钻孔取芯法复核地下水分布，重点排查断层带、裂隙发育区等高风险区域。

重新设计排水体系：反坡段设置多级集水坑（间距≤200m）配合离心泵接力排水；顺坡段加设纵向排水盲沟（断面30cm×40cm）并填充级配碎石，与环向φ100mm透水管连通。

（2）防水层修复与结构补强

凿除渗漏部位二衬混凝土至初支面，修补破损防水板（搭接宽度≥15cm，热熔焊接），增设可维护式注浆管（间距1m×1m）。

对受水侵蚀的初支喷射混凝土，采用C25早强混凝土补喷（厚度≥10cm）或纤维增强砂浆抹面修复。

（3）注浆堵水与加固

实施全断面帷幕注浆：采用水泥－水玻璃双液浆（水灰比1:1，浓度35Be'）灌注裂隙，扩散半径控制1.5～2m；

对富水地层进行超前地质预报（TSP、地质雷达），预判风险区域并采取预注浆加固。

【事故案例】

案例：2019年贵州省云凤"11·26"安石隧道突泥涌水事故

事故简介： 2019年11月26日17时21分，位于贵州省云凤高速公路第二合同段的安石隧道，因隐伏含水破碎带受施工扰动，发生突泥涌水事故，造成12人遇难、10人受伤，直接经济损失2525万元。

事故原因： 安石隧道右洞存在隐伏含水破碎带，掌子面通过时，因施工扰动产生裂缝后逐步贯通、渗流通道扩张，围岩强度达到极限临界状态时突发涌水突泥，是造成事故的直接原因。

（二）施工时出现涌水、涌砂、局部坍塌，支护结构扭曲变形或出现裂缝，未及时采取措施。

【解　　读】

隧道施工中，涌水、涌砂和支护失效是典型的"危险信号"，其本质是围岩-支护体系动态平衡的破坏。及时干预的核心目标是通过快速止损，将风险控制在局部范围内。

涌水涌砂会导致围岩强度降低，可能引发更大的坍塌，威胁工人安全。支护结构变形或裂缝说明现有的支撑系统已经失效，如不处理，可能导致整体结构崩溃。这些都是直接的安全隐患，可能导致人员伤亡，所以必须及时处理。

此外，涌水可能影响地下水位，导致地表沉降，周边建筑物受损，甚至破坏生态。如果不及时处理，会导致问题扩大，后续修复成本更高，甚至延误工期，造成更大的经济损失。

【本条款主要依据】

1. 《城市轨道交通工程基坑、隧道施工坍塌防范导则》（建办质〔2021〕42号）

第5.2.1条　设计单位应进行隧道坍塌风险辨识、分析，并制定相应措施，开展隧道坍塌风险跟踪和设计服务。

2. 国家标准《城市轨道交通工程监测技术规范》GB 50911—2013

第9.1.6条　现场巡查过程中发现下列警情之一时，应根据警情紧急程度、发展趋势和造成后果的严重程度按预警管理制度进行警情报送：

（1）基坑、隧道支护结构出现明显变形、较大裂缝、断裂、较严重渗漏水、隧道底鼓，支撑出现明显变位或脱落、锚杆出现松弛或拔出等。

（2）基坑、隧道周围岩土体出现涌砂、涌土、管涌，较严重渗漏水、突水，滑移、坍塌，基底较大隆起等。

（3）周边地表出现突然明显沉降或较严重的突发裂缝、坍塌。

（4）建（构）筑物、桥梁等周边环境出现危害正常使用功能或结构安全的过大沉降、倾斜、裂缝等。

（5）周边地下管线变形突然明显增大或出现裂缝、泄漏等。

（6）根据当地工程经验判断应进行警情报送的其他情况。

3. 国家标准《建筑与市政施工现场安全卫生与职业健康通用规范》GB 55034—2022

第3.7.1条　暗挖施工应合理规划开挖顺序，严禁超挖，并应根据围岩情况、施工方法及时采取有效支护，当发现支护变形超限或损坏时，应立即整修和加固。

4. 行业标准《城市供热管网暗挖工程技术规程》CJJ 200—2014

第10.2.2条　注浆止水应符合下列规定：不得使用污染环境的化学浆液；可采用地面注浆、洞内注浆或二者结合的方式；宜与洞内引排相结合，并应以堵为主，以排为辅；注浆方法、注浆材料的选择和注浆参数的确定应符合本规程第10.3节的规定。

第10.2.3条　施工降水设计应根据工程地质条件、地下水条件、环境条件和隧道结构条件，遵循抽水、下渗、回灌相结合的原则，确定合理的降低地下水位的方法和施工降水设计参数。

【判定方法】

判定涌水、涌砂、局部坍塌，支护结构扭曲变形或出现裂缝的方法：

1. 地质条件异常未响应

当施工中突遇涌水量突然增加（如单日涌水量超过设计值 50%）、涌砂量 ≥ 0.5m³/min，或局部坍塌面积 ≥ 10m³ 时，未立即停工并启动应急支护措施。

2. 水文突变的典型表现

地下水由清澈变浑浊、pH 异常变化（如酸性增强）、水温骤升或骤降。

3. 变形速率超标

拱顶下沉速率 ≥ 5mm/d 或累计下沉 ≥ 100mm。

水平收敛速率 ≥ 3mm/d 或累计收敛 ≥ 50mm。

4. 裂缝扩展失控

裂缝宽度 ≥ 2mm（非承载结构）或 3mm（承载结构）。

裂缝深度超过衬砌厚度的 1/3（浅层）或 2/3（深层）。

5. 错台与扭曲

支护结构错台距离 ≥ 3cm 或钢拱架扭曲角度 ≥ 15°

【整改措施】

暗挖工程施工时，出现涌水、涌砂、局部坍塌以及支护结构扭曲变形或裂缝时，必须立即采取应急措施，否则会引发一系列连锁反应，甚至导致灾难性后果。

1. 立即停工并疏散人员，划定危险区域，严禁盲目抢工。

2. 快速封闭作业面：喷射混凝土封闭涌水点，架设临时支撑防止塌方扩大。

3. 排水与堵水结合：安装大功率水泵排水，同时通过超前注浆（如水泥－水玻璃双液浆）封堵水源。

4. 支护结构加固：对变形部位采用型钢支架＋喷射混凝土补强，必要时增设预应力锚索。

5. 动态监测与预警：布设收敛计、渗压计、裂缝计等，实时监控围岩变形和地下水压力变化。

【事故案例】

案例 1：2018 年广东省佛山市"2·7"隧道坍塌重大事故

该起事故在前面基坑工程已经介绍过，事故之所以发生，就是在已经出现涌泥涌砂严重情况下，继续在隧道内进行抢险作业，撤离不及时，导致事故的发生。

经过后期的勘察，事故发生段存在深厚富水粉砂层且临近强透水的中粗砂层，地下水具有承压性，盾构机穿越该地段时发生透水涌砂涌泥坍塌的风险高；盾尾密封装置在使用过程密封性能下降，盾尾密封被外部水土压力击穿，产生透水涌砂通道；在涌泥涌砂严重情况下，隧道内继续进行抢险作业，撤离不及时；隧道结构破坏后，大量泥砂迅猛涌入隧道，在狭窄空间范围内形成强烈泥砂流和气浪，并向洞口方向冲击，导致部分人员逃生失败，造成了人员伤亡的严重后果。

案例2：2019年广东省广州市"12.1"地铁地面塌陷事故

该起事故在前面基坑工程业也介绍过，事故原因就是由于暗挖法施工过程中，遭遇特殊地质环境等因素，引发拱顶透水坍塌。塌陷区围岩总体稳定性差，地质条件复杂，增大了暗挖法施工时发生透水坍塌的风险，而施工单位安全风险辨识不足，针对施工过程中出现的渗水、溶洞等风险征兆，未采取针对性安全技术防范措施，未及时对地面采取围蔽警戒措施。

（三）未按规范或施工方案要求选择开挖、支护方法，或未按规定开展超前地质预报、监控量测，或监测数据超过设计控制值且未及时采取措施。

【解　读】

本条款为新修订的《判定标准》新增条款。

隧道施工开挖与支护需科学衔接。暗挖工程采取的新奥法强调"及时封闭成环"，若支护滞后，围岩变形可能失控。

由于不同地层（如软土、破碎岩体、硬岩）的力学特性差异巨大，开挖方法（全断面法、台阶法、CD法等）需根据围岩自稳性选择。如硬岩地层可采用全断面爆破开挖，而弱围岩需分台阶开挖以减小暴露面，避免塌方。开挖后的支护体系（锚杆、钢拱架、喷射混凝土等）需与围岩形成"荷载－抗力"平衡。破碎带需采用"超前管棚＋注浆"预加固，配合强支护，防止围岩松动。

超前地质预报是一种勘察掌子面前方状况的方法，隧道开挖必须进行超前地质预报，且要有专项方案。超前预报（地质雷达、隧道地震波法、钻孔取芯等）可提前发现断层、溶洞、富水带等隐患。如某隧道通过隧道地震波法探测到前方30m存在富水断层，就可以提前注浆堵水，避免突水事故。

隧道施工要有监测方案，方案中要明确目的、报警值、方法、监测点布设以及周期等，定期应有阶段性监测报告，监测结果变化较大时要增加观测次数，到报警值时，要停止施工及时补救。如：设计控制值（如最大允许变形量）是结构安全的"红线"。超限可能引发连锁反应：支护结构失稳→围岩松动圈扩大→二次衬砌开裂→隧道整体破坏。而通过监测可以实时反馈围岩支护状态，收敛变形、拱顶沉降、锚杆轴力等，可以反映围岩稳定性，如监测发现拱顶沉降速率突增，可能预示存在塌方风险，需立即停工加固。

【本条款主要依据】

1. 国家标准《盾构法隧道施工及验收规范》GB 50446—2017

第4.2.2条　盾构掘进施工前，应完成下列工作：盾构基座、负环管片和反力架等设施及定向测量数据的检查验收。

2.《城市轨道交通工程土建施工质量标准化管理技术指南》（建办质〔2018〕65号）

第6.3节　超前地质预报：

（1）在所有施工区段必须采用超前地质预报。

（2）应建立健全隧道地质超前预报工作制度，配备专业人员和先进仪器设备，开展地质超前预报工作。

3. 行业标准《市政工程施工安全检查标准》CJJ/T 275—2018

第7.2.3条第7款　盾构施工监测应符合下列规定：

（1）隧道施工应按监测方案实施施工监测，并应明确监测项目、监测报警值、监测方法和监测点的布置、监测周期等内容。

（2）监测的时间间隔应根据施工进度确定，当监测结果变化速率较大时，应加密观测次数。

（3）隧道施工监测过程中，应按设计及工程实际及时处理监测数据，并应按设计要求提交阶段性监测报告，及时反馈、指导施工。

（4）当监测值达到所规定的报警值时，应停止施工，查明原因，采取补救措施。

（5）盾构机通过后应对地层空洞隐患进行探测。

4. 国家标准《建筑与市政施工现场安全卫生与职业健康通用规范》GB 55034—2022

第3.7.4条　顶进作业前，应对施工范围内的既有线路进行加固。顶进施工时应对既有线路、顶力体系和后背实时进行观测、记录、分析和控制，发现变形和位移超限时，应立即进行调整。

【判定方法】

（1）支护参数不符

未按方案设置临时支撑、锁脚锚杆数量不足，或钢拱架间距超出设计值（如Ⅳ级围岩钢架间距超过0.8m）。

（2）超前地质预报缺失

未在每30~50m范围内进行超前钻探或地质雷达扫描，或未对断层带、溶洞等高风险区域采取预注浆加固措施。

未根据隧道地震波法（TSP）或地质雷达（GPR）数据调整开挖方案。

（3）监控量测失效

未布设收敛计、应变计等监测点，或监测频率不足（如开挖后24h内未获取初读数）。

数据造假或未及时上报异常（如拱顶下沉速率≥5mm/d或累计下沉≥100mm未停工）。

（4）监测数据超限

变形速率超标：拱顶下沉速率≥5mm/d或水平收敛速率≥3mm/d。

累计变形失控：拱顶累计下沉≥100mm或水平收敛≥50mm。

裂缝扩展异常：承载结构裂缝宽度≥3mm或深度超过衬砌厚度的2/3。

【整 改 措 施】

1. 紧急处置阶段

（1）全面停工与风险隔离

立即停止所有施工，在违规作业面设置硬质围挡及警示标志，疏散半径50m内人员。

启动应急排水系统（如流量≥100m³/h的潜水泵），降低积水至基底0.5m以下。

对变形速率≥5mm/d或累计变形≥100mm的区段，采用I20工字钢支撑（间距0.8m）临时加固。

（2）结构稳定性评估

委托甲级资质单位进行地质雷达扫描和钻孔取芯，复核围岩裂隙发育、地下水分布及支护结构应力状态。

对裂缝深度超过衬砌厚度2/3的区域，采用C25早强混凝土补喷（厚度≥10cm）或纤维砂浆修复。

2. 系统性整改阶段（3~7d）

（1）施工方案重构

开挖方法调整：Ⅳ级围岩改用台阶法（上台阶≤3倍洞宽），Ⅴ级围岩采用双侧壁导坑法（导坑宽度≤0.3倍洞宽），严禁全断面法违规开挖。

支护参数修正：钢拱架间距加密，锁脚锚杆数量增加50%。

超前地质预报补充：每30m进行一次TSP地震波探测（误差±5m）结合水平钻探（长度≥开挖进尺2倍），断层带增用瞬变电磁法（TEM）验证富水区。

（2）支护结构修复

凿除渗漏部位初支混凝土至基岩面，重新铺设防水板（搭接宽度≥15cm）并增设可维护注浆管（间距1m×1m）。

对未设置临时仰拱的台阶法施工段，采用C25喷射混凝土封闭成环，并补打径向注浆管（水泥－水玻璃双液浆，压力0.3~0.5MPa）。

隧道施工本质是"与不确定性博弈"，而规范、方案和监测体系是通过以下路径构建安全防线：

事前防控：通过地质预报识别风险，选择匹配工法。

过程控制：通过量测数据动态调整施工。

结果保障：确保结构变形在安全阈值内。

【事 故 案 例】

案例：2021年广东省珠海市"7·15"石景山隧道重大透水事故

事故简介： 2021年7月15日3时30分，位于广东省珠海市香洲区的兴业快线石景山隧道右线施工时，掌子面拱顶坍塌诱发透水，泥水涌入左线隧道，造成14人死亡，直接经济损失3678.677万元。

事故原因： 施工方未探明事发区域地质情况，未开展超前地质钻探和注浆加固，采用不当的矿山法台阶式掘进开挖方式，小导管超前支护措施不足且开挖进尺过大（图1）。

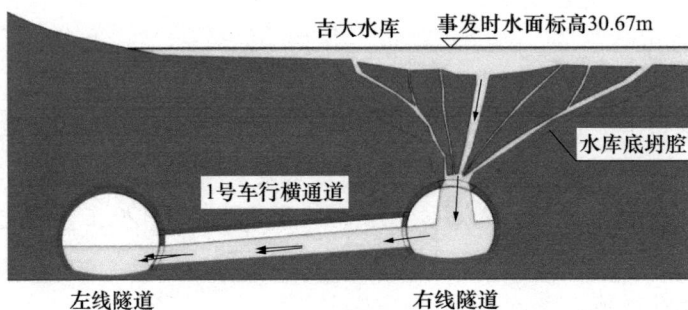

图1　掌子面拱顶坍塌透水示意图

（四）盾构机始发、接收端头未按设计进行加固，或加固效果未达到要求且未采取措施即开始施工。

【解　　读】

本条款为新修订的《判定标准》新增条款。

在盾构施工中，始发端头和接收端头是风险高度集中的关键环节。若未按设计要求对端头地层进行加固（如注浆、旋喷桩、冻结法等）直接施工，或加固效果差可能引发以下严重风险：

1. 端头土体失稳与坍塌

未加固的端头地层可能成为地下水涌入通道，尤其在富水砂层或破碎岩层中，会导致大量泥水涌入始发井或接收井，淹没设备，或粉细砂地层中泥砂随地下水涌入，掏空周边土体，加剧塌方风险。

2. 盾构机运行失控风险

端头土体松软导致盾构机推进阻力不均，可能造成掘进轴线偏离设计轨迹，后期纠偏困难；或致刀盘卡死，塌落土体包裹刀盘，增加扭矩，导致设备停机。

【本条款主要依据】

1. 国家标准《盾构法隧道施工及验收规范》GB 50446—2017

第4.5.1条

（1）根据地质条件和环境条件，应选择安全经济和对周边影响小的施工方法。

（2）始发工作井的长度应大于盾构主机长度3m，宽度应大于盾构直径3m。

（3）接收工作井的平面内净尺寸应满足盾构接收、解体和调头的要求。

（4）始发、接收工作井的井底板应低于始发和到达洞门底标高，并应满足相关装置安装和拆卸所需的最小作业空间要求。

第4.5.2条　当洞口段土体不能满足盾构始发和接收对防水、防坍等安全要求时，应采取加固措施。

2. 国家标准《建筑与市政施工现场安全卫生与职业健康通用规范》GB 55034—2022

第3.13.2条　盾构机气压作业前，应通过计算和试验确定开挖仓内气压，确保地层条件满足气体保压的要求。

3.《城市轨道交通工程建设安全生产标准化管理技术指南》（建办质〔2020〕27号）

第6.3.6条　应对主轴承密封、铰接密封、盾尾密封进行检查验收，并形成记录；改造后的盾构机/TBM应对主轴承密封、铰接密封、盾尾密封（盾尾刷、止浆板）更换新配件，并验收合格。

4.《城市轨道交通工程地质风险控制技术指南》（建办质〔2020〕47号）

第4.9.7条　施工措施：在富水砂层进行盾构施工时，针对涌水涌砂、砂土液化、地面塌陷等风险，应采取下列措施：

（1）对于砂土液化采取基底加固措施。

（2）定期对盾尾密封、螺旋密封、铰接密封等进行专项检查。

（3）盾构机应具备加泥浆/泡沫功能，螺旋出土器应设有防喷装置（如盾构机螺旋机宜采用前后两道闸门），防止喷涌带来的地面沉降。

【判 定 方 法】

（1）检测验收缺失

未进行垂直抽芯检测（抽芯率＜90%且未补强）或水平探孔检查（洞门未布置5孔探孔，单孔涌水量＞0.2L/min）。

未通过第三方检测机构验收即开始盾构掘进。

（2）监测数据异常

盾构始发/接收时出现涌水涌砂（涌砂量≥0.5m³/min）或地表沉降速率＞3mm/d。

洞门破除后加固体与围护结构间存在渗漏通道（pH值突变或水温异常）。

【整 改 措 施】

1. 紧急处置阶段

（1）全面停工与风险隔离

立即停止盾构掘进作业，在端头区域设置警戒线并疏散半径50m内人员。

启动应急排水系统（流量≥100m³/h潜水泵），将地下水位降至隧道仰拱以下1m。

（2）临时支护与渗漏封堵

对已暴露的涌水点采用双液注浆（水泥－水玻璃配比1:1，压力0.3～0.5MPa）快速封堵。

安装车载式支撑架（展开时间≤10min）稳定变形区域，防止端头坍塌扩大。

2. 加固补强阶段

（1）地质复核与二次加固

垂直检测：在加固体咬合部钻取 5 组岩芯，检测无侧限抗压强度（砂层≥1.0MPa，淤泥层≥0.3MPa）。

水平探孔：沿洞门钢环圆周钻设 9 个水平孔（深度≥6m），单孔涌水量＞0.2L/min 时需补充加固。

（2）排水系统重构

增设降水井群（井深≥隧道埋深＋5m），将地下水位降至仰拱以下 3m。反坡段设置多级集水坑（间距≤200m），配合离心泵接力排水。

【事故案例】

案例：2016 年浙江省杭州市"7·30"地铁 4 号线涌水坍塌事故

事故简介： 2016 年 7 月 30 日，浙江省杭州市地铁 4 号线二期工程某区间盾构接收过程中，因始发、接收端头加固效果不达标，且未采取补救措施即进行施工。盾构机靠近接收端时，洞门处土体无法承受水压，发生涌水坍塌，大量泥水涌入隧道，损坏隧道设施，中断施工，并导致周边地面沉降，影响附近交通与居民生活。

事故原因： 施工单位未按设计要求完成盾构接收端头加固，且未对加固效果检测，在加固不达标情况下违规施工；相关单位在接收区周边违规作业，恶化施工环境；监理及参建各方未有效监督整改，对隐患重视不足。

（五）盾构机盾尾密封失效、铰链部位发生渗漏仍继续掘进作业，或盾构机带压开仓检查换刀未按有关规定实施。

【解读】

本条款为新修订的《判定标准》新增条款。

盾构施工中，盾尾、铰链和带压开仓是三大高危环节，任何环节的违规操作都可能引发"小漏洞→大事故→系统性崩溃"的连锁反应。

盾尾密封失效：盾尾密封的主要作用是防止地下水、泥浆和注浆材料进入隧道内部。如果密封失效，可能会导致涌水涌泥，增加隧道内的水压，可能引发突水事故，淹没工作区域，威胁人员安全。同时，水渗入还可能腐蚀盾构机结构，影响设备寿命。此外，注浆材料泄漏会影响周围地层的稳定性，导致地面沉降，甚至塌陷，对周边建筑物和地下管线造成破坏。

铰链部位渗漏：铰链连接盾构机的前后部分，如果发生渗漏，可能影响盾构机整体结构的稳定性。渗漏的水或泥浆可能进入机械传动部位，导致润滑失效，增加设备磨损，甚至引发机械故障，如刀盘卡死，影响掘进效率，延长工期。长期忽视渗漏还可能造成更严重的结构损坏，维修成本大幅上升。

带压开仓换刀未按规定实施：带压开仓需要在维持一定气压的情况下进行，以防止地下水涌入。如果操作不当，比如压力控制不稳或未进行充分的地质评估，可能导致仓内压力突然下降，引发涌水涌泥，危及作业人员生命安全。此外，换刀过程中若未做好支护，可能造成掌子面失稳，导致塌方，进一步威胁施工安全。违规操作还可能损坏刀具更换设备，影响后续掘进效率，增加维修时间和成本。

【本条款主要依据】

1. 国家标准《盾构法隧道施工及验收规范》GB 50446—2017

第7.4.7条　盾尾密封刷进入洞门结构后，应进行洞门圈间隙的封堵和填充注浆。注浆完成后方可掘进。

2. 行业标准《盾构法开仓及气压作业技术规范》CJJ 217—2014

第3.0.1条　开仓作业前，应对选定的开仓位置进行地质环境风险辨识，选择开仓作业方式，并编制开仓作业专项方案。

第5.1.3条　气压作业开仓前，应确认地层条件满足气体保压的要求，不得在无法保证气体压力的条件下实施气压作业。

第5.3.9条　气压作业期间，在开挖仓内拆装刀具及更换油管时，作业需符合以下规定：（1）宜采用气动机具。（2）工作时应佩戴劳动保护用品。（3）启动气动机具前必须检查管接头，不得出现松动等安全隐患。（4）拆卸管线时应先泄压。（5）使用电动工具作业时，应由经过专业培训的人员配备专用设备。

第6.0.3条　气压作业时，出现以下情况应立即终止气压开仓作业并启动应急预案：（1）第6.0.2条所列情况。（2）仓内压力无法稳定。（3）气体保压设备故障。

3. 行业标准《市政工程施工安全检查标准》CJJ/T 275—2018

第7.2.3条第5款　开仓与刀具更换应符合下列规定：

（1）开仓作业应制定开仓操作规程，严禁作业人员违规操作。

（2）开仓应办理审批手续，手续签认应齐全。

（3）进仓作业时，应经气体检测合格，并应按专项施工方案进行地层加固。

（4）常压开仓过程中应安排专人观察土仓内掌子面地质情况。

（5）盾构气压作业人员应经培训，持证上岗，并应配备劳动防护用品。

（6）盾构气压作业前应对作业人员、控制室内气压或闸门管理员进行专门的培训、教育、安全技术交底。

（7）盾构气压环境内不得有易燃易爆物品，气压作业用电应使用安全电压，照明灯具应有防爆措施。

（8）盾构气压作业应采取两种不同动力空压机保证不间断供气。

（9）作业人员气压作业时间和加、减压时间应符合带压进仓作业规定。

（10）气压作业区与常压作业区之间以及隧道与外部均应配备通信设施。

（11）开仓作业全过程应做好记录，开仓审批、作业时间、刀具更换等应做详细记录。

【判 定 方 法】

1. 施工记录缺失

盾尾油脂注入量、铰接密封检查记录、开仓验收单等关键文件未存档或数据造假。

2. 监测报警未响应

盾构机监控系统触发"泄漏风险"或"压力超限"报警后，未停机处理且继续推进＞3环。

3. 物理痕迹验证

盾尾刷钢丝残留浆液结块、铰接密封橡胶带磨损深度＞3mm，或开仓区域管片错台＞20mm。

【整 改 措 施】

1. 盾尾密封失效与渗漏整改

（1）紧急停机与封堵

油脂补充与压力调整：立即停止掘进，在渗漏点集中压注高黏度盾尾油脂（如鲁伯茨-1000型），注入量不少于50L/环，油脂压力控制在5～6MPa；若渗漏严重，可同步注入发泡率高的油溶性聚氨酯（300kg/环）封堵通道。

间隙调整：对盾尾间隙超过30mm的管片，在3～9点钟位置垫入浸油海绵条（规格40cm×40cm×200cm）填充空隙，形成第二道密封腔。

盾尾刷修复：对断裂的钢丝刷，采用浸油钢丝球（100～200个）填塞破损部位，并加密钢拱架间距至0.5m以稳定结构。

（2）同步注浆与地层加固

注浆参数优化：同步注浆量控制在5.5m³/环，压力≤0.5MPa；浆液初凝时间缩短至6h以内，防止浆液反流破坏密封结构。

二次注浆：在脱出盾尾4环后注入水泥-水玻璃双液浆（配比3:1，压力≤0.5MPa），形成止水帷幕。

2. 铰接部位渗漏处理

（1）密封结构修复

油脂注入：在铰接密封处注入EP2润滑脂，降低摩擦阻力，并通过预留注脂孔（如1″高压三通）填充盾尾油脂，形成外部屏障。

应急密封：对损坏的橡胶密封，启用气囊密封系统或焊接"7"形钢板加固变形挡板，防止泥水侵入。

（2）姿态与注浆控制

纠偏限值：盾构姿态纠偏量控制在5mm/m，避免蛇形掘进导致铰接密封过度挤压。

注浆压力监控：同步注浆压力不得超过铰接密封承载极限（通常≤0.4MPa），富水砂层中需加密沉降监测（≥4次/d）。

3. 带压开仓换刀风险控制

（1）泥膜建立

采用衡盾泥分级加压（终压≥2MPa）形成连续泥膜，并通过水平探孔（≥5孔）检测涌水量（≤0.2L/min）。

（2）保压试验

开仓前进行2h保压测试，压力达到设计值的1.2倍，并检测氧气（≥19.5%）、甲烷（≤1%）等气体浓度。

【事 故 案 例】

案例：2018年广东省广州市"1·25"地铁盾构区间坍塌事故

事故简介： 2018年1月25日17时10分，广东省广州市轨道交通21号线水西站—苏元站区间左线，盾构机带压开仓动火作业时焊机电缆线短路引发火灾，3名仓内作业人员失联。施救时土仓压力骤降，掌子面失稳坍塌，最终致3人死亡，直接经济损失1008.98万元。

事故原因： 盾构机带压开仓检查换刀作业违规，作业时焊机电缆线绝缘破损短路引发火灾，且缺乏有效消防监控与应急防护。同时，人闸主仓视频监控故障，未能及时发现火情。施救时错误操作导致盾泥膜失效、掌子面坍塌。此外，施工单位隐患排查不力、应急预案不完善、施工管理缺失、监理单位未尽职、劳务分包单位安全管理不到位、专项方案缺乏针对性且未更新、安全培训和技术交底走过场等，也是事故发生的重要因素（图1、图2）。

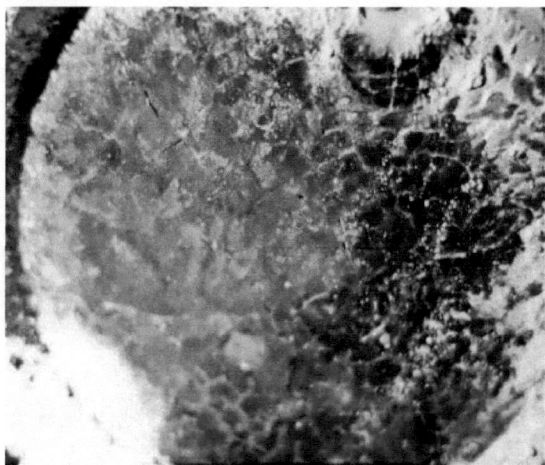

图1　副仓照明灯玻璃高温碎裂

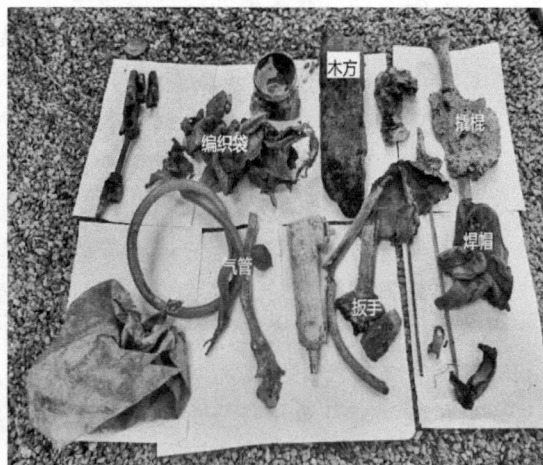

图2　人闸副仓部分火灾残骸

（六）未对因施工可能造成损害的毗邻建筑物、构筑物和地下管线等，采取专项防护措施。

【解　　读】

本条款为新修订的《判定标准》新增条款。

隧道或地铁施工通常涉及地下挖掘（暗挖），这可能会对周围的地质结构产生影响，比如地面沉降、振动、地下水变化等。这些变化可能导致邻近的建筑物结构受损，地下管线破裂，甚至引发更严重的安全事故。因此，采取防护措施是为了预防这些潜在风险，确保施工安全和周边环境的稳定。

【本条款主要依据】

1. 国家标准《地铁工程施工安全评价标准》GB 50715—2011

第6.3.1条　周边建筑物或构筑物评价包含周边建筑物或构筑物调查、周边建筑物或构筑物影响两个分项。

第6.3.2条　周边建筑物或构筑物调查评价要求：

（1）应有工程影响范围内主要建筑物或构筑物的调查报告。

（2）对于重要的建筑物或构筑物，应委托有资质的鉴定机构进行鉴定，并应有鉴定报告。

第6.3.3条　周边建筑物或构筑物影响评价要求：

（1）对重要的建筑物或构筑物，应有专项保护方案，并应经审批或论证。

（2）施工过程中，应对周边建筑物或构筑物进行巡查和监测，应有巡查和监测记录。

（3）应有应对突发情况的应急预案。

第6.4.1条　地下管线评价包括地下管线调查、地下管线影响2个分项。

第6.4.2条　地下管线调查评价要求：

（1）应有工程影响范围内地下管线的调查报告。

（2）地下管线应按危险程度列表，应制定专项保护方案，方案需经审批或论证。

第6.4.3条　地下管线影响评价要求：

（1）地铁工程施工引起的地下管线改迁，应制定专项方案。

（2）施工过程中，应对地下管线进行巡查和监测，并应有巡查和监测记录。

（3）应有应对突发情况的应急预案。

2.《城市轨道交通工程安全质量管理暂行办法》（建质〔2010〕5号）

第七条　建设单位应当向设计、施工、监理、监测等单位提供气象水文和地形地貌资料，工程地质和水文地质资料，施工现场及毗邻区域内的建筑物和构筑物、地下管线、桥梁、隧道、道路、轨道交通设施等（以下简称工程周边环境）资料。

第十七条　建设单位应当在施工前组织地下管线产权单位或管理单位向施工单位进行现场交底，并形成文字记录，由各方签字并盖章。

第三十九条　施工单位应当指定专人保护施工现场地下管线及地下构筑物等，在施工前将地下管线、地下构筑物等基本情况、相应保护及应急措施等向施工作业班组和作业人员作详细说明，并在现场设置明显标识。

3.《建设工程安全生产管理条例》

第三十条 施工单位对因建设工程施工可能造成损害的毗邻建筑物、构筑物和地下管线等，应当采取专项防护措施。

4. 国家标准《盾构法隧道施工及验收规范》GB 50446—2017

第3.0.8条 施工期间，应对邻近的建筑物、地下管线、道路与轨道交通线路等进行监测，并应对重要或有特殊要求的建（构）筑物采取必要的技术措施。

第4.1.1条 施工前，应对施工地段的工程地质和水文地质情况进行调查，必要时应补充地质勘察。

第4.1.2条 对工程影响范围内的地面建（构）筑物应进行现场踏勘和调查，对需加固或基础托换的建（构）筑物应进行详细调查，必要时应进行鉴定，并应提前做好施工方案。

第4.1.3条 对工程影响范围内的地下障碍物、地下构筑物及地下管线等应进行调查，必要时应进行探查。

第4.1.4条 根据工程所在地的环境保护要求，应进行工程环境调查。

【判 定 方 法】

1. 建筑物及构筑物的异常现象

（1）结构裂缝与变形

建筑物墙体出现水平或斜向裂缝（如正八字、倒八字裂缝），裂缝宽度超过0.3mm。

门窗框架变形、开启困难，或建筑物整体倾斜（倾斜率≥1/500）；

高压线塔、烟囱等高耸构筑物重心偏移，导致结构内部应力异常。

（2）地表沉降与曲率异常

地表出现明显下沉或隆起，局部沉降量超过10mm/d或累计沉降超过50mm。

地表形成负曲率（悬空）或正曲率（两端悬空），导致建筑物基础断裂。

（3）振动与噪声影响

建筑物内部人员感知明显振动（振动速度＞1.5cm/s）。

施工机械噪声导致邻近居民区持续投诉（未采取降噪措施）。

2. 地下管线的异常现象

（1）管线破损与泄漏

供水管道破裂导致地面渗水或积水，燃气管道泄漏引发气味异常。

通信光缆中断、电力电缆短路（施工中未探明管线位置或未进行人工开挖保护）。

（2）监测数据异常

地下水位骤降或骤升（变化量＞1m），土体孔隙水压力异常波动。

管线位移监测显示水平位移＞20mm或垂直位移＞15mm（未设置实时监测）。

（3）施工痕迹与设备异常

施工现场未设置管线保护标识或硬质围挡。

盾构机掘进参数异常（如注浆压力＞0.5MPa导致浆液反流）。

【整改措施】

1. 紧急风险控制阶段

（1）全面停工与安全隔离

立即停止开挖、爆破等高扰动作业，在影响半径 50m 内设置警戒线，疏散人员至安全区域。

启动应急排水系统（流量 ≥ 100m³/h 潜水泵），将地下水位恢复至施工前状态，避免土体流失加剧沉降。

（2）临时支护与渗漏封堵

对已出现裂缝的建筑物采用型钢支撑架或液压支柱进行临时加固，控制裂缝扩展速度（< 0.1mm/h）。

管线泄漏点采用双液注浆（水泥：水玻璃＝1:1，压力 0.3～0.5MPa）快速封堵，燃气管道需同步注入惰性气体置换。

2. 技术补强阶段

（1）地层与结构加固措施

注浆加固：在建筑物基础周边实施三重管旋喷桩（桩径 0.8m，间距 1.2m，深度 ≥ 隧道埋深＋5m），加固体无侧限抗压强度需达 1.5MPa。

非爆破施工调整：改用机械铣挖法或静态破碎剂替代爆破，振动速度需 < 1.5cm/s（砖混结构）或 < 2.5cm/s（钢筋混凝土结构）。

（2）管线保护专项整改

对未探明管线区域补做地质雷达扫描（精度 ±0.5m），暴露管线后采用钢套管包裹（壁厚 ≥ 6mm），套管与管线间隙填充聚氨酯发泡材料。

燃气、电力等敏感管线区域实施水平冻结法（冻结壁厚度 ≥ 1.5m，温度 ≤ -20℃）形成刚性保护壳。

【事故案例】

案例：北京市大兴区"4·23"供水管线破坏事故

事故简介： 2021 年 4 月 23 日 20 时 30 分，北京市大兴区大兴国际机场噪声区安置房及配套工程（榆垡组团）配网供电工程工地内，施工单位在进行电力隧道土建施工作业时，发生一起供水管线破坏事故，导致 12088 户居民用水中断，直接经济损失 12.2 万元。

事故原因： 未采取专项防护措施。施工单位未对施工区域内的地下管线进行详细探测和标识，未制定针对性的管线保护方案，且盲目施工，工人在未核实地下管线位置的情况下，违规使用机械开挖，导致管线破坏（图 1）。

图1　管线破坏现场图

（七）未经批准，在轨道交通工程安全保护区范围内进行新（改、扩）建建（构）筑物、敷设管线、架空、挖掘、爆破等作业。

【解　读】

本条款为新修订的《判定标准》新增条款。

轨道交通工程安全保护区的范围是指轨道线路结构周边一定范围内，为确保运营安全而划定的区域。未经批准在此区域内进行施工或其他活动，会直接威胁轨道交通的结构安全和运营安全。

安全保护区范围：（1）附属设施外边线10m内。（2）（地面）车站、线路外边线30m内。（3）（地下）车站、隧道外边线50m内。（4）跨水域的隧道或桥梁外边线100m内。

可能引发的后果包括：

隧道变形或开裂：邻近挖掘或爆破作业产生的振动、地层扰动可能导致隧道衬砌开裂、道床脱空，严重时引发轨道几何形变（如轨距超限）。

高架桥墩倾斜：新建建筑物地基施工可能改变桥墩周边土体应力，导致桥墩不均匀沉降或倾斜，威胁列车运行安全。

管线侵入限界：敷设管线时未预留安全距离，可能侵入隧道结构或接触网限界，引发触电、设备短路或列车撞击。

破坏隔水层：挖掘或桩基施工可能击穿含水层，引发地下水涌入隧道或形成地表塌陷坑。

掌子面失稳：爆破振动可能引发邻近未加固区段塌方，或激活既有断层带，诱发突水突泥灾害。

城市功能瘫痪：地铁作为城市交通主动脉，停运将导致城市通勤瘫痪、医疗救援延误等次生灾害。

【本条款主要依据】

1.《中华人民共和国刑法》

第一百三十四条 违规作业造成重大事故，责任人可处3~7年有期徒刑。

2.《城市轨道交通运营管理规定》（交通运输部令2018年第8号）

第二十九条 城市轨道交通工程项目应当按照规定划定保护区。开通初期运营前，建设单位应当向运营单位提供保护区平面图，并在具备条件的保护区设置提示或者警示标志。

第三十条 在城市轨道交通保护区内进行下列作业的，作业单位应当按照有关规定制定安全防护方案，经运营单位同意后，依法办理相关手续并对作业影响区域进行动态监测：

（一）新建、改建、扩建或者拆除建（构）筑物。

（二）挖掘、爆破、地基加固、打井、基坑施工、桩基础施工、钻探、灌浆、喷锚、地下顶进作业。

（三）敷设或者搭架管线、吊装等架空作业。

（四）取土、采石、采砂、疏浚河道。

（五）大面积增加或者减少建（构）筑物载荷的活动。

（六）电焊、气焊和使用明火等具有火灾危险作业。

第三十二条 使用高架线路桥下空间不得危害城市轨道交通运营安全，并预留高架线路桥梁设施日常检查、检测和养护维修条件。

【判定方法】

（1）地下车站与隧道：结构外侧50m内（影响保护区）或5m内（特别保护区）。

（2）高架车站及线路：轨道外侧30m内（影响保护区）或3m内（特别保护区）。

（3）过江隧道：结构外侧100m内（影响保护区）或50m内（特别保护区）

【整改措施】

1.紧急停工与合规补办

（1）立即停止施工

设置警戒线并疏散人员，对已侵入保护区范围的顶管、桩基等设备实施物理隔离。

启动应急排水或注浆系统，控制地下水位波动（阈值±0.5m/d）。

（2）补办审批手续

向轨道交通运营单位提交作业方案、安全防护方案及监测方案，取得书面同意文件。

向自然资源、住房和城乡建设、交通等部门申请行政许可，如《在轨道交通安全保护区内作业的许可决定》。

2.安全防护与动态监测

（1）制定专项防护方案

包含注浆加固、管线保护（如钢套管包裹）、振动控制（爆破速度＜2cm/s）等具体措施。

需经专家论证并加盖轨道交通运营单位技术审查章。

（2）实施动态监测与评估

布设自动化监测网：包括隧道收敛（≤20mm）、地表沉降（≤30mm）、管线位移（≤15mm）等参数。

委托第三方机构开展安全评估，重点分析施工对轨道结构的应力影响（如有限元建模）。

【事故案例】

2021年1月22日下午，南宁市因道路地质勘察施工，施工单位在城市轨道交通保护区内进行影响轨道交通安全的钻探活动，违章指挥，强令冒险作业，且在勘察钻探过程出现异常情况时，现场技术（作业）人员的操作和处理措施不当，最终导致地铁隧道管片被钻穿，穿透的钻杆与行驶中的地铁列车发生碰撞，造成地铁侵限事故（图1）。

图1　直径9cm的钻头侵入隧道

十二、临时堆载重大事故隐患判定标准

第十四条 施工临时堆载有下列情形之一的，应判定为重大事故隐患：

（一）基坑周边堆载超过设计允许值。

【解　读】

本条款为新修订的《判定标准》新增条款，在基坑工程中也有所涉及，本条款从施工临时堆载的角度提出，近年来很多基坑坍塌事故是由于基坑周边堆载造成的。

在基坑工程中，基坑周边的堆载通常包括临时材料、机械设备、土方等，这些荷载如果超过设计允许值，可能导致支护结构失稳，甚至引发坍塌事故。周边堆载严格控制在设计允许值以内是确保基坑稳定性和施工安全的核心要求。若堆载超过设计限值，可能导致支护结构承受额外的压力，从而引发变形甚至坍塌。此外，堆载还可能影响土体的稳定性，导致滑坡或者地面沉降。这些都是严重的安全隐患，可能危及工人和周边建筑的安全。

需要注意的是，设计允许值不是理论数值，而是用土体强度、支护结构承载力与安全系数共同划定的"生存阈值"。设计允许值的公式和监测控制阈分别是：

设计允许值通过以下公式确定：

$$q_{允许} = \gamma \cdot H \cdot K_a - 2cK_a$$

其中，γ 为土的重度；H 为基坑深度；K_a 为主动土压力系数；c 为土的黏聚力。

监测控制阈值如表 1 所示。

表 1　监测控制阈值

监测项目	预警值（设计允许值）	控制措施触发条件
支护桩顶位移	≤ 0.3%H（H 为坑深）	超 0.5%H 时立即卸载
周边地表沉降	≤ 25mm	超 30mm 时启动注浆加固

【本条款主要依据】

1. 国家标准《建筑地基基础工程施工规范》GB 51004—2015

第 6.1.5 条　施工现场道路布置、材料堆放、车辆行走路线等应符合设计荷载控制的要求，并应减少对主体结构、支护结构、周边环境等的影响。根据实际情况可设置施工栈桥，并应进行专项设计。

第8.4.5条　场地内临时堆土应经设计单位同意，并应采取相应的技术措施，合理确定堆土平面范围和高度。

2. 行业标准《建筑施工土石方工程安全技术规范》JGJ 180—2009

第6.3.9条　除基坑支护设计允许外，基坑边不得堆土、堆料、放置机具。

3. 行业标准《建筑基坑支护技术规程》JGJ 120—2012

第8.1.5条　基坑周边施工材料、设施或车辆荷载严禁超过设计要求的地面荷载限值。

4. 行业标准《建筑深基坑工程施工安全技术规范》JGJ 311—2013

第11.2.2条　基坑周边使用荷载不应超过设计限值。

【判定方法】

判定基坑周边堆载是否超过设计允许值，需结合设计文件、现场实测数据及规范要求，通过科学计算和监测手段进行综合分析。以下是具体判定方法及步骤：

1. 明确设计允许值

查阅设计文件，基坑支护设计说明中会明确周边堆载的允许值（如20kPa、30kPa等），并注明堆载范围（如距坑边≤2m、5m等区域）。

区分静荷载（材料堆放）与动荷载（车辆通行）的允许限值。

2. 支护结构监测

通过监测数据分析，若堆载后出现以下现象，可能表明超载：

（1）支护桩、墙水平位移速率＞2mm/d。

（2）支撑轴力超过设计值的15%。

（3）周边地表沉降速率＞1.5mm/d。

3. 管理措施核验

检查施工日志中是否记录堆载位置、重量及审批流程，确认是否按方案执行。

建议采用信息化管理平台，实时监控堆载状态与支护响应，实现动态预警。

【整改措施】

1. 立即减载：移除超载物料，确保堆载值≤设计允许值。

2. 应急加固：若已引发支护变形，可采用坑外注浆或增设斜撑临时加固。

3. 设计复核：超载超过10%时，需通知设计单位重新验算支护结构安全性。

【事故案例】

案例1：2023年河北省石家庄市"10·27"较大坍塌事故

事故简介： 2023年10月27日15时50分许，河北省石家庄市高新区集中安置区棚户区改造项目热力引入工程发生一起坍塌较大事故，造成4人死亡，直接经济损失约708万元（图1、图2）。

图1 废弃化粪池处现场勘察

图2 事故现场弃土堆于沟槽两侧

直接原因： 沟槽开挖放坡坡率不符合设计及规范要求，开挖方法、程序不正确，未采取支护措施，沟槽边缘堆土过近过高，挖掘机在坑边频繁往返作业产生动荷载破坏了土体稳定性，导致多次坍塌。

案例2：2023年山东省济南市"12·30"较大坍塌事故

事故简介： 2023年12月30日9时33分许，山东省济南市历城区山大路街道闵子骞路与山大南路交叉口东南角山东省济南市中心城区雨污合流管网改造和城市内涝治理大明湖排水分区PPP项目施工作业过程中发生一起坍塌事故，造成3人死亡，直接经济损失600余万元。

事故原因： 挖掘机多次碾压沟槽南侧违规堆放的土方，导致沟槽南侧堆载超过设计值，在现场人员冒险进入沟槽内违规拆除支护钢撑情况下，沟槽南侧土方坍塌导致支护钢板发生位移将作业人员挤压致死（图1、图2）。

图1 事故现场坍塌后

图2 事发沟槽坍塌后

案例3：2020年黑龙江省绥化市"8·16"较大坍塌事故

事故简介： 2020年8月16日9时，位于绥化经济技术开发区内绥化市北郊污水处理污水管线工程施工现场发生深基坑坍塌事故，造成3人死亡，直接经济损失300万元。

事故原因： 经调查分析认定，此次事故发生的直接原因是基坑施工未严格按照国家标准《给水排水管道工程施工及验收规范》GB 50268—2008中沟槽开挖与支护的要求，未对基槽进行放坡，未对基坑进行支护，土方直接堆放在沟槽边沿，增加了地面附加荷载，加上机械作业振动等原因造成沟槽坍塌，将作业人员掩埋，盲目施救导致沟槽二次坍塌，增加了伤亡人员（图1、图2）。

图1　坍塌事故现场

图2　坍塌事故现场救援

（二）无支护基坑（槽）周边，在坑底边线周边与开挖深度相等范围内堆载。

【解　读】

无支护基坑是指直立壁或者自然放坡开挖的基坑，没有支撑结构。根据规范来讲若场地条件允许，开挖深度不高时基坑可以无支护。一般当基坑开挖深度较小，规范中规定小于或等于2m，或者土质好、地下水位低，使用自然放坡开挖时可以不设支撑，而当地质条件复杂，如存在软弱土层或者开挖超5m的或不足5m但地质条件复杂的基坑，必须有支护。

无支护的基坑意味着没有结构支撑，完全依靠土体自身的强度来维持稳定。这时候，任何外部的堆载都会对边坡的稳定性产生影响。根据土力学中的边坡稳定性理论，堆载会增加滑裂面的剪应力，可能导致滑动破坏。所以，保持堆载远离坑边是必要的。

对于无支护基坑，堆载（包括土方、材料、设备等）位置要距坑底边线外至少1倍开挖深度（同等深度）。因为堆载离坑边越近，附加应力对边坡的影响越大，超过一定距离后，影响会显著减小。根据Boussinesq的应力分布理论，附加应力随着距离的增加而衰减，可能在1倍深度以外的区域，附加应力已经不足以显著影响边坡的稳定性。避免因堆载过近导致坑边堆载产生的附加竖向荷载超过坑壁土体的允许承载力，从而使土体失稳坍塌。堆载限值与距离控制见表1。

表1 堆载限值与距离控制

土质类型	允许堆载值（kPa）	最小安全距离（H 为坑深）
黏性土	≤ 20	≥ 1.0H
砂土	≤ 15	≥ 1.2H
软土	≤ 10	≥ 1.5H

无支护基坑的稳定性完全依赖土体自稳能力，堆载安全距离的1.0H要求是通过应力衰减分析、滑动面预测和安全裕度综合划定的最低生存边界。但实践中还需要注意：

1. 规范中规定的距离通常包含了一定的安全裕度，确保即使在非理想条件下（比如降雨、振动等），堆载也不会引发边坡失稳。但实际工程中可能还需要考虑施工误差，比如堆载位置的偏差，因此需要更大的安全距离。

2. 要考虑不同土质的影响，比如在砂土或黏性土中，堆载的影响距离可能不同，但规范通常采用保守的通用值，以确保在各种地质条件下都能安全适用。此外，施工机械的动荷载也需要考虑，动荷载可能比静态堆载产生更大的附加应力，因此需要更严格地控制距离。

【本条款主要依据】

1. 国家标准《建筑地基基础工程施工规范》GB 51004—2015

第8.2.3条 基坑放坡开挖应符合下列规定：当场地条件允许，并经验算能保证边坡稳定性时，可采用放坡开挖，多级放坡时应同时验算各级边坡和多级边坡的整体稳定性，坡脚附近有局部坑内深坑时，应按深坑深度验算边坡稳定性。

2. 行业标准《建筑施工土石方工程安全技术规范》JGJ 180—2019

第4.2.5条 在房屋旧基础或设备旧基础的开挖清理过程中，应符合下列规定：

土质均匀且地下水位低于旧基础底部，开挖深度不超过下列限值时，其挖方边坡可作成直立壁不加支撑。开挖深度超过下列限值时，应按本规范第6.3.5条的规定放坡或采取支撑措施：

（1）稍密的杂填土、素填土、碎石类土、砂土：1m。

（2）密实的碎石类土（充填物为黏性土）：1.25m。

（3）可塑状的黏性土：1.5m。

（4）硬塑状的黏性土：2m。

【判定方法】

在无支护基坑（槽）周边，判断坑底边线周边与开挖深度相等范围内是否存在堆载，需按照以下步骤进行分析与判定：

1. 明确规范要求与设计参数

（1）规范依据

参考行业标准《建筑基坑支护技术规程》JGJ 120—2012及国家标准《建筑边坡工程技术规范》GB 50330—2013，无支护基坑的允许堆载范围通常限定为：

水平距离：坑底边线向外不超过开挖深度（H）的1倍范围（即距离≤H）。

荷载限值：静荷载一般不超过10kPa，动荷载（车辆、机械）需换算为等效静荷载且不超过设计要求。

（2）设计文件核查

确认基坑设计文件中是否对堆载区域、允许荷载值及土体抗剪强度参数（如黏聚力c、内摩擦角φ）有特殊规定。

2. 现场测量与范围划定

测量基坑开挖深度H，从坑底边线向外侧水平延伸H距离，标记禁止堆载区，然后使用全站仪或测距仪复核堆载物边缘距坑底边线的实际距离。

若堆载物位于该H范围内，则视为违规。

3. 动态监测与应急措施

监测内容包括：

（1）地表裂缝：坑顶出现延伸性裂缝（宽度＞5mm）。

（2）位移监测：布置测斜管或位移桩，监测水平位移速率（＞2mm/d为预警阈值）。

（3）沉降观测：周边地面沉降速率＞1mm/d时需预警。

若达到上述指标，可判定为重大事故隐患。

4. 管理措施与文档记录

警戒标识：在坑边H范围内设置警戒线及"禁止堆载"警示牌。

施工日志：记录每日堆载位置、重量及审批记录，确保可追溯性。

验收程序：堆载前需经监理工程师签字确认，符合设计要求后方可实施。

需特别强调：无支护基坑对周边扰动极为敏感，严禁在H范围内堆载重物或通行重型设备。

【整改措施】

当发现无支护基坑（槽）周边在坑底边线周边与开挖深度相等范围内存在堆载时，必须立即采取整改措施以消除安全隐患。以下是整改流程及技术要点：

1. 立即采取应急措施

（1）停止堆载作业：立即暂停基坑周边所有堆载作业（包括材料堆放、车辆通行、机械施工等）。

（2）紧急减载

移除堆载物：将违规堆载的物料（如土方、建材、设备）转移至安全区域（距离坑边≥1.5H，H为基坑深度）。

减载顺序：优先移除距坑边最近、密度最大的堆载物（如钢筋、混凝土块），避免扰动坑壁。

（3）临时反压

若坑壁已出现裂缝或变形，立即在坑顶外缘堆叠砂袋（密度≥1.8t/m³），反压宽度≥2m，高度≥1m，抑制土体滑移。

2. 边坡加固措施

挂网喷浆：对松散坑壁铺设钢筋网片，喷射C20混凝土（厚度≥80mm）。

微型桩加固：沿坑边打入ϕ150mm钢管桩（间距1m，深度≥2H），桩顶设连梁。

注浆固结：采用袖阀管注浆（水灰比0.5∶1），浆液扩散半径≥0.5m，提升土体黏聚力。

3. 动态监测与预警

（1）监测布点

在坑顶每20m布置1组位移监测点（全站仪监测水平位移）。

坑顶外1m处设置沉降观测点（水准仪监测垂直位移）。

（2）监测频率与阈值

正常工况：1次/d；应急期：2次/d。

预警阈值：水平位移速率＞2mm/d或累计位移＞30mm时，可判定为重大事故隐患，立即启动应急预案。

总结：无支护基坑对周边荷载极为敏感，整改需遵循"减载优先、监测同步、加固兜底"原则，严禁冒险作业。

【事故案例】

案例1：2021年浙江省杭州市临平区"10·2"地铁道路恢复基坑坍塌事故

事故简介： 2021年10月2日1时30分左右，浙江省杭州市临平区荷禹路和新洲路交叉口地铁9号线道路恢复工程施工时，施工单位对无支护基坑未按专项施工方案操作，在基坑东侧违规堆土，堆土紧邻基坑边缘，且堆土松散、坡度和高度不符合要求，加上施工振动荷载影响，堆土滑移致使基坑坍塌，造成2人死亡。

事故原因： 施工单位违规在无支护基坑坑底边线周边堆载，堆载状态不良，建设单位安全生产责任落实不到位，劳务分包单位安全检查缺失，破坏土体稳定性引发坍塌（图1）。

图1　事故现场图

案例 2：2019 年四川省成都市金牛区"9·26"较大坍塌事故

事故简介： 2019 年 9 月 26 日 21 时 10 分许，金牛区天回街道万圣新居 E 地块 4 号商业楼西北侧基坑边坡突然发生局部坍塌，将正在绑扎基坑墩柱的两名工人和一名管理人员掩埋。事故造成 1 人当场死亡，2 人经医院全力抢救，于 9 月 27 日凌晨相继死亡，事故共造成 3 人死亡。

事故原因：

1. 基坑开挖放坡系数不足。经现场勘察，基坑深度约 4.05m，按基坑设计及支护方案，该基坑采取放坡方式进行施工，设计规定放坡系数为 1：0.4，施工单位编制的《4 号楼土方开挖专项施工方案》（以下简称《方案》），确定基坑采用放坡系数为 1：1，分层开挖，实际该基坑 9 月 23 日机械一次开挖成形，放坡系数未达到规范要求。

2. 基坑壁土质不良且未支护。事故基坑壁局部为粉质砂土，9 月 23 日机械开挖成形后暴露在空气中，连日晴天导致砂土中水分蒸发土层粘结力下降，同时基坑边缘距现场施工主车道距离过近，边坡承受荷载过大，基坑垮塌部位旁为小型绿化区未硬化封闭，对土质产生不利影响，加之边坡未支护，土层在重力和外力共同作用下发生局部坍塌（图 1）。

图 1　坍塌事故后现场图

（三）楼板、屋面和地下室顶板等结构构件或脚手架上堆载超过设计允许值。

【解　读】

本条款为新修订的《判定标准》新增条款。

在建筑工程中，楼板、屋面和地下室顶板等结构构件及脚手架的设计荷载均经过严格计算，确保其在使用寿命内安全可靠。建筑结构在设计时，其基本原理是工程师会根据使用功能和预期荷载来计算构件的尺寸、材料和配筋等。设计允许值是基于这些计算得出的最大安全荷载。如果实际堆载超过这个值，可能引发以下严重后果：

楼板的设计允许荷载一般基于混凝土抗弯强度、钢筋配筋率及支撑条件计算，通常还要考虑用于承受一定的活荷载（如人员、家具等）。普通楼板设计活荷载一般为 2.0kN/m²。如果堆放重型材料，超过了设计活荷载，可能导致楼板开裂或塌陷。

屋面和地下室顶板可能有不同的设计荷载，尤其是屋面设计通常考虑活荷载（如维修荷载、雪荷载），地下室顶板往往需要运输、堆放大量建筑材料与施工机具，一般取值要大于 5.0kN/m²。超载可能压弯檩条或破坏防水层，引发渗漏甚至坍塌。

脚手架是临时结构，其设计荷载通常较低，脚手架立杆承载力有限，超过允许值可能导致脚手架失稳或倒塌。脚手架包括支撑脚手架与作业脚手架，国家标准《施工脚手架通用规范》GB 55023—2022 中关于支撑脚手架的荷载取值在 2～4kN（不同情况下），作业脚手架的荷载取值在 1～3kN（不同情况下）。脚手架堆载可能涉及：人员、设备、材料、混凝土料堆……而立杆间距和架体步距、连墙件、高宽比、剪刀撑或斜撑杆都影响着架体承载力。

无论是结构构件堆载，还是脚手架堆载，都要避开结构薄弱区域（如悬挑端、跨度中部），集中堆载也要分散布置。

【本条款主要依据】

1. 国家标准《建筑结构荷载规范》GB 50009—2012

普通办公楼楼板活荷载标准值为 2.5kN/m²。地下室顶板活荷载取值需根据实际情况确定。

2. 国家标准《建筑与市政施工现场安全卫生与职业健康通用规范》GB 55034—2022

第 3.5.12 条　临时支撑结构安装、使用时应符合下列规定：2. 临时支撑结构作业层上的施工荷载不得超过设计允许荷载。

3. 国家标准《施工脚手架通用规范》GB 55023—2022

第 5.3.1 条　脚手架作业层上的荷载不得超过荷载设计值。

第 5.3.3 条　严禁将支撑脚手架、缆风绳、混凝土输送泵管、卸料平台及大型设备的支承件等固定在作业脚手架上。严禁在作业脚手架上悬挂起重设备。

4. 国家标准《建筑施工脚手架安全技术统一标准》GB 51210—2016

第 11.2.1 条　脚手架作业层上的荷载不得超过设计允许荷载。

5. 行业标准《建筑施工模板安全技术规范》JGJ 162—2008

第 8.0.7 条　作业时，模板和配件不得随意堆放，模板应放平放稳，严防滑落。脚手架或操作平台临时堆放的模板不宜超过 3 层。脚手架或操作平台上的施工荷载不得超过其设计值。

6. 行业标准《建筑施工扣件式钢管脚手架安全技术规范》JGJ 130—2011

第 8.2.3 条第 6 款　应无超载使用。

7. 行业标准《建筑施工承插型盘扣式钢管脚手架安全技术标准》JGJ/T 23—2021

第 9.0.4 条　应控制作业层上的施工荷载，不得超过设计值。

8. 行业标准《建筑施工易发事故防治安全标准》JGJ/T 429—2018

第 4.1.3 条　楼板、屋面等结构物上堆放建筑材料、模板、小型施工机具或其他物料时，应控制堆放数量、重量，严禁超过原设计荷载，必要时可进行加固。

9. 国家标准《工程结构通用规范》GB 55001—2021

第 4.2.13 条　地下室顶板施工活荷载标准值不应小于 5.0kN/m²，当有临时堆积荷载以及有重型车辆通过时，施工组织设计中应按实际荷载验算并采取相应措施。

【判 定 方 法】

判断楼板、屋面和地下室顶板等结构构件或脚手架上堆载是否超过设计允许值，需结合设计文件、荷载计算、现场实测及结构响应监测进行综合分析。以下是判定方法及技术要点：

1. 明确设计允许值

通过查阅设计文件，掌握设计允许值：

结构构件：检查图纸说明中的设计荷载（如楼板活荷载标准值 2.0kN/m²，屋面活荷载 0.5kN/m²，地下室顶板覆土＋活荷载 ≥ 10kN/m²）。

脚手架：按现行《建筑施工扣件式钢管脚手架安全技术规范》JGJ 130 确定允许荷载（如装修架 2kN/m²，结构施工架 3kN/m²）。

2. 现场堆载测量与计算

（1）均布荷载判定（楼板、屋面、顶板）

步骤：测量堆载范围，长（L）× 宽（W）× 堆高（h）。

计算材料密度（如混凝土 24kN/m³，砂土 18kN/m³，钢筋 78.5kN/m³）。

公式：均布荷载 $q = r \times h$。

（2）集中荷载判定（设备、车辆）

公式：等效均布荷载 $q_{eq} = \dfrac{P}{A} \times K$

其中，P 为设备重量（kN）；A 为接地面积（m²）；K 为动力系数（静载 1.0，动载 1.1~1.3）。

（3）脚手架荷载判定

计算总荷载：材料重量＋人员/工具荷载。

允许值对比：

立杆轴向力 $N \leqslant [N] = \phi A f$（$\phi$ 为稳定系数，A 为截面积，f 为钢材强度）。

若实测（$N \geqslant [N]$），判定超载。

【整 改 措 施】

1. 立即采取应急措施

（1）停止作业与疏散人员

立即停止堆载作业，疏散超载区域内所有人员，封锁危险区域并设置警戒线。

（2）紧急减载

移除超限荷载：优先转移密度大、位置关键的堆载物（如钢筋、混凝土预制件），按"由近及远、由上至下"顺序移除。

减载目标：使实际荷载降至设计允许值的 80% 以下（预留安全冗余）。

（3）临时支撑加固

楼板/顶板：在跨中增设钢管支柱（间距 ≤ 1.5m×1.5m），顶部设可调 U 形托，底部铺垫板分散荷载。

脚手架：加密立杆（间距减半）并增设斜撑，节点扣件扭矩调至65N·m（规范上限）。

2. 结构安全评估与加固

（1）现状检测

检查楼板、梁柱等构件是否有裂缝、变形或混凝土剥落等损伤。

检测脚手架立杆沉降、扣件松动或架体倾斜情况。

（2）专业验算

委托结构工程师复核原设计荷载值，评估超载对结构的影响（如挠度、承载力）；若发现结构损伤，需进行补强设计（如粘贴碳纤维布、增设钢支撑等）。

（3）临时加固措施

楼板／顶板：在板底增设临时支撑（如钢管脚手架＋可调顶托），形成荷载传递路径。

脚手架：加密立杆间距、增设斜撑或连墙件，局部补强薄弱节点。

3. 动态监测与预警

安装监测设备：在楼板、顶板下方布设挠度计和应变片，实时监测变形和应力变化；对脚手架设置沉降观测点，定期测量立杆垂直度。

人工巡检：每日检查结构表面裂缝扩展情况，记录脚手架扣件是否松动。

4. 施工管理优化

（1）明确堆载限值

根据设计文件公示各区域允许荷载（如楼板设计活荷载通常为2～5kN/m²）；脚手架堆载高度一般不超过1.2m，且总荷载≤3kN/m²（参考国家标准《建筑施工脚手架安全技术统一标准》GB 51210—2016。

（2）分区管理

划分"允许堆载区"与"禁止堆载区"，设置限高标识和荷载标牌；重型设备（如钢筋加工机械）应置于地面加固区域，避开结构薄弱部位。

5. 应急预备措施

准备应急支撑器材（如钢管、木方、千斤顶），用于突发变形时的临时支顶；制定结构坍塌应急预案，明确疏散路线和抢险分工。

【事故案例】

案例1：2023年黑龙江省齐齐哈尔市"7·23"重大坍塌事故

事故简介： 2023年7月23日14时52分许，位于黑龙江省齐齐哈尔市龙沙区的齐齐哈尔市第三十四中学校体育馆屋顶发生坍塌事故，造成11人死亡、7人受伤，直接经济损失1254.1万元。

事故原因： 调查认定事故的直接原因是屋面多次维修大量增加荷载、屋面堆放珍珠岩及因珍珠岩堆放造成雨水滞留不断增加荷载，综合作用下网架结构严重超载、变形，导致屋顶瞬间坍塌。

详细屋面荷载超限导致坍塌过程如下：

1. 屋面维修导致网架结构荷载超限

体育馆自1997年建成投用以来，共进行过3次屋面防水保温修缮。2017年第3次（最后一次）维修荷载增加值为2.02kN/m²，为竣工时的0.88倍。3次维修屋面累积荷载增加值为2.48kN/m²，为竣工时的1.06倍。

2. 屋面堆放珍珠岩及雨水滞留增加荷载。

体育馆屋面堆放珍珠岩和防风压盖，使堆放区域单位面积荷载增加值约为0.61kN/m²，为竣工时的0.26倍。因屋面近70%面积有珍珠岩堆放（图1），使雨水在覆盖珍珠岩的防雨布上积存和珍珠岩吸水产生雨水滞留，按照逐级增量荷载方式分析计算，当雨水滞留荷载增至1.0kN/m²时，为竣工时的0.43倍，网架结构处于临界受力状态。此时堆放珍珠岩导致屋面累积荷载增加值为1.61kN/m²，为竣工时的0.69倍。

3. 网架结构受力变形引发瞬间坍塌

受屋面珍珠岩堆放致使雨水滞留荷载逐渐增加影响，网架结构构件由弹性工作状态逐渐进入弹塑性工作状态。当雨水滞留荷载增至1.0kN/m²时，网架受压杆最大压应力为−274MPa，受拉杆最大拉应力为277MPa，虽仍小于钢材实测屈服强度311MPa，但有16根受压腹杆和31根上弦受压杆不满足稳定承载力计算要求。此时网架结构跨中计算挠度达174mm，超过规范规定的网架结构挠度允许值110.4mm；最不利支座水平侧向位移量达39mm。在该阶段荷载作用下，最不利上弦受压杆发生失稳，支座受力状态的突然改变造成支座十字肋板前肢受压屈曲失稳破坏，瞬时引起网架更多支座的连续破坏和整体坍塌。经分析研判，支座十字肋板前肢受压屈曲失稳的破坏形态与现场实际破坏形态基本吻合（图2）。

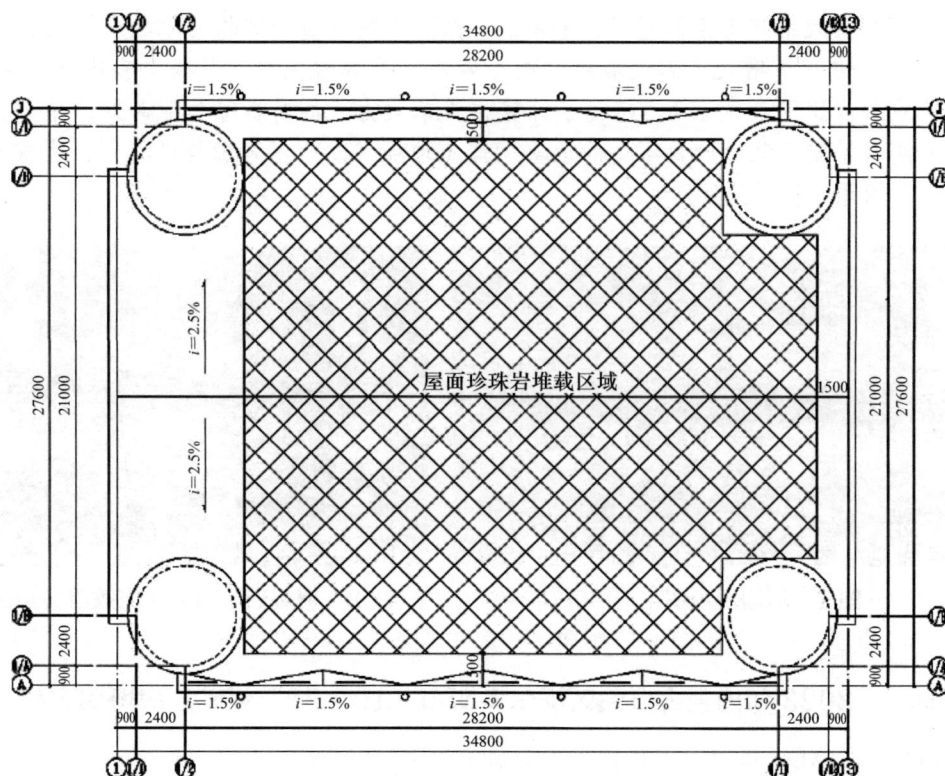

图1 屋面堆载珍珠岩范围示意图

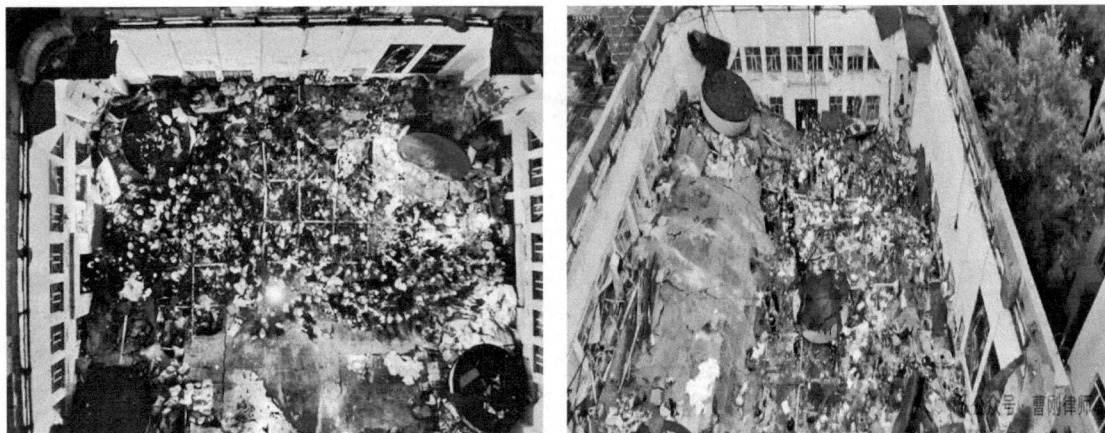

图 2　体育馆坍塌事故现场

案例 2：2023 年黑龙江省伊春市"7·31"较大坍塌事故

事故简介： 2023 年 7 月 31 日 15 时 05 分，黑龙江省伊春市某建筑工程有限公司施工的南岔县政务服务及老年大学基础设施等修缮项目（一标段）1 号综合楼 -2 建筑发生局部整体坍塌，造成 4 人死亡、4 人受伤，直接经济损失 702.98 万元。

事故原因： 施工前，该建筑结构已处于承载能力极限平衡的临界状态，抗力与荷载效应比 $R/S = 1.17$，本次施工单位在不了解建筑结构安全性现状的情况下（初建时未按照设计施工，导致重大结构安全隐患长期存在），在西北侧屋面局部临时堆放非屋面使用材料（钢脚手板），进一步增大了邻近墙垛的内力效应，堆载后抗力与荷载效应比 $R/S = 0.90$，抗力与荷载效应比降低了 23%，超过了计算临界承载力。同时拆除作业时对承重砌体产生扰动，诱使原本就承载力严重不足的承重砌体（墙垛）发生压弯脆性破坏，造成该建筑发生局部整体坍塌（图 1、图 2）。

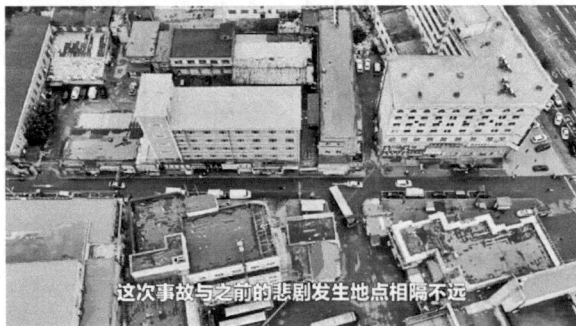

图 1　坍塌现场图

图 2　坍塌后承重墙砖块散落实拍照片

案例 3：2023 年内蒙古自治区鄂尔多斯市"10·28"煤矿厂房坍塌事故

事故简介： 2023 年 10 月 28 日，内蒙古自治区鄂尔多斯市伊金霍洛旗的马泰壕煤矿矿井水深度处理及综合利用工程建设项目施工现场预处理综合车间一车间突发坍塌。此次事故最终造成6人死亡、5人受伤，直接经济损失高达2644.95万元。

事故原因： 工程设计存在高强度螺栓计算错误等缺陷，施工过程中节点连接处理不当，且屋面浇筑混凝土导致荷载远超设计允许值，多重因素叠加引发坍塌。

十三、冒险作业重大事故隐患判定标准

第十五条 存在以下冒险作业情形之一的，应判定为重大事故隐患：

（一）使用混凝土泵车、打桩设备、汽车起重机、履带起重机等大型机械设备，未校核其运行路线及作业位置承载能力。

【解　读】

首先介绍一下上述大型机械设备的特点。混凝土泵车通常有较长的臂架，工作时需要稳定支撑；打桩设备在作业时会产生很大的冲击力；汽车起重机和履带起重机在吊装作业时需要承受重物的重量，且移动时对地面压力较大。这些设备在运行和作业时对地面的承载能力要求较高。

如果未校核承载能力，最直接的事故后果可能是：

（1）地面沉降或坍塌：起重机在软土地面上作业时，地面可能无法承受其重量，导致设备倾斜甚至翻倒。这不仅会损坏设备，还可能造成人员伤亡。

（2）打桩设备在进行打桩作业时，如果地面承载能力不足，可能会导致桩机下陷，影响施工进度，甚至导致桩位偏差，影响工程质量。

（3）混凝土泵车在泵送混凝土时，如果支撑腿所在位置的地基不稳固，可能导致泵车倾覆，尤其是在泵送过程中臂架展开时，重心较高，稳定性更差。

（4）未校核路线承载能力可能导致设备在移动过程中压坏地下管线或结构物。比如，履带起重机在移动时，如果经过未加固的区域，可能会压坏地下电缆、水管或排水管，造成服务中断或其他安全事故。

此外，作业位置的承载能力不足可能导致设备在作业过程中产生意外位移。例如，汽车起重机在吊装重物时，如果支腿下方地面承载力不足，支腿可能逐渐下陷，导致起重机失去平衡，重物坠落，造成严重事故。

【本条款主要依据】

1. 行业标准《建筑机械使用安全技术规程》JGJ 33—2012

第2.0.2条　机械必须按出厂使用说明书规定的技术性能、承载能力和使用条件，正确操作，合理使用，严禁超载、超速作业或任意扩大使用范围。

第2.0.11条　机械设备的地基基础承载力应满足安全使用要求。机械安装、试机、拆卸应按使用说明书的要求进行。使用前应经专业技术人员验收合格。

第4.1.8条　施工现场应提供符合起重机械作业要求的通道和电源等工作场地和作业环境。基础与地基承载能力应满足起重机械的安全使用要求。

第4.1.9条　操作人员在作业前应对行驶道路、架空电线、建（构）筑物等现场环境以及起吊重物进行全面了解。

第5.1.2条　机械进入现场前，应查明行驶路线上的桥梁、涵洞的上部净空和下部承载能力，确保机械安全通过。

2. 行业标准《起重机械安全技术规程》TSG 51—2023

第2.2.4条　安装及使用维护保养说明

安装及使用维护保养说明应当满足安装、使用、修理、维护保养等工作的需要，至少包括以下内容：（7）基础荷载图（轮压等）或者基础荷载参数，大车运行轨道要求，流动式起重机作业场地的承载能力和刚度要求，履带起重机地面水平度要求。

3. 行业标准《建筑施工起重吊装工程安全技术规范》JGJ 276—2012

第3.0.6条　起重设备通行的道路应平整坚实。

【判定方法】

使用大型机械设备（如混凝土泵车、打桩机、汽车/履带起重机等）时，未校核运行路线及作业位置承载能力的判定方法及依据如下：

1. 未进行地质勘察与承载力计算

未核实地质条件：在软土地基、回填土、地下管线区域或边坡附近作业前，未通过地质勘察确认地基承载力。

未计算荷载匹配：设备自重＋作业荷载（如吊重、泵送冲击力）超过地面承载力，且未通过计算验证。

未考虑动荷载：忽略设备移动、振动、支腿压力分布不均等动态因素对地基的影响。

2. 未制定专项方案或方案缺失关键内容

大型设备作业未编制专项施工方案，或方案中未明确：

设备行走路线及作业区域的地基处理要求。

支腿垫板规格（如尺寸、材质、铺设方式）。

极端工况（如雨天、冻融）下的承载力修正措施。

3. 现场未落实技术措施

未铺设合格垫板：支腿未使用钢板、路基箱等扩散荷载，直接接触松软地面。

未监测沉降变形：作业时未实时监测地面沉降、裂缝或设备倾斜，且未设置警戒范围。

违规冒险作业：发现地面塌陷、渗水等风险征兆后未停止作业并采取加固措施。

4. 技术文件核查

检查设备进场记录、专项方案及审批签字，确认是否包含地基承载力校核计算书。

核对方案中支腿压力计算值是否与地质报告中的地基承载力匹配（一般需满足：支腿接地比压≤地基承载力×安全系数1.5）。

5. 现场实物检查

目视检查：地面是否明显塌陷、开裂、渗水；支腿是否悬空或下陷超过垫板厚度。

设备状态：观察设备是否倾斜、支腿液压系统是否异常（如压力不稳）。

垫板合规性：测量垫板尺寸（如起重机支腿垫板厚度≥20mm，面积≥支腿接地面积2倍）。

【整 改 措 施】

若发现使用大型机械设备时未校核运行路线及作业位置承载能力，应立即采取以下措施整改消除隐患，确保施工安全：

1. 立即停工

暂停设备移动与作业：所有未经承载能力核验的混凝土泵车、起重机等设备立即停止移动及作业，切断动力源并设置制动装置。

疏散危险区域：划定设备周边1.5倍作业半径为警戒区，清空区域内非必要人员及设备，设置围挡和警示标志。

2. 地质条件与荷载计算核查

（1）地质勘察与荷载校核

补勘地质条件：委托专业机构对设备运行路线及作业区域进行地质勘察，明确地基土质、承载力及地下管线、空洞分布。

重新计算荷载：根据设备自重、作业荷载（如吊重、泵送冲击力）及动态系数，校核实际荷载与地基承载力的匹配性（需满足：支腿接地比压≤地基承载力×安全系数1.5）。

核查设备状态：检查支腿垫板、液压系统、设备结构是否因地基问题受损。

（2）专项方案修订

若原方案缺失地基承载力校核内容，需补充编制地基处理专项方案，明确：

设备行走路线及作业区域的地基加固措施（如换填、压实、注浆、铺设钢路基箱等）。

支腿垫板规格（厚度≥20mm，面积≥支腿接地面积2倍）。

注：必须重新履行审批程序，修订后的方案需经施工单位技术负责人、监理单位总监理工程师签字确认。

3. 实施整改

（1）地基加固

软土地基：采用级配砂石换填（厚度≥500mm）并分层压实，或铺设钢路基箱（单块尺寸≥1.5m×6m）。

回填土区域：注浆加固或增设混凝土垫层（厚度≥200mm，配筋ϕ12mm间距200mm）。

地下空洞：填充混凝土或灌浆，修复后再进行承载力检测。

（2）设备调整与防护

调整站位：避开承载力不足区域（如暗沟、化粪池、管线密集区），重新规划设备运行路线。

规范垫板使用：支腿下方必须铺设符合规格的钢板或路基箱，确保荷载均匀扩散。

增设监测装置：安装支腿压力传感器、倾角仪等设备，实时监控荷载与稳定性。

4. 动态监测与预警

作业时安排专人监测地面沉降、裂缝扩展情况，每小时记录数据，发现沉降速率 > 5mm/h 或累计沉降 > 30mm 时，立即停止作业并撤离。

5. 整改验收与复工

（1）联合验收

由建设单位、监理单位、施工单位及勘察设计单位共同参与验收，核查以下内容：

地质勘察报告与荷载计算书；地基加固施工记录及检测报告（如压实度试验、灌浆强度检测）；设备状态及安全防护措施。

（2）试运行验证

空载试运行 1h，监测地面沉降及设备稳定性；逐步加载至额定荷载的 50%、75%、100%，每阶段持续 30min，确认无异常后方可复工。

（3）备案报告

将整改报告、验收记录、检测资料报属地住房和城乡建设部门备案。

6. 其他注意事项

（1）机械设备必须遵守出场使用说明书中规定的承载能力，使用前要进行验收；而起重机械的安全及使用维护保养说明很重要，维护保养说明中有基础荷载图、作业场地的承载能力等其他要求。

（2）混凝土泵车要根据现场实际情况，制定作业安全方案，方案中要包含设备安装位置和地面承载能力，安装位置要平整坚实，并与基坑保持安全距离；其中地面承载力要能承受工作荷载和振动荷载，满足设备上标明的最大荷载。作业时，要打开支腿，用垫木垫平，还要保证倾斜度不大于 3°。

（3）桩机使用说明书对地基进行整平压实，作业时要与基坑河流距离 4m 以上，而在基坑、围堰中打桩时要有排水设备。

（4）汽车起重机和履带起重机这两种起重机械都应该在平坦坚实的地面上作业，与基坑、沟槽保持安全距离，通过桥梁、排水沟等构筑物时要先查明允许荷载，通过铁路和地下管线时要铺垫板。其中，履带起重机作业时，坡度要小于 3°，汽车起重机作业时要全部伸出支腿，并下垫方木。该规定的本质是从源头上解决安全隐患，若地面承载力不符合要求，很有可能导致地面塌陷、臂架结构变形、设备倾覆等事故。

【事 故 案 例】

案例 1：混凝土泵车倾覆事故

事故简介： 2019 年江苏省宜兴市科技产业园二期工程在浇筑 32 号楼三层板面时，由于混凝土泵车东南角支腿部位基础突然下沉，导致泵车失稳侧倾，引起泵臂晃动击中正在作业的 3 名混凝土浇筑工，1 人因伤势过重经抢救无效死亡，2 人轻伤。

事故原因： 未校核地面承载力（回填土未经压实，实际承载力不足 100kPa，远低于泵车要求的 150kPa）；支腿未完全展开，违规在斜坡上作业。

案例 2：2019 年广东省某地铁站桩基施工塌陷事故

事故简介：履带式打桩机在临近地下管线的软土地基上施工，未对地下管线及土层承载力进行勘察，导致桩机下沉倾斜，连带周边土方坍塌掩埋工人。

事故原因：未校核作业区域地质条件（实际为淤泥质土，承载力仅 80kPa）；桩机与地下管线安全距离不足 2m（规范要求 ≥ 5m）。

案例 3：混凝土泵车倾覆事故

事故经过：某住宅项目在浇筑地下室混凝土时，泵车支腿未铺设路基板且置于回填土上（未经压实）。作业中地面突然下陷，泵车失衡侧翻，驾驶室砸中下方 3 名工人，致 2 死 1 重伤。

事故原因：未校核地基承载力，回填土实际承载力仅 80kPa，远低于泵车支腿要求的 150kPa；支腿展开面积不足，局部应力过大；无硬化措施，未按规范铺设钢板或混凝土垫层分散荷载。

（二）在雷雨、大雪、浓雾或大风等恶劣天气条件下违规进行吊装作业、设备安装、拆卸和高处作业。

【解　　读】

在雷雨、大雪、浓雾或大风等恶劣天气条件下违规进行吊装作业、设备安装、拆卸和高处作业，无论是对机械还是人员都会造成较大影响，非常容易发生设备失稳、人员坠落、触电等事故。

吊车、塔式起重机等金属设备成为天然引雷针，雷击电流（可达 200kA）瞬间导致操作人员触电身亡或设备损毁；雨水侵入设备电路，引发短路或误动作（如吊钩突然升降），导致重物坠落或机械臂失控横扫；暴雨浸泡软化地基，起重机支腿下陷（如淤泥承载力骤降至 20kPa 以下），引发倾覆；浓雾中（能见度＜50m）作业时可见度降低，无法判断吊钩位置或高空连接点，误操作概率高；积雪覆盖的高空作业平台或脚手架，钢踏板摩擦系数降低，人员滑坠风险激增；塔式起重机标准节螺栓在大风交变荷载下疲劳松动，极端情况引发折臂或倒塌。

【本条款主要依据】

1. 行业标准《建筑机械使用安全技术规程》JGJ 33—2012

第 4.1.14 条　在风速达到 9.0m/s 及以上或大雨、大雪、大雾等恶劣天气时，严禁进行建筑起重机械的安装拆卸作业。

第 4.1.15 条　在风速达到 12.0m/s 及以上或大雨、大雪、大雾等恶劣天气时，应停止露天的起重吊装作业。重新作业前，应先试吊，并应确认各种安全装置灵敏可靠后进行作业。

2. 行业标准《建筑施工高处作业安全技术规范》JGJ 80—2016

第3.0.8条 在雨、霜、雾、雪等天气进行高处作业时，应采取防滑、防冻和防雷措施，并应及时清除作业面上的水、冰、雪、霜。当遇有6级及以上强风、浓雾、沙尘暴等恶劣气候，不得进行露天攀登与悬空高处作业。雨雪天气后，应对高处作业安全设施进行检查，当发现有松动、变形、损坏或脱落等现象时，应立即修理完善，维修合格后方可使用。

3. 行业标准《建筑施工起重吊装工程安全技术规范》JGJ 276—2012

第3.0.12条 大雨、雾、大雪及六级以上大风等恶劣天气应停止吊装作业。雨雪后进行吊装作业时，应及时清理冰雪并应采取防滑和防漏电措施，先试吊，确认制动器灵敏可靠后方可进行作业。

4. 国家标准《建筑与市政施工现场安全卫生与职业健康通用规范》GB 55034—2022

第3.4.7条 大型起重机械严禁在雨、雪、雾、霾、沙尘等低能见度天气时进行安装拆卸作业；起重机械最高处的风速超过9.0m/s时，应停止起重机安装拆卸作业。

5. 国家标准《装配式混凝土建筑技术标准》GB/T 51231—2016

第10.8.6条 吊装作业安全应符合下列规定：遇到雨、雪、雾天气，或者风力大于5级时，不得进行吊装作业。

【判 定 方 法】

在施工现场发现雷雨、大雪、浓雾或大风等恶劣天气条件下违规进行吊装作业、设备安装、拆卸和高处作业，需通过实时监测、现场检查和技术手段综合判定。以下是具体方法和应对措施：

1. 实时监测与预警

接入当地气象部门实时数据（如风力等级、雷电预警、能见度），通过工地智慧平台或手机App推送预警信息。

在塔式起重机、施工电梯等设备顶部安装风速仪和倾角传感器，实时监测风速和设备稳定性，超限自动报警并切断电源。

具体判定标准：

吊装作业：风力≥6级（风速≥10.8m/s）必须停止。

高处作业：雷雨、大雪、浓雾（能见度＜50m）或风力≥5级（风速≥8.0m/s）禁止作业。

2. 现场检查

人工巡查与记录核查，核查是否有恶劣天气下的作业记录（如暴雨天进行幕墙安装）。

人员定位：通过实名制系统确认高处作业人员是否在预警时段进入危险区域。

【整 改 措 施】

在施工现场发现恶劣天气条件下违规进行吊装作业、设备安装、拆卸和高处作业后，必须采取整改措施，以消除风险、避免事故并防止类似问题再次发生。以下是具体的整改流程和措施：

1. 强制停工与人员撤离

立即停止所有违规作业，通过广播、对讲机通知作业人员撤离危险区域（如高处作业平台、吊装设备下方）。

切断相关设备电源（如塔式起重机、施工电梯），锁定操作台并设置警示标志。

2. 现场隔离与警戒

对可能坍塌、倾覆的设备或结构（如未固定的钢构件、松动脚手架）划定警戒范围，禁止无关人员进入。

在危险区域设置围挡和警示灯，防止次生伤害。

3. 环境与设备状态核查

调取气象数据，确认违规作业时段的风力、降雨量、能见度等参数。

检查吊装设备（如钢丝绳磨损、结构变形）、高处作业平台（如脚手架连墙件松动）；探查隐蔽部位损伤（如塔式起重机标准节螺栓松动）。

委托检测机构对受影响设备及结构进行安全评估（如起重机力矩限制器功能测试、脚手架承载能力验算）。

组织专家会诊，判定隐患是否导致会永久性损伤，提出修复或报废建议。

4. 制定专项整改方案

更换受损部件（如变形吊臂、断裂钢丝绳）；加固失稳结构（如补设脚手架连墙件、增加临时支撑）。

修订应急预案，明确恶劣天气预警响应流程（如提前2h预警、强制撤离时间）。

5. 整改验收与复工审批

整改完成后，由建设、施工、监理三方联合检查并签字确认，委托检测机构对吊装设备和机械整改效果进行验证。

【事故案例】

案例：2021年湖北省武汉市"5·10"幕墙保洁坠亡事故

事故简介： 2021年5月10日，湖北省武汉市局部遭遇10级雷暴大风。当日13时30分，湖北某装饰工程有限公司两名工人对三阳路幕墙工程进行保洁作业。14时30分，大风骤起，吊篮被吹起摆动，撞击大楼幕墙。14时50分，救援人员将吊篮固定，随后将两名工人救出送医，2名工人经抢救无效死亡。

事故原因： 雷暴大风天气属于恶劣天气，在5级及以上的大风以及暴雨雷电等恶劣天气下，应停止露天高处作业。但该装饰工程有限公司仍安排工人进行高空保洁作业，属于违规操作，最终导致事故发生（图1）。

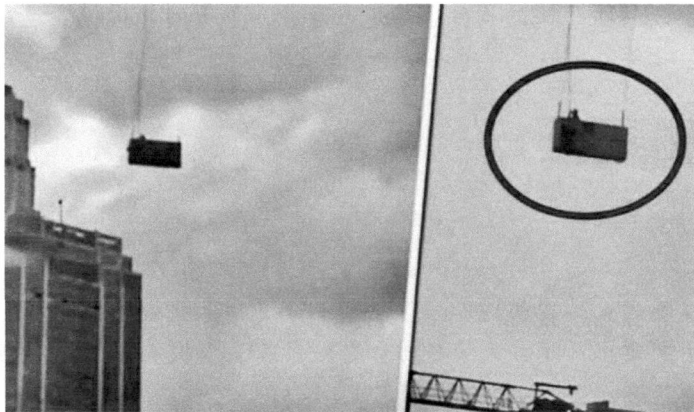

图1　大风中吊篮高空中作业

（三）施工现场使用塔式起重机、汽车起重机、履带起重机或轮胎起重机等非载人设备吊运人员。

【解　读】

根据统计，全球建筑行业因违规载人导致的起重机事故中，死亡率高达85%。在施工现场使用塔式起重机、汽车起重机、履带起重机或轮胎起重机等非载人设备吊运人员之所以绝对禁止，其根本原因在于这些起重机设计用途是吊运货物，而不是人员。它们的结构、安全装置和操作要求都是针对货物设计的，和载人设备（如施工升降机）有本质区别。以下是施工现场常用的合规载人设备：

（1）施工升降机：专为人员垂直运输设计，配备防坠器、限速器、层门连锁等安全装置。

（2）高空作业平台（蜘蛛车、曲臂车）：提供稳定工作平面及防倾覆保护，适合高处作业。

（3）极少数例外（如海上平台应急撤离）：需使用专用载人吊篮，经第三方安全认证；制定专项方案并报监管部门批准；作业前进行荷载试验及应急演练。

【本条款主要依据】

1. 行业标准《建筑机械使用安全技术规程》JGJ 33—2012

第4.1.17条　建筑起重机械作业时，应在臂长的水平投影覆盖范围外设置警戒区域，并应有监护措施；起重臂和重物下方不得有人停留、工作或通过。不得用吊车、物料提升机载运人员。

2.《建筑施工塔式起重机安装、使用、拆卸安全技术规程》JGJ 196—2010

第2.0.18条　严禁用塔式起重机载运人员。

3.《建筑施工起重吊装工程安全技术规范》JGJ 276—2012

第3.0.18条　严禁在吊起的构件上行走或站立，不得用起重机载运人员，不得在构件上堆放或悬挂零星物件。

【判定方法】

1. 直接判定方法

（1）行为观察

直接载人：发现人员站在吊钩、吊篮、料斗或货物上随设备升降。

间接载人：用起重机吊运载人设备（如自制吊笼、木板等），无专用载人装置认证。

（2）设备配置检查

非法改装：吊钩或吊具上违规加装载人装置（如焊接吊篮、悬挂座椅）。

无安全装置：未配备专用载人设备（如合规的施工升降机、爬升平台）。

（3）管理记录核查

吊装方案：检查专项方案中是否包含"载人作业"内容（若存在，直接判定违规）。

安全交底：交底记录中是否提及"禁止吊运人员"，若未明确则可能为管理漏洞。

2. 间接判定线索

（1）作业场景异常

起重机频繁往返于低风险区域（如地面至楼顶），且未吊运物料；高空作业面无其他垂直运输设备（如施工电梯），但人员频繁上下。

（2）影像证据

监控录像显示人员攀爬吊钩或吊臂；工人手机拍摄的违规操作视频或照片。

【整改措施】

1. 立即停工：停止违规作业，撤离人员，封存设备。
2. 设备改造：拆除非法载人装置，恢复设备原厂配置。
3. 人员培训：组织全员学习培训，强调"起重机严禁载人"。
4. 技术替代：增设合规的载人设备（如施工升降机、高空作业车）。

【事故案例】

案例：2019年辽宁省鞍山市"8·14"一般起重机伤害事故

事故简介： 2019年8月14日9时10分左右，辽宁省某桩基础工程股份有限公司在承揽达道湾新城千山西路至人民路截污管网工程运粮河段钢板桩支护施工过程中，作业人员站在履带起重机副钩钩头装置上，由履带起重机提升，从支护工程坑基底部上升至距底部约6m处时坠落，经抢救无效死亡。

事故原因： 公司在吊运围檩过程中，围檩放置在基础底部后，捆绑围檩的钢丝绳一头挂在履带起重机副钩上，钢丝绳的中部压在被吊运的围檩下，钩头上升抽出钢丝绳。当钢丝绳全部抽出的瞬间，围檩压力全部消除，钩头突然抖动，此时站在钩头装置上的作业人员失稳坠落下来，导致事故的发生。作业人员安全意识淡薄，违章冒险站在履带起重机副钩钩头装置上，从坑基础底部提升到地面上，违反该公司《履带起重机安全操作规程》DL/T 5248—2010 中"严禁乘坐或利用履带起重机载人升降"的规定。

第十六条 使用国家明令禁止和限制使用的危害程度较大、可能导致群死群伤或造成重大经济损失的施工工艺、设备和材料，应判定为重大事故隐患。

【解　读】

近年来，房屋建筑和市政基础设施工程领域的施工工艺、设备和材料取得了高速发展，但与此同时，一批工艺工法、施工设备和工程材料已逐渐落后于高质量发展的需要，有的甚至已经严重危及施工安全，导致生产安全事故频发，危害人民生命财产安全，应坚决予以禁止或限制使用。

基于此，住房和城乡建设部先后于 2021 年和 2024 年公布了《房屋建筑和市政基础设施工程危及生产安全施工工艺、设备和材料淘汰目录》（第一批和第二批），见附录 7。

【本条款主要依据】

1.《中华人民共和国安全生产法》

第二十九条 生产经营单位采用新工艺、新技术、新材料或者使用新设备，必须了解、掌握其安全技术特性，采取有效的安全防护措施，并对从业人员进行专门的安全生产教育和培训。

2.《房屋建筑和市政基础设施工程危及生产安全施工工艺、设备和材料淘汰目录（第一批）》《房屋建筑和市政基础设施工程禁止和限制使用技术目录（第二批）》。

【判定方法】

在房屋市政工程领域，判定施工工艺、设备和材料是否属于"危害程度较大、可能导致群死群伤或造成重大经济损失"的情形，除了住房和城乡建设部已经公布的《房屋建筑和市政基础设施工程危及生产安全施工工艺、设备和材料淘汰目录》（第一批和第二批），还需结合法律法规、技术标准、工程实践经验及动态风险分析综合判断。以下是具体判定方法和依据：

1. 高风险施工工艺的判定：未经验证的新工艺、新技术，未经专家论证或未通过试点直接应用于工程，存在技术缺陷或安全风险。

2. 高风险设备的判定：属于特种设备但未履行法定程序，设备存在严重缺陷或超期服役。

3. 高风险工程材料的判定：材料性能不符合强制性标准要求，使用明令禁止的材料，材料使用方式违规。

4. 行业风险警示与事故案例：住房和城乡建设部、应急管理部发布的安全生产事故通报及风险提示，以及地方监管部门发布的禁用工艺、设备和材料清单。

5. 对存疑工艺或设备委托第三方检测，组织专家进行安全评估。

【整改措施】

在房屋市政工程领域，若发现施工工艺、设备和材料属于"危害程度较大、可能导致群死群伤或造成重大经济损失"的情形，必须立即采取整改措施，以消除隐患、控制风险并避免事故扩大。以下是具体整改步骤和应对策略：

1. 立即停工与人员撤离

停止使用并封存：立即停止相关工艺、设备或材料的使用，对问题设备或材料进行封存，设置警示标志，防止误用；疏散危险区域内所有作业人员，划定警戒范围，必要时封锁周边区域。

2. 风险评估与技术论证

（1）现场勘察与数据采集：记录隐患具体表现（如裂缝宽度、设备故障现象），收集施工方案、材料检测报告、设备验收记录等原始资料。

（2）委托第三方检测与专家评估：委托具备资质的检测机构对隐患部位进行检测（如结构强度测试、设备安全性能评估）；组织专家论证会，分析隐患成因、风险等级及可能后果，提出整改建议。

（3）制定专项整改方案

技术措施：明确替代工艺、设备或材料的选用标准（如用盘扣式脚手架替换竹木结构）。

管理措施：整改责任人、时间节点、验收程序及应急预案。

资源保障：调配资金、人员、设备等资源整改。

特别注意：整改方案需经监理单位审核、建设单位批准，涉及危大工程的需组织专家评审。

3. 实施分类整改

工艺整改：重新编制专项施工方案，严格按规范实施（如深基坑支护补强）。

设备更换：淘汰禁用设备，采购合规产品并重新验收（如更换无证塔式起重机）。

材料替换：清除不合格材料，重新采购并复检（如更换氯离子超标混凝土）。

4. 整改验收与复工审批：委托检测机构对整改效果进行复测（如支护结构承载力验证）；组织专家现场核查，确认隐患彻底消除并签署验收意见。

最后，整改报告经建设、监理、施工三方签字后，报监管部门备案，方可恢复施工。

【事故案例】

案例1：基桩人工挖孔工艺。

由于施工环境的恶劣性和风险的不可预见性，使从事这一作业的人员始终处于高度危险状态之下，易造成施工人员的高坠、物体打击、淹溺、坍塌、触电以及中毒窒息等事故的发生。如：2018 年 7 月 2 日，湖南省耒阳市一棚户区改造项目现场，1 名工人在人工挖孔桩井下作业时因石块坠落被砸身亡；2020 年 5 月 5 日，湖北省宜都市一项目现场，2 名工人在进行人工挖孔桩清孔作业时发生窒息事故死亡。

各类基桩人工挖孔工艺施工安全事故的发生，基本是由施工现场地质条件不良、孔内空气不符合标准、安全措施不健全等多方面因素导致，因此这种形式的桩体工艺在施工时必须要加以安全方面的使用限制条件。

案例 2：沥青类防水卷材热熔工艺（明火施工）。

作为市场保有量最大、企业产能最高的防水材料，沥青防水卷材被广泛应用于各大民用建筑和城市基础设施当中。然而，其所使用的明火施工热熔工艺却存在种种问题，其中安全性差就是突出弊端。比如，2020 年 7 月 14 日，四川省成都市一在建工地屋面用于热熔工艺防水施工的煤气罐发生爆炸，从而引发火灾事故。2021 年 5~7 月期间，辽宁省大连市接连发生 3 起火灾事故，皆因防水施工过程中使用喷枪对防水材料加热时，溅出火花引燃周围可燃物质引发的。类似这种因热熔法防水施工造成的火灾事故屡见不鲜。

案例 3：门式钢管支撑架。

由于采用门式钢管支撑架搭设的满堂承重支撑架，构架尺寸无任何灵活性，构架尺寸的任何改变都要换用另一种型号的门架及其配件，且交叉支撑易在中铰点处折断，造成结构失稳从而引发事故。比如，2020 年 6 月 27 日，广东省佛山市一项目现场在浇筑屋面构造梁混凝土时，因门式钢管支撑架系统失稳导致 4 名作业人员坠落，事故造成 3 人死亡 1 人受伤。因此，限制使用门式钢管支撑架是行业内的普遍呼声，目前一些地区已对模板支架出台了管控政策，如广东省东莞市下发《关于进一步加强模板支架主要构配件监管的通知》，要求从 2021 年 3 月 1 日起，模板支架禁止使用门式钢管支撑架。

第十七条 其他严重违反房屋市政工程安全生产法律法规、部门规章及强制性标准，且存在危害程度较大、可能导致群死群伤或造成重大经济损失的现实危险，应判定为重大事故隐患。

【解　读】

本条款主要是如何判断"重大事故隐患可能造成的现实危险"，包括哪些具体情形属于现实危险，以及这些危险如何导致群死群伤或重大经济损失，是房屋市政工程领域执行判定标准面临的重大挑战，需要从隐患的潜在危害性、紧迫性及实际发生的可能性三个维度综合分析。

首先，需要明确现实危险的概念，何为"现实危险"？

"现实危险"指隐患已具备直接引发事故的条件，且未采取有效控制措施时，短时间内可能转化为具有伤亡后果的状态。其核心特征是：

直接性：隐患与事故后果之间存在明确的因果关系。

紧迫性：隐患处于动态发展过程中，可能因环境变化（如降雨、荷载增加）或人为失误（如违规操作）迅速恶化。

可预见性：通过技术手段（如监测数据、专家评估）可明确判断风险等级和演变趋势。

其次，现实危险的具体表现形式如下：

（1）直接威胁人身安全

结构失稳：如深基坑支护变形超限、脚手架倾斜、边坡出现裂缝且持续扩展。

设备失控：塔式起重机基础沉降超标、施工升降机限位装置失效。

环境恶化：地下工程未采取降水措施导致涌水涌砂，或易燃易爆材料违规堆放引发火灾爆炸风险。

（2）可能导致群死群伤的连锁反应

坍塌类事故：模板支撑体系超载或搭设不规范，可能造成大面积垮塌，掩埋作业人员。

高处坠落：临边防护缺失或失效，多人同时作业时易发生连环坠落。

中毒窒息：有限空间作业未通风、未检测有毒气体，可能造成多人急性中毒。

（3）造成重大经济损失的必然性

工程损毁：如桩基偏移导致建筑整体倾覆，需拆除重建。

次生灾害：燃气管道被挖断引发爆炸，波及周边建筑和市政设施。

法律与赔偿成本：事故后的行政处罚、民事赔偿及企业信誉损失。

最后，有必要澄清现实危险与潜在危险的区别，如表1所示。

表1 现实危险与潜在风险的区别

维度	现实危险	潜在风险
时间范围	短期（数小时至数天）可能引发事故	中长期（数月或更久）可能发展为事故
可控性	需立即采取应急措施（如撤离、加固）	可通过常规管理手段（如设计优化、定期检查）消除
判定依据	存在明确的技术指标异常或管理漏洞	基于经验或概率分析推测可能存在的风险
应对优先级	最高优先级，必须停工整改	纳入风险台账，按计划管控

【本条款主要依据】

1.《中华人民共和国安全生产法》

第三十六条 安全设备的设计、制造、安装、使用、检测、维修、改造和报废，应当符合国家标准或者行业标准。生产经营单位必须对安全设备进行经常性维护、保养，并定期检测，保证正常运转。维护、保养、检测应当作好记录，并由有关人员签字。生产经营单位不得关闭、破坏直接关系生产安全的监控、报警、防护、救生设备、设施，或者篡改、隐瞒、销毁其相关数据、信息。餐饮等行业的生产经营单位使用燃气的，应当安装可燃气体报警装置，并保障其正常使用。

第一百一十三条 生产经营单位存在下列情形之一的，负有安全生产监督管理职责的部门应当提请地方人民政府予以关闭，有关部门应当依法吊销其有关证照。生产经营单位主要负责人五年内不得担任任何生产经营单位的主要负责人；情节严重的，终身不得担任本行业生产经营单位的主要负责人。

2.《建设工程安全生产管理条例》

第四条 建设单位、勘察单位、设计单位、施工单位、工程监理单位及其他与建设工程安全生产有关的单位，必须遵守安全生产法律、法规的规定，保证建设工程安全生产，依法承担建设工程安全生产责任。

【判 定 方 法】

1. 技术指标超标

监测数据异常（如边坡位移速率≥2mm/d、基坑支护结构应力超设计值80%）；结构变形肉眼可见（如墙体裂缝宽度＞5mm、梁板挠度超过规范限值）。

2. 管理行为失控

未按专项方案施工（如擅自修改支护参数、减少锚杆数量）；关键岗位人员缺位（如项目经理、安全员长期不在岗）；使用不合格材料或设备（如钢筋强度不达标、起重机械未检测）。

3. 环境与外部诱因

极端天气（暴雨、台风）导致边坡饱和、基坑积水；邻近施工扰动（如爆破振动、堆土超载）加剧隐患发展。

【整 改 措 施】

1. 立即响应：启动应急预案，疏散人员，划定危险区域；对隐患部位采取临时加固、卸载或排水等应急措施。

2. 科学评估：委托第三方机构进行安全鉴定，明确隐患等级和演化趋势；利用数值模拟、专家会商等方式预测事故后果。

3. 系统整改：制定专项整改方案，明确技术措施、责任人和时限；整改完成后需经监测验证和专家验收。

4. 追责与教育：对隐患责任人进行处罚，开展全员警示教育；完善风险防控体系，避免同类问题复发。

总之，"现实危险"的本质是隐患已突破安全阈值，从"可能"转向"必然"。其判定需结合技术数据、管理漏洞和外部环境综合研判。只有准确识别现实危险，才能及时阻断隐患转变为伤亡事故，真正体现安全治理"事前预防"的核心价值观。

【事 故 案 例】

案例1：某脚手架倾覆坍塌"现实危险"判定

案例来源：国务院安全生产委员会安全生产督导检查组

隐患描述： 该项目为房地产开发住宅项目，检查中发现：脚手架立杆变形，未设置有效扫地杆，外侧面脚手架缺少剪刀撑，脚手板未满铺，存在探头板现象。

现实危险： 经检查组判定，违反了国家标准《施工脚手架通用规范》GB 55023—2022第4.4.4条、第4.4.5条、第4.4.7条规定，可能导致架体倾覆坍塌，不符合《房屋市政工程重大事故隐患判定标准（2024版）》第十七条规定，被判定为重大事故隐患。

案例2：某深基坑坍塌"现实危险"的判定

案例来源： 国务院安全生产委员会安全生产督导检查组

隐患描述： 基坑支护桩位移监测值连续3d超过报警值（累计位移＞50mm），且坑底出现渗水鼓包。

现实危险： 支护体系已处于临界失效状态，一旦遭遇降雨或机械振动，可能瞬间坍塌，造成坑内作业人员被埋。经检查组判定，不符合《房屋市政工程重大事故隐患判定标准（2024版）》第十七条规定，被判定为重大事故隐患。

案例3：某模板支架倒塌"现实危险"的判定

案例来源： 住房和城乡建设部房屋市政工程安全生产治理行动督查组

隐患描述： 高支模未按方案设置剪刀撑，立杆间距超设计值的1.5倍，混凝土浇筑时支架发出异响。

现实危险： 支架承载力严重不足，继续浇筑可因局部失稳引发整体倾覆，导致现场数十人伤亡。经检查组判定，不符合《房屋市政工程重大事故隐患判定标准（2024版）》第十七条规定，被判定为重大事故隐患。

第十八条 本标准自发布之日起执行。《房屋市政工程生产安全重大事故隐患判定标准（2022版）》（建质规〔2022〕2号）同时废止。

附录 1

房屋市政工程生产安全重大事故隐患判定标准
（2024 版）

第一条 为准确认定、及时消除房屋建筑和市政基础设施工程（以下简称房屋市政工程）生产安全重大事故隐患，有效防范和遏制群死群伤事故发生，根据《中华人民共和国建筑法》《中华人民共和国安全生产法》《建设工程安全生产管理条例》等法律和行政法规，制定本标准。

第二条 本标准所称重大事故隐患，是指在房屋市政工程施工过程中，存在的危害程度较大、可能导致群死群伤或造成重大经济损失的生产安全事故隐患。

第三条 本标准适用于判定新建、扩建、改建、拆除房屋市政工程的生产安全重大事故隐患。

县级及以上人民政府住房和城乡建设主管部门和施工安全监督机构在监督检查过程中可依照本标准判定房屋市政工程生产安全重大事故隐患。

第四条 施工安全管理有下列情形之一的，应判定为重大事故隐患：

（一）建筑施工企业未取得安全生产许可证擅自从事建筑施工活动或超（无）资质承揽工程；

（二）建筑施工企业未按照规定要求足额配备安全生产管理人员，或其主要负责人、项目负责人、专职安全生产管理人员未取得有效安全生产考核合格证书从事相关工作；

（三）建筑施工特种作业人员未取得有效特种作业人员操作资格证书上岗作业；

（四）危险性较大的分部分项工程未编制、未审核专项施工方案，或专项施工方案存在严重缺陷的，或未按规定组织专家对"超过一定规模的危险性较大的分部分项工程范围"的专项施工方案进行论证；

（五）对于按照规定需要验收的危险性较大的分部分项工程，未经验收合格即进入下一道工序或投入使用。

第五条 基坑、边坡工程有下列情形之一的，应判定为重大事故隐患：

（一）未对因基坑、边坡工程施工可能造成损害的毗邻建筑物、构筑物和地下管线等，采取专项防护措施；

（二）基坑、边坡土方超挖且未采取有效措施；

（三）深基坑、高边坡（一级、二级）施工未进行第三方监测；

（四）有下列基坑、边坡坍塌风险预兆之一，且未及时处理：

1. 支护结构或周边建筑物变形值超过设计变形控制值；

2. 基坑侧壁出现大量漏水、流土；

3. 基坑底部出现管涌或突涌；

4. 桩间土流失孔洞深度超过桩径。

第六条 模板工程及支撑体系有下列情形之一的，应判定为重大事故隐患：

（一）模板支架的基础承载力和变形不满足设计要求；

（二）模板支架承受的施工荷载超过设计值；

（三）模板支架拆除及滑模、爬模爬升时，混凝土强度未达到设计或规范要求；

（四）危险性较大的混凝土模板支撑工程未按专项施工方案要求的顺序或分层厚度浇筑混凝土。

第七条 脚手架工程有下列情形之一的，应判定为重大事故隐患：

（一）脚手架工程的基础承载力和变形不满足设计要求；

（二）未设置连墙件或连墙件整层缺失；

（三）附着式升降脚手架的防倾覆、防坠落或同步升降控制装置不符合设计要求、失效或缺失。

第八条 建筑起重机械及吊装工程有下列情形之一的，应判定为重大事故隐患：

（一）塔式起重机、施工升降机、物料提升机等起重机械设备未经验收合格即投入使用，或未按规定办理使用登记；

（二）建筑起重机械的基础承载力和变形不满足设计要求；

（三）建筑起重机械安装、拆卸、爬升（降）以及附着前未对结构件、爬升装置和附着装置以及高强度螺栓、销轴、定位板等连接件及安全装置进行检查；

（四）建筑起重机械的安全装置不齐全、失效或者被违规拆除、破坏；

（五）建筑起重机械主要受力构件有可见裂纹、严重锈蚀、塑性变形、开焊，或其连接螺栓、销轴缺失或失效；

（六）施工升降机附着间距和最高附着以上的最大悬高及垂直度不符合规范要求；

（七）塔式起重机独立起升高度、附着间距和最高附着以上的最大悬高及垂直度不符合规范要求；

（八）塔式起重机与周边建（构）筑物或群塔作业未保持安全距离；

（九）使用达到报废标准的建筑起重机械，或使用达到报废标准的吊索具进行起重吊装作业。

第九条 高处作业有下列情形之一的，应判定为重大事故隐患：

（一）钢结构、网架安装用支撑结构基础承载力和变形不满足设计要求，钢结构、网架安装用支撑结构超过设计承载力或未按设计要求设置防倾覆装置；

（二）单榀钢桁架（屋架）等预制构件安装时未采取防失稳措施；

（三）悬挑式卸料平台的搁置点、拉结点、支撑点未设置在稳定的主体结构上，且未做可靠连接；

（四）脚手架与结构外表面之间贯通未采取水平防护措施，或电梯井道内贯通未采取水平防护措施且电梯井口未设置防护门；

（五）高处作业吊篮超载使用，或安全锁失效、安全绳（用于挂设安全带）未独立悬挂。

第十条　施工临时用电有下列情形之一的，应判定为重大事故隐患：

（一）特殊作业环境（通风不畅、高温、有导电灰尘、相对湿度长期超过 75%、泥泞、存在积水或其他导电液体等不利作业环境）照明未按规定使用安全电压；

（二）在建工程及脚手架、机械设备、场内机动车道与外电架空线路之间的安全距离不符合规范要求且未采取防护措施。

第十一条　有限空间作业有下列情形之一的，应判定为重大事故隐患：

（一）未辨识施工现场有限空间，且未在显著位置设置警示标志；

（二）有限空间作业未履行"作业审批制度"，未对施工人员进行专项安全教育培训，未执行"先通风、再检测、后作业"原则；

（三）有限空间作业时现场无专人负责监护工作，或无专职安全生产管理人员现场监督；

（四）有限空间作业现场未配备必要的气体检测、机械通风、呼吸防护及应急救援设施设备。

第十二条　拆除工程有下列情形之一的，应判定为重大事故隐患：

（一）装饰装修工程拆除承重结构未经原设计单位或具有相应资质条件的设计单位进行结构复核；

（二）拆除施工作业顺序不符合规范和施工方案要求。

第十三条　隧道工程有下列情形之一的，应判定为重大事故隐患：

（一）作业面带水施工未采取相关措施，或地下水控制措施失效且继续施工；

（二）施工时出现涌水、涌砂、局部坍塌，支护结构扭曲变形或出现裂缝，未及时采取措施；

（三）未按规范或施工方案要求选择开挖、支护方法，或未按规定开展超前地质预报、监控量测，或监测数据超过设计控制值且未及时采取措施；

（四）盾构机始发、接收端头未按设计进行加固，或加固效果未达到要求且未采取措施即开始施工；

（五）盾构机盾尾密封失效、铰链部位发生渗漏仍继续掘进作业，或盾构机带压开仓检查换刀未按有关规定实施；

（六）未对因施工可能造成损害的毗邻建筑物、构筑物和地下管线等，采取专项防护措施；

（七）未经批准，在轨道交通工程安全保护区范围内进行新（改、扩）建建（构）筑物、敷设管线、架空、挖掘、爆破等作业。

第十四条　施工临时堆载有下列情形之一的，应判定为重大事故隐患：

（一）基坑周边堆载超过设计允许值；

（二）无支护基坑（槽）周边，在坑底边线周边与开挖深度相等范围内堆载；

（三）楼板、屋面和地下室顶板等结构构件或脚手架上堆载超过设计允许值。

第十五条　存在以下冒险作业情形之一的，应判定为重大事故隐患：

（一）使用混凝土泵车、打桩设备、汽车起重机、履带起重机等大型机械设备，未校核其运行路线及作业位置承载能力；

（二）在雷雨、大雪、浓雾或大风等恶劣天气条件下违规进行吊装作业、设备安装、拆卸和高处作业；

（三）施工现场使用塔式起重机、汽车起重机、履带起重机或轮胎起重机等非载人设备吊运人员。

第十六条 使用国家明令禁止和限制使用的危害程度较大、可能导致群死群伤或造成重大经济损失的施工工艺、设备和材料，应判定为重大事故隐患。

第十七条 其他严重违反房屋市政工程安全生产法律法规、部门规章及强制性标准，且存在危害程度较大、可能导致群死群伤或造成重大经济损失的现实危险，应判定为重大事故隐患。

第十八条 本标准自发布之日起执行。《房屋市政工程生产安全重大事故隐患判定标准（2022 版）》（建质规〔2022〕2 号）同时废止。

附录 2

本书依据的主要法律、法规、部门规章及相关标准

类别	名称
法律	《中华人民共和国建筑法》
	《中华人民共和国安全生产法》
	《中华人民共和国特种设备安全法》
	《中华人民共和国劳动法》
	《中华人民共和国合同法》
	《中华人民共和国消防法》
法规	《建设工程安全生产管理条例》
	《特种设备安全监察条例》
	《安全生产许可证条例》
	《安全生产事故应急条例》
	《建设工程质量管理条例》
部门规章	《安全生产事故隐患排查治理暂行规定》（原国家安全生产监督管理总局令第 16 号）
	《建筑施工特种作业人员管理规定》（建质〔2008〕75 号）
	《建筑施工企业安全生产许可证管理规定》（建设部令第 128 号）
	《建筑起重机械安全监督管理规定》（住房和城乡建设部令第 166 号）
	《危险性较大的分部分项工程安全管理规定》（住房和城乡建设部令第 37 号）
	《建筑施工企业安全生产管理机构设置及专职安全生产管理人员配备办法》（建质〔2008〕91 号）
	《建筑施工项目经理质量安全责任十项规定》（建质〔2014〕123 号）
	《建筑施工附着升降脚手架管理暂行规定》（建建〔2000〕230 号）
	《城市轨道交通工程基坑、隧道施工坍塌防范导则》（建办质〔2021〕42 号）

类别	名称
相关标准	《建筑施工安全检查标准》JGJ 59—2011
	《建筑深基坑工程施工安全技术规范》JGJ 311—2013
	《建筑地基基础工程施工规范》GB 51004—2015
	《建筑施工土石方工程安全技术规范》JGJ 180—2009
	《建筑与市政地基基础通用规范》GB 55003—2021
	《岩土锚杆与喷射混凝土支护工程技术规范》GB 50086—2015
	《滑动模板工程技术标准》GB/T 50113—2019
	《建筑抗震设计标准（2024年版）》GB/T 50011—2010
	《建筑结构荷载规范》GB 50009—2012
	《砌体结构工程施工质量验收规范》GB 50203—2011
	《建筑施工升降设备设施检验标准》JGJ 305—2013
	《建筑施工工具式脚手架安全技术规范》JGJ 202—2010
	《建筑与市政工程施工现场临时用电安全技术标准》JGJ/T 46—2024
	《建筑机械使用安全技术规程》JGJ 33—2012
	《钢结构工程施工规范》GB 50755—2012
	《建设工程施工现场供用电安全规范》GB 50194—2014
	《建筑施工塔式起重机安装、使用、拆卸安全技术规程》JGJ 196—2010
	《建筑机械使用安全技术规程》JGJ 33—2012
	《建筑施工高处作业安全技术规范》JGJ 80—2016
	《建筑施工模板安全技术规范》JGJ 162—2008
	《混凝土结构工程施工规范》GB 50666—2011
	《建筑拆除工程安全技术规范》JGJ 147—2016
	《城市轨道交通工程监测技术规范》GB 50911—2013
	《建筑施工扣件式钢管脚手架安全技术规范》JGJ 130—2011
	《施工脚手架通用规范》GB 55023—2022
	《高处作业吊篮安装、拆卸、使用技术规程》JB/T 11699—2013

附录 3

2017—2024 年基坑坍塌较大及以上事故统计表

序号	年份	事故名称	省份	死亡人数
1	2017	天水市秦州区秦州大道污水管网建设工程"2·20"较大基槽边坡坍塌事故	甘肃省	4
2	2017	重庆市江北区石子山中小学建设工程"3·28"较大坍塌事故	重庆市	3
3	2017	深圳市轨道交通 3 号线三期（南延）工程"5·11"基坑坍塌较大事故	广东省	3
4	2017	淄博市昌国路污水管道市政工程"6·19"较大坍塌事故	山东省	5
5	2017	南宁市隆安县丁当镇污水处理厂配套管网一期工程"9·17"沟槽边坡坍塌较大事故	广西壮族自治区	3
6	2017	平潭综合实验区平潭综合管廊工程"10·12"地表塌陷事故	福建省	3
7	2018	百色市平果市易地扶贫搬迁安置项目"1·26"较大坍塌事故	广西壮族自治区	3
8	2018	银川市第九污水处理厂配套进出厂管道工程二标段"3·13"较大坍塌事故	宁夏回族自治区	4
9	2018	上海市七宝生态商务区 18-03 地块商办项目"12·29"坍塌较大事故	上海市	3
10	2019	扬州市广陵区古运新苑农民拆迁安置小区四期项目"4·10"基坑局部坍塌较大事故	江苏省	5
11	2019	庆阳市合水县"5·4"较大坍塌事故	甘肃省	4
12	2019	廊坊市固安县锦厦家园非人防地下室"6·16"基坑边坡坍塌较大事故	河北省	3
13	2019	成都市金牛区万圣新居安置工程"9·26"较大坍塌事故	四川省	3
14	2019	贵阳市观山湖区"10·28"较大坍塌事故	贵州省	8

序号	年份	事故名称	省份	死亡人数
15	2019	郑州市金水区河南省豫岩基础工程有限公司"11·15"较大坍塌事故	河南省	3
16	2019	哈尔滨市阿城区新利街道污水收集管网工程第四标段"12·23"较大坍塌事故	黑龙江省	4
17	2019	南阳市唐河县源潭镇"12·24"较大管道施工坍塌事故	河南省	3
18	2020	咸阳市秦都区古渡新家园项目"4·8"电梯基坑挡土墙坍塌较大事故	陕西省	5
19	2020	绥化市北郊污水处理污水管线工程"8·16"较大坍塌事故	黑龙江省	3
20	2020	百色市乐业县乐业大道道路工程（含隧道工程）一期工程"9·10"较大隧道坍塌事故	广西壮族自治区	9
21	2020	广州市增城区金叶子酒店二期项目"11·23"较大坍塌事故	广东省	4
22	2021	遵义市习水县麒龙·香山美域建筑工地"1·14"较大坍塌事故	贵州省	3
23	2021	六安市霍邱县城北第二污水处理厂进水管网工程"5·22"较大坍塌事故	安徽省	3
24	2021	昌吉市新疆振通志诚路桥工程有限公司"9·19"坍塌较大事故	新疆维吾尔自治区	3
25	2022	新疆维吾尔自治区喀什市叶城县铁提乡8村排水工程"7·18"较大坍塌事故	新疆维吾尔自治区	5
26	2022	贵州省毕节市"1·3"在建工地山体滑坡重大事故	贵州省	14
27	2023	石家庄高新区集中安置区棚户区改造项目热力引入工程"10·27"较大坍塌事故	河北省	4
28	2023	济南历城山东省济南市中心城区雨污合流管网改造和城市内涝治理大明湖排水分区PPP项目"12·30"较大坍塌事故	山东省	3
29	2024	山西太原武宿（国际）机场空港配套工程（太原区域）PPP项目"11·22"较大坍塌事故	山西省	3

附录4

2017—2024 年模板工程及支撑体系和脚手架较大及以上事故统计表

序号	年份	事故名称	省份	死亡人数
1	2017	驻马店市上蔡县河南省大程泉谷坊食品有限公司一期建设项目"9·15"坍塌较大事故	河南省	3
2	2018	德州市经济技术开发区龙溪香岸工程"8·31"模板坍塌较大事故	山东省	6
3	2018	赣州市经开区创业路高架桥1标68号墩柱"9·7"较大坍塌事故	江西省	4
4	2019	东阳市花园家居用品市场建设工地"1·25"较大坍塌事故	浙江省	5
5	2019	扬州市中航宝胜海洋工程电缆项目"3·21"附着式升降脚手架坠落较大事故	江苏省	7
6	2020	武汉市江夏区武汉巴登城生态旅游开发项目一期一（1）二标段"1·5"较大坍塌事故	湖北省	6
7	2020	佛山市顺德区"6·27"较大坍塌事故	广东省	3
8	2020	淄博市山东欣欣园置业有限公司药玻管制系列瓶建设项目施工工地"9·13"较大坍塌事故	山东省	4
9	2020	黔南州罗甸县"9·28"较大建筑施工事故	贵州省	3
10	2020	汕尾市陆河县"10·8"较大坍塌事故	广东省	8
11	2020	顺义区原板桥三期项目1号商务办公楼等12项工程"11·18"较大事故	北京市	3
12	2021	仁怀市2019年苍龙街道公租房建设项目（一标段）"3·15"较大坍塌事故	贵州省	4
13	2021	重庆市合川区金星玻璃制品有限公司4号库房"7·21"较大坍塌事故	重庆市	5
14	2021	广德市"7·23"脚手架坍塌较大建筑施工事故	安徽省	3
15	2021	金华市经济技术开发区湖畔里项目"11·23"较大坍塌事故	浙江省	6

序号	年份	事故名称	省份	死亡人数
16	2023	菏泽郓城锦绣城E区建筑施工项目"8·15"较大坍塌事故调查报告	山东省	5
17	2024	山东省济宁市中央储备粮济宁直属库"12·3"较大坍塌事故	山东省	7

附录 5

2017—2024 年起重机械较大及以上事故统计表

序号	年份	事故名称	省份	死亡人数
1	2017	信阳市息县三合安置区"2·19"较大起重伤害事故	河南省	3
2	2017	太原市太原万厦建筑设备租赁有限公司"5·14"塔式起重机坍塌较大事故	山西省	3
3	2017	广州市海珠区中交集团南方总部基地 B 区项目"7·22"塔式起重机坍塌较大事故	广东省	7
4	2017	中山市长江路改造（一期）工程"8·13"汽车起重机倾覆较大事故	广东省	4
5	2018	阜阳市太和县河西李小洼安置区项目"1·21"较大事故	安徽省	3
6	2018	许昌市许昌经济技术开发区"1·24"施工升降机拆除较大事故	河南省	4
7	2018	河池市金城江"锦逸时代"建筑施工"2·8"较大事故	广西壮族自治区	3
8	2018	汕头市汕头濠江"4·9"建筑起重伤害较大事故	广东省	4
9	2018	五指山市颐园小区三期项目"5·17"塔式起重机坍塌较大事故	海南省	4
10	2018	天门市北湖置业有限公司"10·4"较大高处坠落事故	湖北省	3
11	2018	菏泽市定陶区博文·欧洲城"10·5"较大起重伤害事故	山东省	3
12	2018	汉中市汉中圣桦国际城项目部"12·10"塔式起重机坍塌较大事故	陕西省	3
13	2018	毕节市七星关区天河广场项目"7·2"塔式起重机倒塌较大事故	贵州省	3
14	2019	岳阳市华容县华容明珠三期工程项目"1·23"较大塔式起重机坍塌事故	湖南省	4
15	2019	宜宾市珙县玛斯兰德国际（酒店）社区工程"2·24"塔式起重机垮塌较大事故	四川省	3

序号	年份	事故名称	省份	死亡人数
16	2019	铜陵市安徽国泰建筑有限公司"2·26"起重伤害较大事故	安徽省	3
17	2019	衡水市翡翠华庭"4·25"施工升降机轿厢坠落重大事故	河北省	11
18	2019	郑州市管城回族区中国建筑第七工程局有限公司"8·28"较大起重伤害事故	河南省	3
19	2019	林芝市"9·1"塔式起重机坍塌较大事故	西藏自治区	3
20	2019	庆阳市西峰区"11·20"较大起重伤害事故	甘肃省	3
21	2020	宁波市镇海区"郦城云邸"建筑施工"3·13"塔式起重机倒塌较大事故	浙江省	3
22	2020	玉林市玉林碧桂园凤凰城五期"5·16"建筑施工较大事故	广西壮族自治区	6
23	2020	包头市中海·河山郡项目"5·19"起重伤害较大生产安全事故	内蒙古自治区	3
24	2020	钟祥市郢中街办显王路承天壹号院"7·4"较大起重伤害事故	湖北省	3
25	2020	菏泽市牡丹区秦海幸福里"8·30"较大起重伤害事故	山东省	3
26	2020	深圳市城市轨道交通20号线一期轨道工程"9·12"突发微下击暴流引发门式起重机倾覆事件	广东省	3
27	2020	日照市莒县柳岸香苑项目"10·5"较大起重伤害事故	山东省	4
28	2020	沈阳市苏家屯区静安府二期"10·22"较大起重伤害事故	辽宁省	3
29	2020	晋城市宏圣北小区新建2号楼"11·4"施工升降机高处坠落较大事故	山西省	3
30	2021	潍坊市潍坊职业学院滨海校区（二期）项目"5·8"塔式起重机顶升套架滑落较大事故	山东省	3
31	2021	遵义市道真自治县林达阳光新城建设项目"9·20"较大塔式起重机坍塌事故	贵州省	3
32	2021	鄂州市华润葛店城市综合体"12·8"项目塔式起重机顶升较大事故	湖北省	3
33	2022	甘肃省兰州市安置房项目"5·3"起重伤害较大事故	甘肃省	3
34	2022	云南省曲靖市"9·3"较大起重伤害事故	云南省	4

续表

序号	年份	事故名称	省份	死亡人数
35	2022	重庆市郭家沱大桥及南延伸段项目"9·8"较大起重伤害事故调查报告	重庆市	3
36	2022	江苏省南京市玄武玄盛 N0.2021G24C 地块"8·20"较大起重伤害事故	江苏省	3
37	2024	上海杨浦滨江 N1-01 地块项目"5·6"较大起重伤害事故	上海市	3
38	2024	浙江省台州市玉环塘垟未来社区 0207 地块房地产开发"11·18"较大起重事故	浙江省	3

2017—2024 年高处坠落较大及以上事故统计表

序号	年份	事故名称	省份	死亡人数
1	2017	桐城市金色阳光城 "3·27" 较大塔式起重机安装事故	安徽省	3
2	2017	保定市莲池区裕华商务中心建设项目 "3·27" 高处坠落事故	河北省	3
3	2017	济宁市高新区崇文学校初中部风雨操场工程 "6·1" 较大坍塌事故	山东省	3
4	2017	昌吉州新疆东方环宇建筑安装工程有限公司 "7·19" 高处坠落事故	新疆维吾尔自治区	3
5	2017	鄂尔多斯市伊金霍洛旗 "北方民国城" 影视拍摄区建设项目 "7·11" 较大坍塌事故	内蒙古自治区	8
6	2021	成都市轨道交通 17 号线二期建设北路站防尘降噪施工棚工程 "9·10" 较大坍塌事故	四川省	4
7	2021	苏州市相城区富元家园老旧小区外立面改造工程 "12·22" 高处坠落事故	江苏省	3

附录 7

2017—2024 年有限空间作业较大及以上事故统计表

序号	年份	事故名称	省份	死亡人数
1	2017	重庆市大渡口区跳蹬幸福华庭公租房项目配套小学及幼儿园工程"6·2"中毒窒息事故	重庆市	3
2	2017	陕西省延安市宝塔区延安新区桥沟排洪渠一标"6·21"中毒窒息事故	陕西省	4
3	2018	四川省成都市成都地铁 5 号线土建 9 标"1·29"中毒窒息事故	四川省	3
4	2018	河北省保定市北市区河北保定工业园区南区凤栖街、腾飞路道路改造工程"6·19"中毒窒息事故	河北省	3
5	2018	上海市浦东新区上海科技大学配套附属学校新建工程"9·10"中毒窒息事故	上海市	3
6	2020	吉林省白山市江源区白山市城区供水工程输水管线二标段"6·15"中毒窒息事故	吉林省	3
7	2021	安徽省淮北市相山区人民西路市政工程"5·25"中毒窒息事故	安徽省	4
8	2022	重庆市荣昌区污水处理厂三期扩建工程厂外管网项目"3·19"中毒窒息事故	重庆市	3
9	2022	广东省中山市三乡镇坦洲快线污水管道配套工程"6·4"中毒窒息事故	广东省	3
10	2022	天津市东丽区地铁 11 号线一期工程 PPP 项目土建 9 标段导行路"6·25"中毒窒息事故	天津市	3
11	2023	云南省瑞丽市瑞丽国际文体中心建设项目"7·9"中毒窒息淹溺事故	云南省	3
12	2023	广西贵港市覃塘区贵港市城区饮用水泸湾取水口迁移工程输水管道工程"8·05"中毒窒息事故	广西壮族自治区	3

序号	年份	事故名称	省份	死亡人数
13	2023	吉林省长春市宽城区长春市居民二次供水设施维护项目一期"12·27"中毒窒息事故（注：实际为火灾）	吉林省	3
14	2024	河南省商丘市一体化示范区排水系统汛期溢流污染控制试点项目"7·1"中毒窒息淹溺事故	河南省	3
15	2024	陕西省榆林市榆阳区榆林高新区东环路、裕华路拓宽改造项目"7·27"中毒窒息事故	陕西省	4

附录 8

中央安全生产考核巡查组明察暗访发现的
重大事故隐患

工程类型	重大事故隐患描述	违反判定标准条款
基坑工程	某构筑物、沟槽基坑深度为 5.0~11.8m，属于超过一定规模的危险性较大的分部分项工程，未按照专项施工方案要求分层开挖，同步完成该层土钉墙挂网喷浆护坡，深基坑施工未进行第三方监测	违反房屋市政工程重大事故隐患判定标准第五条 （三）深基坑、高边坡（一级、二级）未进行第三方监测
	某地产项目基坑工程现场未按专项施工方案开挖，垂直开挖深度约 5m，基坑土方超挖未采取有效措施	违反房屋市政工程重大事故隐患判定标准第五条 （二）基坑土方超挖且未采取有效措施
模板支撑与脚手架工程	某厂房项目在 11 月 16 日首层楼板浇筑混凝土 7d 后的 23 日，混凝土强度未达到设计值时，拆除了首层支架扫地杆	违反房屋市政工程重大事故隐患判定标准第六条 （三）模板支架拆除及滑模、爬模爬升时，混凝土强度未达到设计或规范要求
	某殡葬服务中心改扩建项目，2 号楼 3 处搭设钢管扣件式脚手架，最高架体约 15m 高，3 处脚手架均为设置连墙件，架体承载时极易发生坍塌事故	违反房屋市政工程重大事故隐患判定标准第七条 （二）未设置连墙件或连墙件整层缺失
	某脱水机房单层层高 13m，落地脚手架未按照规定每 4m 高设置一层连墙件，脚手架与结构外表之间贯通未采取水平防护措施	违反房屋市政工程重大事故隐患判定标准第七条 （二）未设置连墙件或连墙件整层缺失；第九条 （四）脚手架与结构外表面之间贯通未采取水平防护措施
	某地块项目检查中发现：现场 16 号楼附着式升降脚手架只有一道附墙装置，至少 0 个防坠装置失效，防坠拔叉被掐死，部分防坠器拔叉与防坠块之间的弹簧失效，爬架个别联动装置被人为拆除	违反房屋市政工程重大事故隐患判定标准第七条 （三）附着式升降脚手架的防倾覆、防坠落或同步升降控制装置不符合设计要求、失效或缺失

工程类型	重大事故隐患描述	违反判定标准条款
起重机械与吊装工程	某工程使用的塔式起重机产品说明书要求地基承载力 20t/m²（200kPa），工程勘察报告堪明该土层地基承载力特征值为 130kPa，且现场未采用动力触探等措施补充复合地基承载力，塔式起重机地基承载力小于设计要求。检查后第二日，施工总承包单位补报塔式起重机基础第三方地基承载力（动力触探）检验报告（试编号为"DLF2024000007"，委托日期和监测日期均为 2024 年 3 月 17 日）显示地基承载力特征值满足 200kPa，但经检查发现另一份编号为"DLF2024000005"检验报告委托日期和监测日期均为 2024 年 6 月 20 号，出现编号与日期逻辑不符的现象	违反房屋市政工程重大事故隐患判定标准第八条（二）建筑起重机械的基础承载力和变形不满足设计要求
	某工程 1 号楼塔式起重机起升高度限位失效，2 倍率时吊钩装置顶部至小车架下端的距离不足 1000mm	违反房屋市政工程重大事故隐患判定标准第八条（二）建筑起重机械的基础承载力和变形不满足设计要求
	某工程施工现场 6 台塔式起重机和 3 部人货共用升降机未办理使用登记证即投入使用	违反房屋市政工程重大事故隐患判定标准第八条（一）塔式起重机、施工升降机、物料提升机等起重机械设备未经验收合格即投入使用，或未按规定办理使用登记
高处作业	某工程下层人行道操作平台的固定方式未采用穿过防撞墙预留泄水孔进行连接固定，且未做可靠连接	违反房屋市政工程重大事故隐患判定标准第九条（三）悬挑式操作平台的搁置点、拉结点、支撑点未设置在稳定的主体结构上，且未做可靠连接
	某工程悬挑式卸料平台悬挑工字钢压板紧固不到位，悬挑工字钢侧面未设置紧固木塞，悬挑钢梁悬空后端底部填塞木方等，钢梁搁置点未设置在稳定的主体结构上	违反房屋市政工程重大事故隐患判定标准第九条（三）悬挑式操作平台的搁置点、拉结点、支撑点未设置在稳定的主体结构上，且未做可靠连接
	某工程脚手架作业边缘与结构外表面距离大于 150m，上下贯通，未采取防护措施	违反房屋市政工程重大事故隐患判定标准第九条（四）：（四）脚手架与结构外表面之间贯通未采取水平防护措施，或电梯井道内贯通未采取水平防护措施且电梯井口未设置防护门
有限空间作业	某工程未建立有限空间作业管理制度，地下室消防水池有限空间作业未履行作业审批制度，未对施工人员进行专项安全技术交底，作业时无专人负责监护	违反房屋市政工程重大事故隐患判定标准第十一条（二）：有限空间作业未履行"作业审批制度"，未对施工人员进行专项安全教育培训，未执行"先通风、再检测、后作业"原则

续表

工程类型	重大事故隐患描述	违反判定标准条款
施工安全管理	1.某工程利用扣件式脚手架钢管横锁在内支撑架上，铺设模板作为悬挑操作平台（属于危险性较大的分项分部工程），未进行受力验算，未编制专项方案。 2.某工程落地卸料平台未编制专项施工方案，部分位置模架高度超过 8m，未按要求组织专家论证。 3.某工程的危大工程实行分包并由分包单位编制专项施工方案（塔式起重机安拆），方案未由总承包单位技术负责人及分包单位技术负责人共同签字并加盖单位公章	违反房屋市政工程重大事故隐患判定标准第四条（四）：危险性较大的分部分项工程未编制、未审核专项施工方案，或专项施工方案存在严重缺陷的，或未按规定组织专家对"超过一定规模的危险性较大的分部分项工程范围"的专项施工方案进行论证
	某厂房主体建设施工时，高处作业人员 3 名、电焊工 1 名、叉车工 1 名等 3 个工种的 5 名特种作业人员，检查时未能提供有效的特种作业人员资格证书	违反房屋市政工程重大事故隐患判定标准第四条（三）：特种作业人员未取得特种作业人员操作资格证书上岗作业

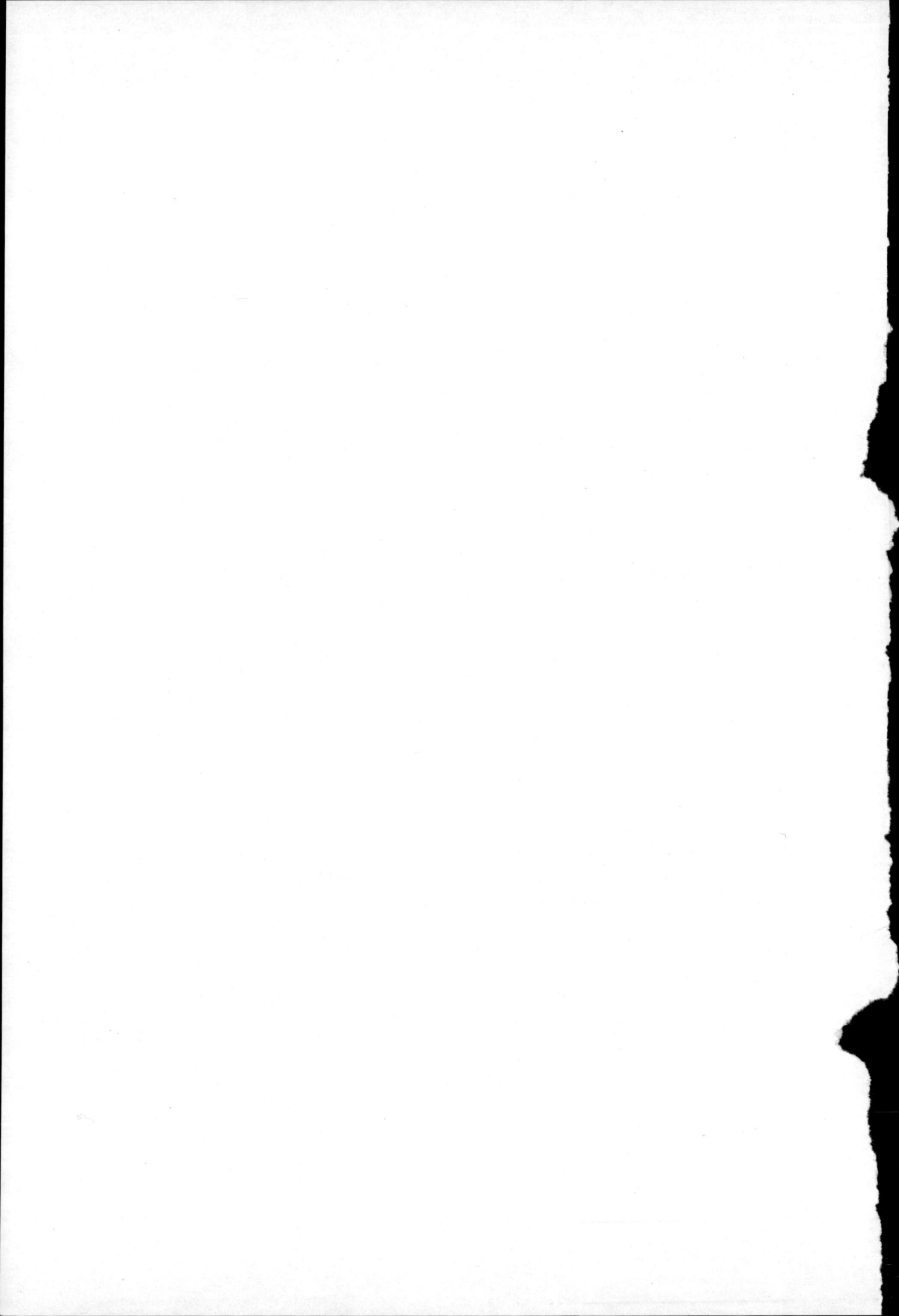